双证融通系列丛书

免费电子资源下载

# AutoCAD 工程绘图简明教程

主　编　郑发泰　李方园
副主编　李翠凤　张夏仙

机 械 工 业 出 版 社

本书系统地介绍了制图基本知识，AutoCAD 2012 软件的强大绘图功能、应用方法和技巧。

本书共 10 讲，具体包括制图基本知识与技能、绘图基础、二维绘图、图形编辑、尺寸标注、等轴测图、三维绘图基础、三维实体造型与渲染、三维实体编辑和综合应用实例。

本书可作为高职高专、成人高校以及中等职业学校计算机绘图课程的教材，也可作为 AutoCAD 培训教材，对于工程技术人员也具有一定的参考价值。

**图书在版编目（CIP）数据**

AutoCAD 工程绘图简明教程/郑发泰，李方园主编. —北京：机械工业出版社，2012. 12（2023. 1 重印）

（双证融通系列丛书）

ISBN 978-7-111-40547-4

Ⅰ. ①A… Ⅱ. ①郑… ②李… Ⅲ. ①工程制图—AutoCAD 软件—教材 Ⅳ. ①TB237

中国版本图书馆 CIP 数据核字（2012）第 283349 号

机械工业出版社（北京市百万庄大街 22 号 邮政编码 100037）

策划编辑：林春泉 责任编辑：吕 潇

版式设计：霍永明 责任校对：刘怡丹

封面设计：路恩中 责任印制：单爱军

北京虎彩文化传播有限公司

2023 年 1 月第 1 版第 4 次印刷

184mm × 260mm · 12 印张 · 295 千字

标准书号：ISBN 978-7-111-40547-4

定价：30. 00 元

电话服务 网络服务

客服电话：010-88361066 机 工 官 网：www. cmpbook. com

010-88379833 机 工 官 博：weibo. com/cmp1952

010-68326294 金 书 网：www. golden-book. com

机工教育服务网：www. cmpedu. com

**封底无防伪标均为盗版**

# 序

本套“维修电工培训与电类人才培养”双证融通系列丛书（简称双证融通系列丛书）是在全社会大力推进“工学结合、产学合作”的大环境下推出的。丛书以服务为宗旨，以就业为导向，以提高学生（学员）素质为核心，以培养学生（学员）职业能力为本位，全方位推行产学合作，强调学校（培训机构）与社会的联系，注重理论与实践的结合，将分层化国家职业标准的理念融入课程体系，将国家职业资格标准、行业标准，融入课程标准。

目前，在很多高职院校、应用型本科中都有“电气自动化技术”专业，其对应的第一岗位就是电气设备及其相关产品的设计与维护，对应的考证为维修电工（中高级）。因此，本丛书以目前在各类高校中针对国家职业标准重新修订的“电类人才培养”教学计划为基础，将职业标准融入到课程标准中，并力求使各课程的理论教学、实操训练与国家职业标准的应知、应会相衔接对应，力求做到毕业后零距离上岗。

电类人才的培养目标定位于培养具有良好思想品德和职业道德，具备较为坚实的文化基础知识和电专业基础知识，要求学生能适应电气自动化行业发展的需要，成为电气控制设备和自动化设备的安装、调试与维护的高素质、高技能专业人才。根据这一培养目标制定了教学计划，除了能够做到学历教育与职业资格标准的完全融合外，还具有一定的前瞻性、拓展性，既满足当前岗位要求，又体现未来岗位发展要求；既确保当前就业能力，又为学生后续可持续发展提供基础和保障；既包含职业资格证书的内容，又保证学历教育的教学内容；既符合教育部门对电气自动化技术毕业生的学历培养要求，又符合人力资源与社会保障部对“维修电工中（高）级”职业技能鉴定的要求。

本丛书推出7门“双证融通”课程，每门课程均有电子资源免费下载，它们分别是：

（1）电工电子技术简明教程
（2）数控机床电气控制简明教程
（3）AutoCAD工程绘图简明教程
（4）电力电子技术简明教程
（5）三菱PLC应用简明教程
（6）西门子PLC应用简明教程
（7）变频器应用简明教程

特别感谢宁波市服务型教育重点专业建设项目（电子电气专业）的出版资助，同时也感谢机械工业出版社电工电子分社、浙江工商职业技术学院为丛书的策划与推广提供了必不可少的帮助。

李方园

# 前　言

AutoCAD 是美国 Autodesk 公司推出的通用计算机辅助设计和绘图软件。它已经在航空航天、造船、建筑、机械、电子、化工、美工、轻纺等诸多领域得到了广泛应用，并取得了丰硕的成果和巨大的经济效益。AutoCAD 2012 作为该软件的新版本，系统中又增添了许多强大的功能，如 AutoCAD 设计中心（ADC）、多文档设计环境（MDE）、Internet 驱动、新的对象捕捉功能、增强的标注功能以及局部打开和局部加载的功能，从而使 AutoCAD 系统更加完善。

高职高专主要是培养在生产、管理、服务等第一线工作的应用型人才。因此，在本书的编写过程中认真研究了学生的知识体系和能力内涵，正确认识应用型人才培养的知识与能力结构，注重培养学生的技能。本书以“怎么画、画错了怎么办、画完以后尺寸怎么标”为编写原则，通过大量的绘图实例来理解命令、掌握命令；在内容取舍上强调实用、需要，以达到会画、能画、巧画的目的。

本书的主要内容包括制图基本知识、二维绘图和编辑、三维绘图和编辑、尺寸标注以及 AutoCAD 的应用。全书共分 10 讲，第 1 讲制图基本知识与技能，介绍了制图的基本知识；第 2 讲绘图基础，介绍了与 AutoCAD 相关的基本概念；第 3 讲二维绘图，介绍了二维绘图命令和二维绘图工具的使用；第 4 讲图形编辑，介绍了图形编辑的方法和应用；第 5 讲尺寸标注，介绍了尺寸标注的样式以及尺寸标注命令的使用；第 6 讲等轴测图，介绍了等轴测图的绘制以及等轴测的应用；第 7 讲三维绘图基础，介绍了三维绘图的基础知识、用户坐标系以及三维图形的观察；第 8 讲三维实体造型与渲染，介绍了三维实体造型的绘制命令、方法以及三维实体的渲染；第 9 讲三维实体编辑，介绍了实体编辑命令和使用；第 10 讲综合应用实例，进一步巩固和加强了对 AutoCAD 软件的应用能力。

本书是双证融通系列丛书之一。在教程的编写过程中得到了机械工业出版社的领导与编辑们的大力支持和热情帮助，在此表示衷心的感谢。

本书由郑发泰、李方园担任主编，李翠凤、张夏仙担任副主编，黄建设、温瑞、黄仕彪、杨帆、钟晓强、徐咏梅、陈亚玲等也参与了编写工作。郑发泰负责全书的统稿工作。

由于编者水平有限，书中难免存在一些缺点和错误，殷切希望广大读者批评指正。

作　者

# 目　录

# 第 1 讲　制图基本知识与技能

**【导读】**

工程图样是工程界用于表达设计思想和进行技术交流的工具，是现代工业生产中最基本的文件，是工程界共同的技术语言。因此，工程图样涉及图纸的幅面和格式、图线的形式和粗细、字体的大小及符号的选择等问题，国家制定并发布了《技术制图》和《机械制图》的国家标准。熟悉有关标准和规定，掌握制图的基本知识和技能，是绘制和阅读工程图样的基础。

应知

※制图的基本规定
※绘图的方法和工具
※几何作图
※平面图形的分析和画法
※徒手绘制草图

☆合理、正确地安排图样内容和格式
☆掌握几何作图的方法
☆正确使用手工绘图工具和徒手绘制草图的方法

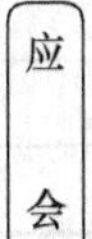

# 1.1 制图基本规定

中华人民共和国国家标准（简称“国标”）的代号是“GB”。例如 GB/T4457.4—2002《机械制图 图样画法 图线》，其中“GB/T”，表示推荐性国标，“G”、“B”、“T”分别为“国家”、“标准”、“推荐”汉语拼音第一个字母，“4457.4”表示发布的顺序号，“2002”表示该国标发布的年号。《机械制图》标准适用于机械图样，而《技术制图》标准则普遍适用于工程界各种专业技术图样。

本节仅介绍制图标准中的图样幅面、比例、字体和图线等制图的基本规定，其他标准将在有关章节中叙述。

## 1.1.1 图纸幅面及格式（GB/T 14689—2008）

**1. 图纸幅面**

绘制图样时，应优先采用表 1-1 中规定的基本幅面尺寸。各基本幅面之间的尺寸关系如图 1-1 所示。必要时允许选用加长幅面。采用加长幅面时，长边不加长，短边加长，加长量按基本幅面短边的整数倍增加。

**表 1-1 图纸幅面尺寸** （单位：mm）

| 幅面代号 | A0 | A1 | A2 | A3 | A4 |
|---|---|---|---|---|---|
| B×L | 841×1189 | 594×841 | 420×594 | 297×420 | 210×297 |
| a | 25 | | | | |
| c | 10 | | | 5 | |
| e | 20 | | 10 | | |

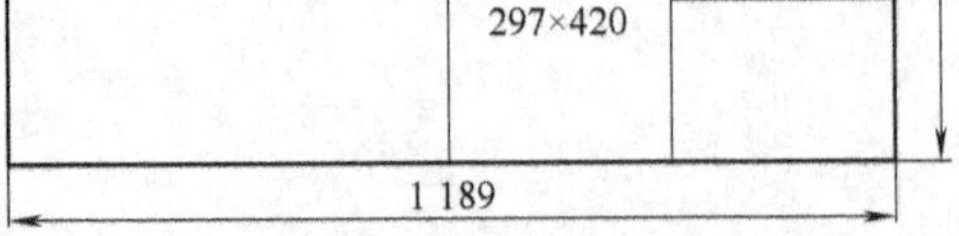

图 1-1 各基本幅面之间的尺寸关系

**2. 图框的格式**

在图纸上必须用粗实线画出图框，其格式分为留装订边和不留装订边两种。如图 1-2 和图 1-3 所示。但同一产品图样只能采用一种格式。

**3. 标题栏的方位及格式**

每张图纸上都必须画出标题栏，国标 GB/T 10609.1—2008 对标题栏的内容、格式及尺寸作了统一规定，如图 1-4 所示。

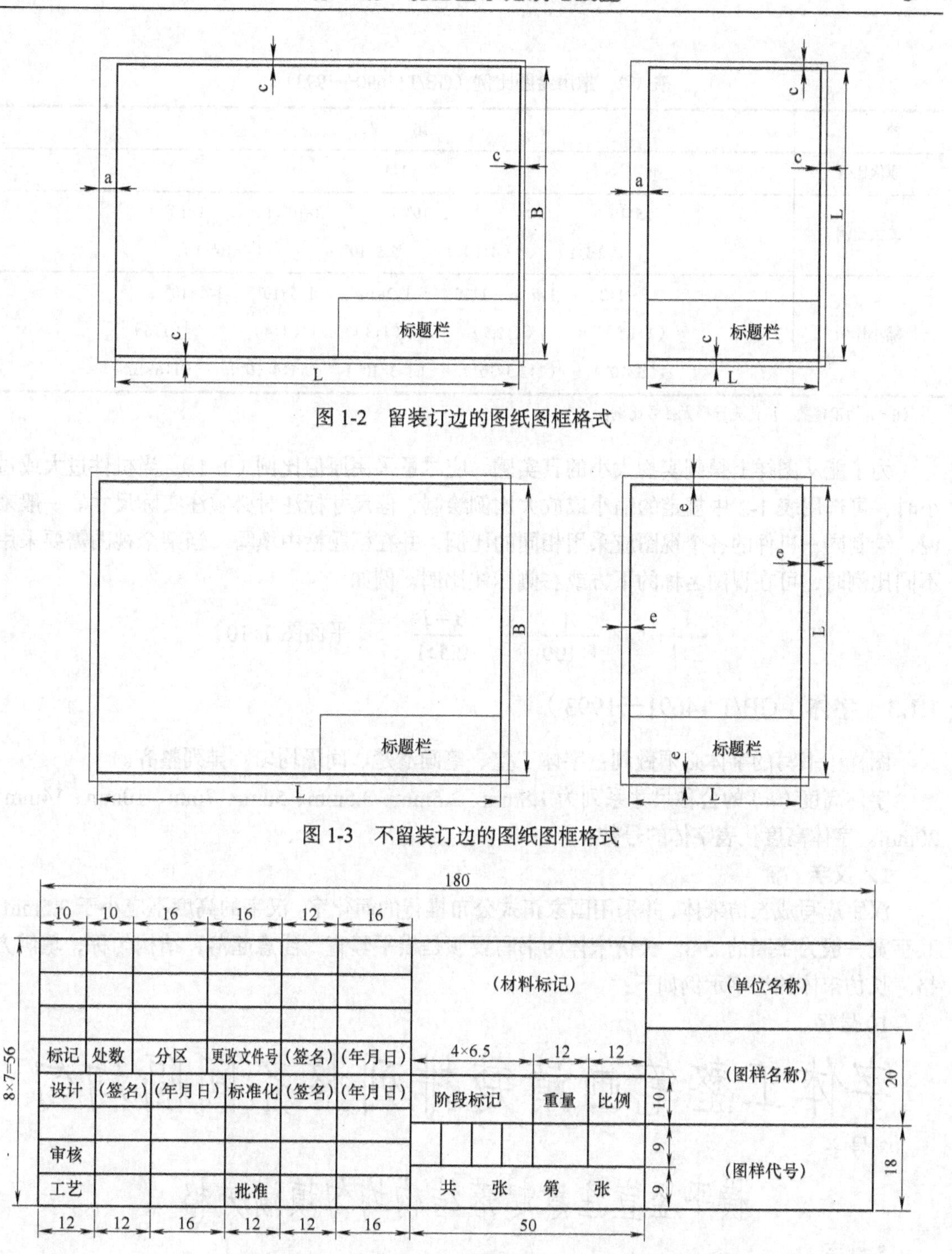


图 1-2　留装订边的图纸图框格式

图 1-3　不留装订边的图纸图框格式

图 1-4　标题栏格式

## 1.1.2　比例（GB/T 14690—1993）

比例是图中图形与实物相应要素的线性尺寸之比。需要按比例绘制图样时，应按表 1-2 规定的系列中选取适当的比例。

表 1-2 常用绘图比例（GB/T14690—1993）

| 种类 | 比例 |
|---|---|
| 原值比例 | 1:1 |
| 放大比例 | 5:1　2:1　$5\times10^n$:1　$2\times10^n$:1　$1\times10^n$:1<br>（2.5:1）（4:1）（$2.5\times10^n$:1）（$4\times10^n$:1） |
| 缩小比例 | 1:2　1:5　1:10　1:$2\times10^n$　1:$5\times10^n$　1:$1\times10^n$<br>（1:1.5）（1:2.5）（1:3）（1:4）（1:6）<br>（1:$1.5\times10^n$）（1:$2.5\times10^n$）（1:$3\times10^n$）（1:$4\times10^n$）（1:$6\times10^n$） |

注：$n$ 为正整数，应优先选择无括号比例。

为了能从图样上得到实物大小的真实感，应尽量采用原值比例（1:1），当机件过大或过小时，可选用表 1-2 中规定的缩小或放大比例绘制，但尺寸标注时必须注实际尺寸。一般来说，绘制同一机件的各个视图应采用相同的比例，并在标题栏中填写。当某个视图需要采用不同比例时，可在视图名称的下方或右侧标注比例，例如

$$\frac{\mathrm{I}}{2:1} \qquad \frac{A}{1:100} \qquad \frac{B-B}{2.5:1} \qquad \text{平面图 } 1:10$$

### 1.1.3 字体（GB/T 14691—1993）

图样中书写的字体必须做到：字体工整、笔画清楚、间隔均匀、排列整齐。

字体高度（$h$）的公称尺寸系列为 1.8mm、2.5mm、3.5mm、5mm、7mm、10mm、14mm、20mm。字体高度代表字体的号数。

**1. 汉字**

汉字应写成长仿宋体，并采用国家正式公布推行的简化字。汉字的高度不应小于 3.5mm，其字宽一般为字高的 2/3。长仿宋体的书写要领是横平竖直，注意起落，结构匀称，填满方格。长仿宋体的汉字示例如下：

10 号字

字体工整笔画清楚排列整齐间隔均匀

7 号字

横平竖直注意起落结构均匀填满方格

5 号字

字体工整笔画清楚排列整齐间隔均匀

**2. 数字和字母**

数字和字母有直体和斜体两种。一般常采用斜体，斜体字字头向右倾斜，与水平线约成 75° 角。在同一图样上，只允许选用一种形式的字体。

（1）斜体拉丁字母示例

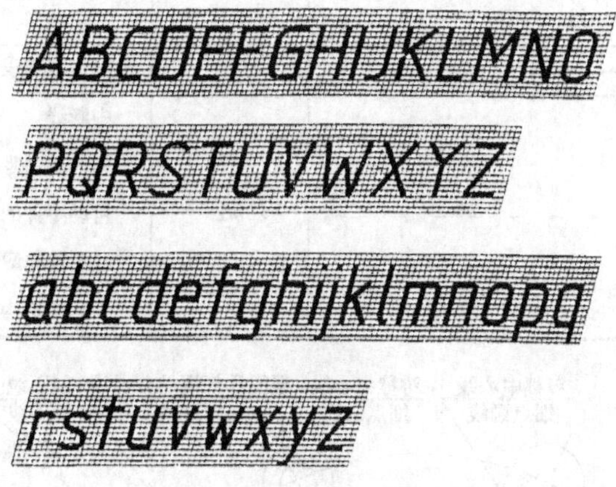


（2）斜体数字示例

0123456789

IIIIIIIVVVIVIIVIIIIXX

### 1.1.4　图线（GB/T 17450—1998、GB/T 4457.4—2002）

**1．图线的线型与应用**

国家标准 GB/T 17450—1998《技术制图　图线》及 GB/T 4457.4—2002《机械制图　图样画法　图线》中，详细规定了图线的形式、画法及应用。绘制图样时，应采用国家标准规定的图线和画法。图线的线型及应用见表 1-3，其应用如图 1-5 所示。

**表 1-3　图线的线型与应用**

| 图线名称 | 线　　型 | 线　宽 | 一般应用 |
|---|---|---|---|
| 粗实线 | | *b* | 可见轮廓线<br>剖切符号用线 |
| 细实线 | | *b*/2 | 尺寸线<br>尺寸界线<br>指引线、基准线、剖面线<br>过渡线<br>重合断面轮廓线<br>螺纹牙底线 |
| 波浪线 | | *b*/2 | 断裂处边界线；视图与剖视图的分界线 |
| 双折线 | | *b*/2 | 断裂处边界线；视图与剖视图的分界线 |
| 虚线 | | *b*/2 | 不可见轮廓线 |
| 细点画线 | | *b*/2 | 轴线<br>对称中心线<br>轨迹线 |

（续）

| 图线名称 | 线　型 | 线　宽 | 一般应用 |
|---|---|---|---|
| 粗点画线 | —— - —— - —— | $b$ | 限定范围表示线 |
| 双点画线 | ——··——··—— | $b/2$ | 中断线<br>相邻辅助零件的轮廓线<br>可动零件的极限位置的轮廓线<br>成形前轮廓线<br>工艺用结构的轮廓线 |

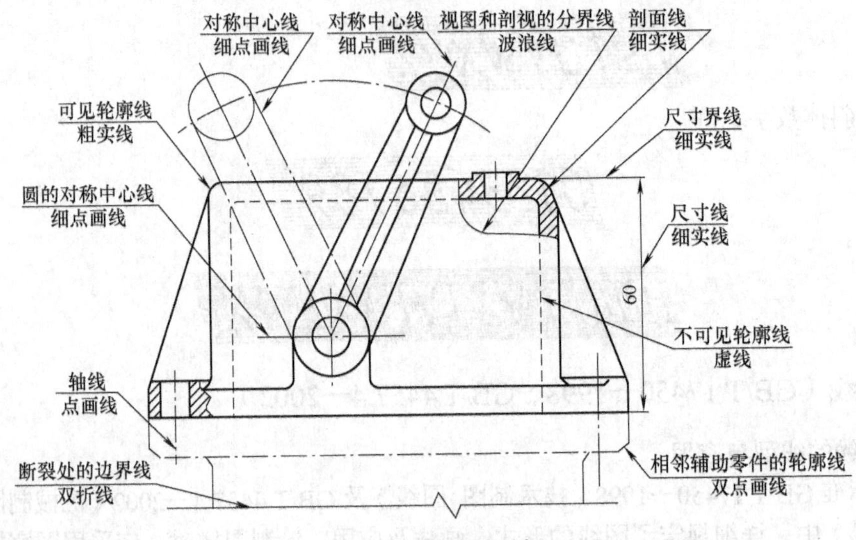


图 1-5　图线应用示例

**2. 图线的宽度**

国家标准 GB/T 4457.4—2002 明确规定，在机械图样中采用粗细两种线宽，它们之间的比率为 2:1，图线宽度符号为 $b$。当粗线的宽度为 $b$ 时，细线的宽度应为 $b/2$，如表 1-3 所示。

图线宽度的粗细有 9 种：0.13mm、0.18mm、0.25mm、0.35mm、0.5mm、0.7mm、1mm、1.4mm、2mm。粗线的宽度通常采用 $b$=0.5mm 或 0.7mm。

**3. 绘制图线注意事项**

1）同一图样中的同类图线的宽度应一致，虚线、点画线及双点画线的线段长度和间隔应大致相等。

2）绘制圆的对称中心线时，圆心应在线段与线段的相交处，细点画线应超出圆的轮廓线 3 ~ 5mm。

3）当所绘制圆的直径较小，画点画线有困难时，细点画线可用细实线代替。

4）点画线和双点画线的首末两端应是线段而不是点。

5）虚线、点画线与其他图线相交时，都应画相交。当虚线处于粗实线的延长线上时，虚线与粗实线之间应有间隙。

6）两条平行线（包括剖面线）之间的最小距离应不小于 0.7mm。

图线绘制注意事项如图 1-6 所示。

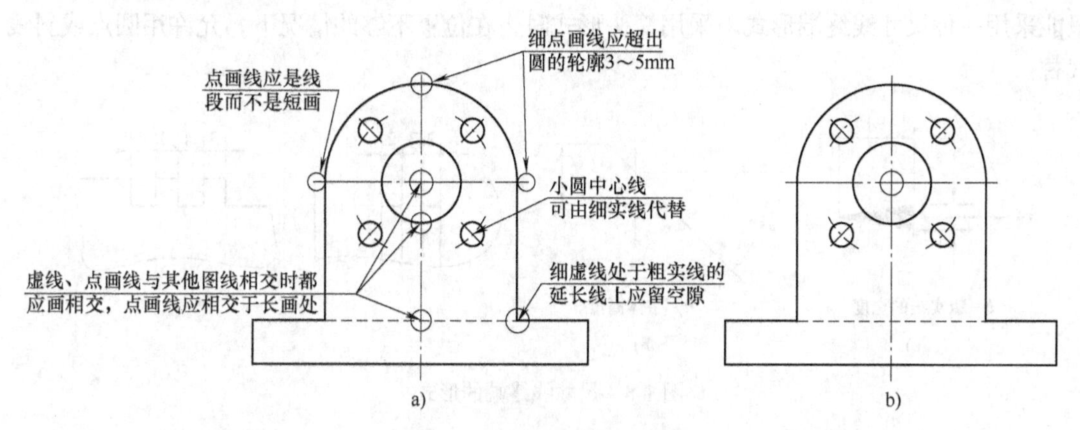


图 1-6　图线绘制注意事项

### 1.1.5　尺寸标注的规定（GB/T 4458.4—2003，GB/T 16675.2—1996）

机械图样中的图形只能表示物体的形状，而其大小是由标注的尺寸确定的。国标 GB/T 4458.4—2003，GB/T 16675.2—1996 中规定了标注尺寸的规则和方法。

**1. 基本规则**

1）机件的真实大小应以图样中所注的尺寸数值为依据，与图形的大小及绘图的准确度无关。

2）图样中（包括技术要求和其他说明）的尺寸，以 mm（毫米）为单位时，不需标注单位符号（或名称），如采用其他单位，则应注明相应的单位符号。

3）图样中所标注的尺寸，为该图样所示机件的最后完工尺寸，否则应另加说明。

4）机件的每一尺寸，一般只标注一次，并应标注在反映该结构最清晰的图形上。

**2. 尺寸要素**

一个完整的尺寸，由尺寸界线、尺寸线、尺寸线终端和尺寸数字四个要素所组成，如图 1-7 所示。

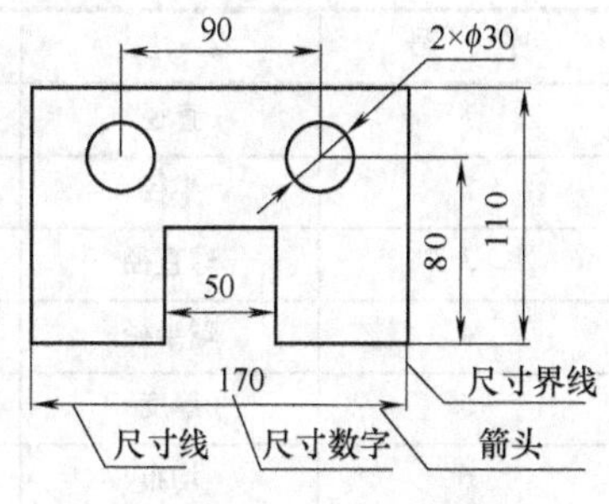


图 1-7　尺寸的组成

（1）尺寸界线

尺寸界线用细实线绘制，一般是图形的轮廓线、轴线或对称中心线的延长线，超出尺寸线约 2～3mm。也可直接用轮廓线、轴线或对称中心线作尺寸界线。尺寸界线一般与尺寸线垂直，必要时允许倾斜。

（2）尺寸线

尺寸线用细实线绘制，必须单独画出，不能用其他图线代替，一般也不得与其他图线重合或画在其延长线上，并应尽量避免尺寸线之间及尺寸线与尺寸界线之间相交。尺寸线应与所标注的线段平行，平行标注的各尺寸线的间距要均匀，间隔应大于 5mm，同一张图样的尺寸线间距应相等。标注角度时，尺寸线应画成圆弧，其圆心是该角的顶点。

（3）尺寸线终端（箭头）

尺寸线终端（箭头）有两种形式，即箭头或细斜线，如图 1-8 所示。箭头适用于各种类型的图样。当尺寸线终端采用细斜线形式时，尺寸线与尺寸界线必须垂直。同一张图样中，只能采用一种尺寸线终端形式。采用箭头形式时，在位置不够的情况下，允许用圆点或斜线代替。

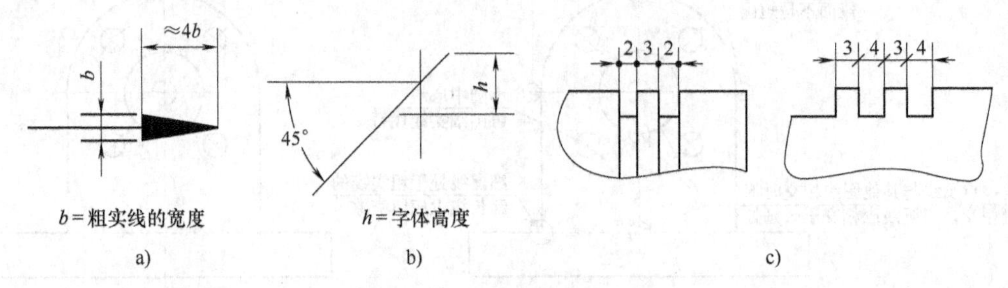


图 1-8 尺寸线终端的形式

（4）尺寸数字

线性尺寸的数字一般注写在尺寸线上方或尺寸线中间处。尺寸数字不能被任何图线通过，否则应将该图线断开，如图 1-9 所示。

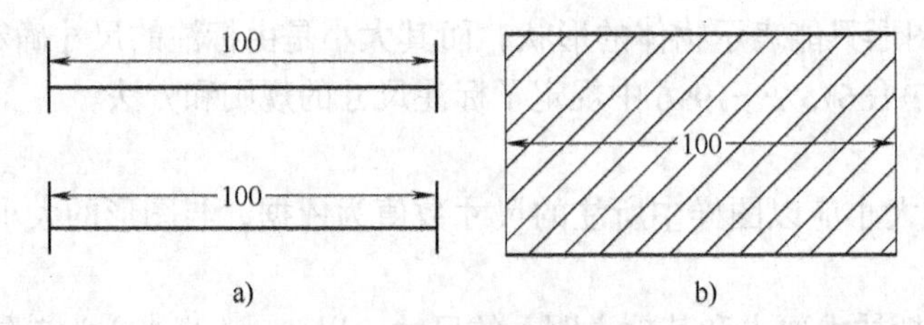


图 1-9 尺寸数字的标注法

**3. 标注尺寸的符号及缩写见表 1-4（GB/T 4458.4—2003）**

**表 1-4 标注尺寸的符号及缩写**

| 序 号 | 含 义 | 符 号 | 序 号 | 含 义 | 符 号 |
|---|---|---|---|---|---|
| 1 | 直径 | $\phi$ | 9 | 深度 | ↧ |
| 2 | 半径 | R | 10 | 沉孔 | ⊔ |
| 3 | 球直径 | S$\phi$ | 11 | 埋头孔 | ∨ |
| 4 | 球半径 | SR | 12 | 弧长 | ⌒ |
| 5 | 厚度 | t | 13 | 斜度 | ∠ |
| 6 | 均布 | EQS | 14 | 锥度 | ◁ |
| 7 | 45° 倒角 | C | 15 | 展开长 | ○→ |
| 8 | 正方形 | □ | 16 | 型材界面形状 | GB/T 4656—2008 |

**4. 各类尺寸标注示例**

（1）线性尺寸的标注法

线性尺寸的数字应按图 1-10a 中所示的方向注写，即以标题栏方向为准，水平方向字头朝上，垂直方向字头朝左，倾斜方向字头有朝上趋势。应尽量避免在图 1-10a 所示的 30° 范围内标注尺寸，当无法避免时，可按图 1-10b 的形式标注。

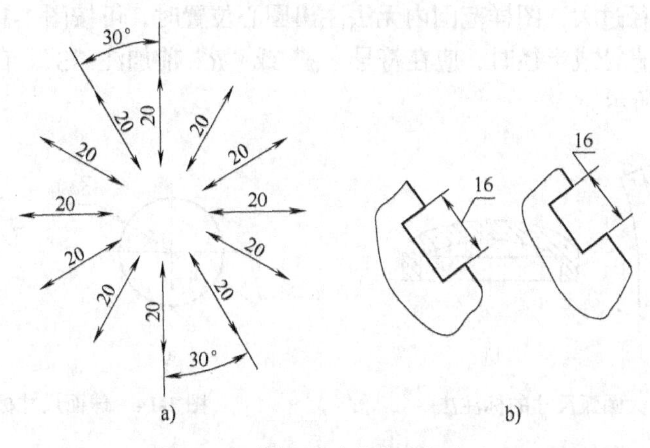


图 1-10　线性尺寸的数字标注法

（2）角度尺寸的标注法

标注角度时，尺寸数字一律水平书写，即字头永远朝上，一般标注在尺寸线的中间处，如图 1-11a 所示。必要时也可按图 1-11b 所示的形式标注。

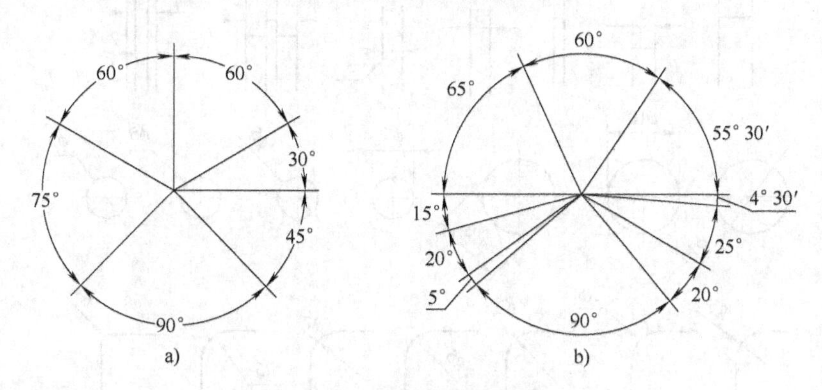


图 1-11　角度尺寸的标注法

（3）圆、圆弧及球面尺寸的标注法

1）标注圆或大于半圆的弧时，应在尺寸数字前加注符号“$\phi$”；标注圆弧半径时，应在尺寸数字前加注符号“$R$”。尺寸线应通过圆心，终端为箭头，如图 1-12 所示。

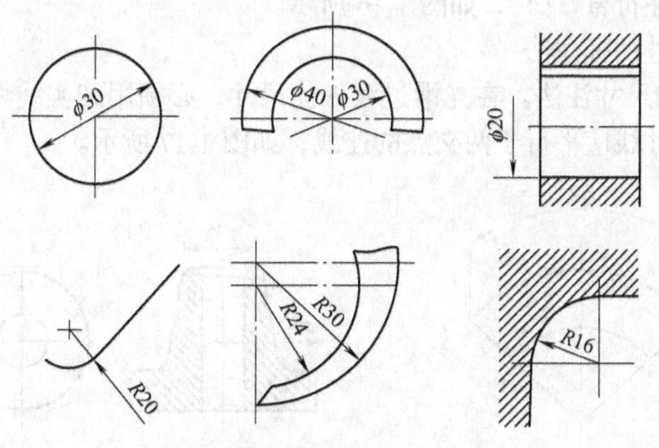


图 1-12　圆及圆弧尺寸标注法

2）当圆弧的半径过大，图样范围内无法注出圆心位置时，可按图 1-13 标注。

3）标注球面的直径或半径时，应在符号“$\phi$”或“$R$”前加注“S”。在不易引起误解时，可省略，如图 1-14 所示。

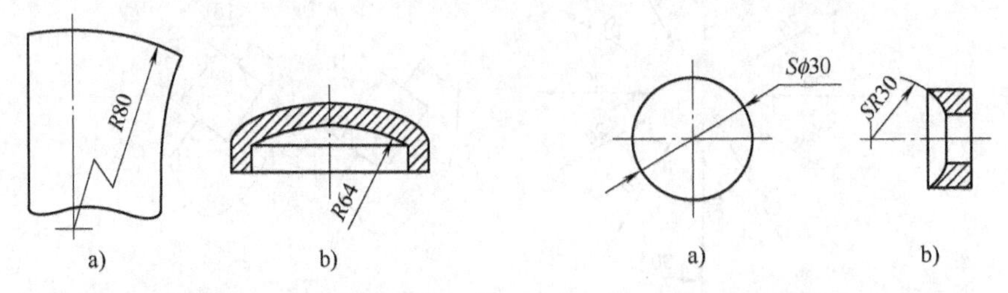


图 1-13　大圆弧尺寸的标注法　　　图 1-14　球面尺寸标注法

（4）小尺寸的标注法

对于小尺寸，在没有足够的位置画箭头或注写数字时，箭头可画在外面，或用小圆点代替两个箭头，尺寸数字也可采用旁注或引出标注，如图 1-15 所示。

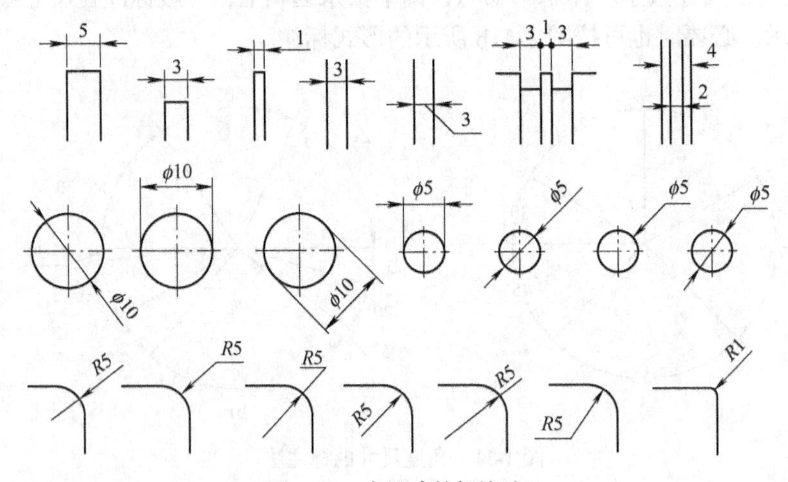


图 1-15　小尺寸的标注法

（5）弦长和弧长的标注法

弦长和弧长的尺寸界线应垂直于弦的垂直平分线。标注弧长尺寸时，尺寸线用圆弧，并应在尺寸数字上方加注符号“⌒”，如图 1-16 所示。

（6）其他结构尺寸的标注法

1）光滑过渡处的尺寸注法。在光滑过渡处注尺寸，必须用细实线将轮廓线延长，从交点处引尺寸界线。尺寸线应平行于两交点的连线，如图 1-17 所示。

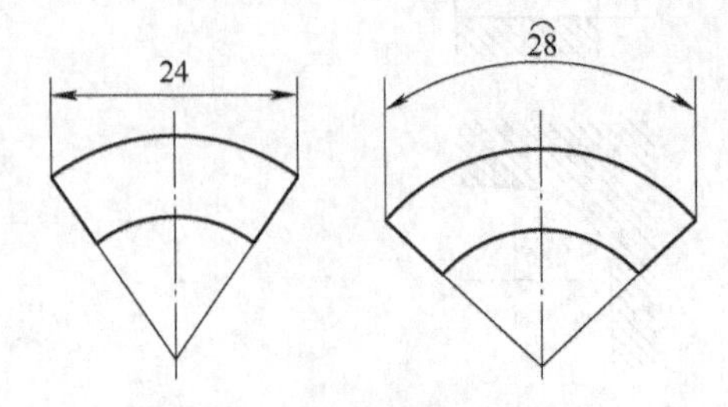


图 1-16　弦长、弧长的标注法

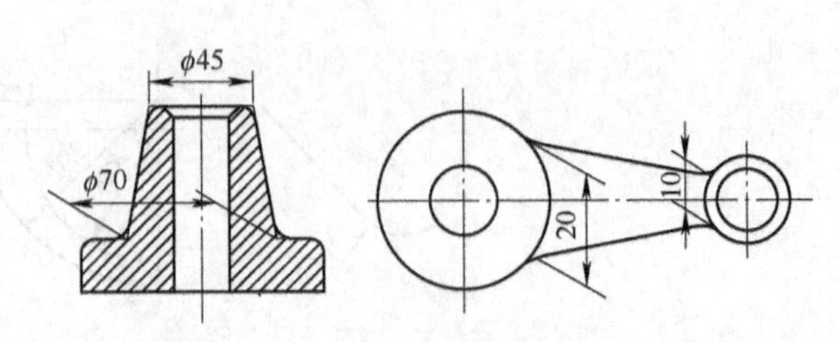


图 1-17　光滑过渡处的尺寸标注法

2）板状零件和正方形结构的标注法。板状零件的厚度可在尺寸数字前加注符号“t”，如图 1-18 所示。标注机件的断面为正方形结构的尺寸时，可在边长尺寸数字前加注符号“□”或注“边长×边长”，如图 1-19 所示。图中相交的两条细实线是平面符号。

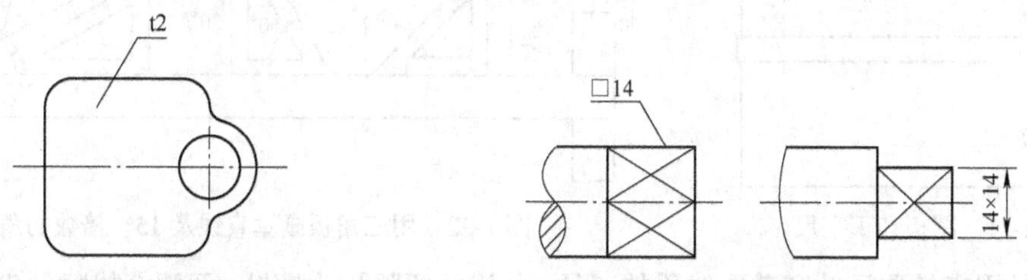


图 1-18　板状零件厚度的标注法　　图 1-19　正方形结构的尺寸标注法

3）均匀分布成组结构的注法。均匀分布的成组结构，可按图 1-20a 标注。当成组结构的定位和分布情况明确时，可不标注其角度并省略“均布”二字，如图 1-20b 所示。

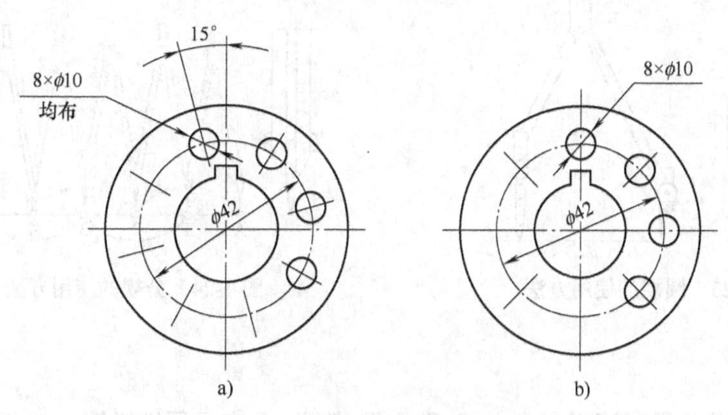


图 1-20　均匀分布结构的标注法

## 1.2　绘图的方法和工具

随着计算机应用的普及，现在的工程图样大都采用计算机辅助制图（Computer Aided Design，CAD）来完成，但传统的手工绘图技能是 CAD 的基础，也是学习和巩固投影理论的训练方法。为了提高手工绘图的质量和效率，必须学会正确使用各种绘图工具和仪器。

### 1.2.1　图板、丁字尺、三角板

图板供绘图时贴放图纸用，其板面应平坦、整洁，左侧为导边，必须平直。丁字尺由尺头和尺身组成。使用时，尺头内侧必须紧靠图板的左导边，上下移动。尺身上边为工作边，用来画水平线，如图 1-21 所示。

三角板与丁字尺配合，可画垂直线及与水平方向成 15° 倍数的各种斜线，如图 1-22 所示。

### 1.2.2　圆规、分规

圆规是画圆及圆弧的工具。画圆时，圆规的钢针应使用有台阶的一段，以避免图样上的针孔不断扩大，并使笔尖与纸面垂直，具体使用方法如图 1-23 所示。

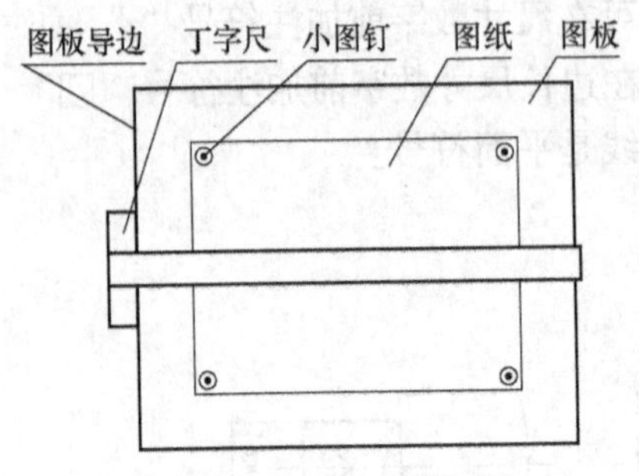


图 1-21 图板和丁字尺

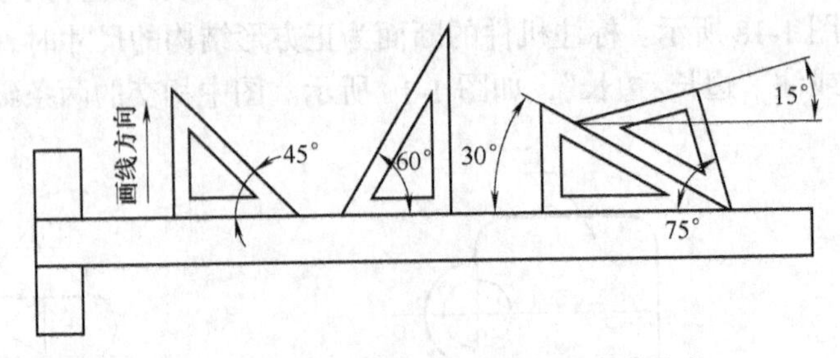


图 1-22 用三角板画垂直线及 15° 倍数的角

分规是用来量取尺寸和截取线段的工具。分规的两腿均为钢针，两腿合拢时针尖应对齐，如图 1-24 所示。

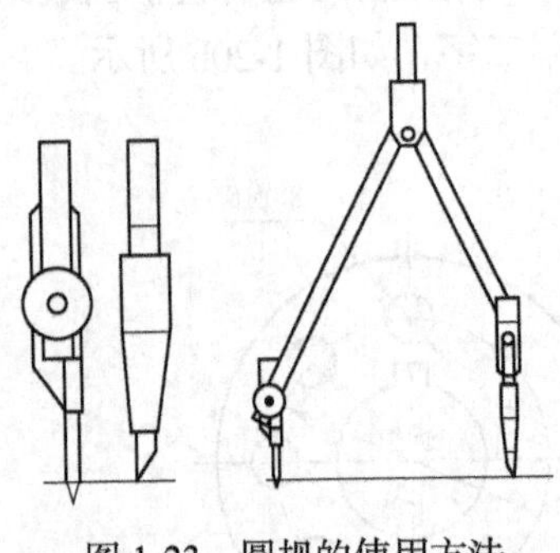

图 1-23 圆规的使用方法

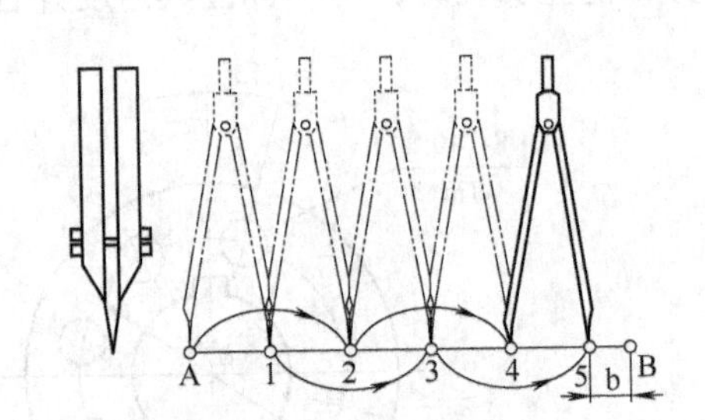


图 1-24 分规的使用方法

### 1.2.3 铅笔

绘图铅笔笔芯软硬程度用字母“H”和“B”表示。H 表示硬性铅笔，H 前面的数值越大，表示铅芯越硬，画出的线越淡；B 表示软性铅笔，B 前面的数字越大，表示铅芯越软，画出的线越黑。“HB”表示铅芯软硬适中。画细线时，常用 H，写字常用 HB，画粗线时常用 B 或 2B。写字或画细线的铅笔芯常削成锥形，画粗线的铅笔芯常削成四棱柱形。

绘图过程中，除了上述工具外，还要备有透明胶带纸、擦图片、小刀、砂纸、橡皮、曲线板、毛刷。

## 1.3 几何作图

机械图样中轮廓线千变万化，但它们基本上都是由直线、圆弧和其他一些曲线所组成的几何图形。为确保绘图质量和效率，除了要正确使用绘图工具和仪器外，还要熟练掌握常用的几何作图方法。

### 1.3.1 等分圆周作内接正多边形

**1. 正五边形的画法**

如图 1-25 所示，作出水平线 $ON$ 的中点 $M$，以 $M$ 为圆心，$MA$ 为半径画弧，交水平线于 $H$，以 $AH$ 为边长，即可作出圆内接正五边形。

**2. 正六边形的画法**

如图 1-26 所示，用 60° 三角板配合丁字尺通过水平直径的端点作平行线，可画出四条边，再以丁字尺作上、下水平边，即可画出圆内接正六边形。

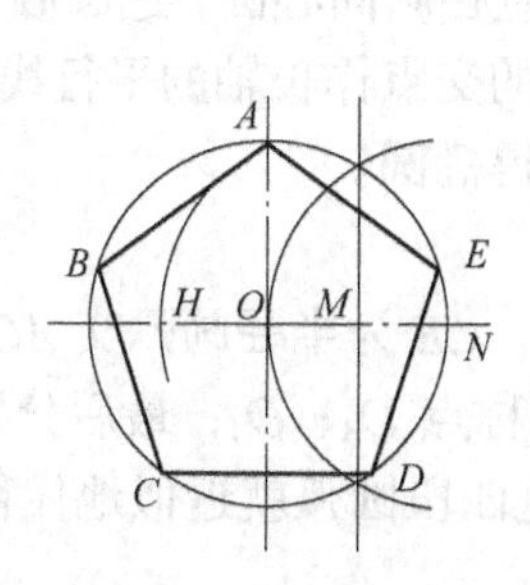


图 1-25　正五边形的画法

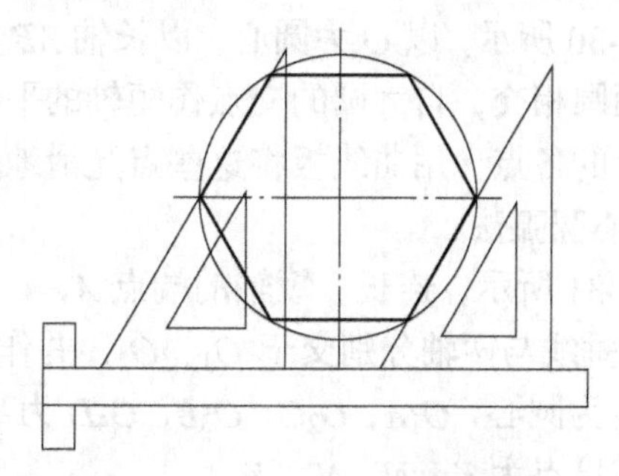

图 1-26　正六边形的画法

**3. 正 *N* 边形的画法**

如图 1-27 所示，将铅垂直径 *AB* 分成 *N* 等分（图中 *N*=7），以 *B* 为圆心，*AB* 为半径画弧，交水平中心线于 *K*（或对称点 *K'*），自 *K*（或 *K'*）与直径上奇数点（或偶数点）连线，并延长至圆周，即得各分点Ⅰ、Ⅱ、Ⅲ、Ⅳ，再作出它们的对称点，即可画出圆内接正 *N* 边形。

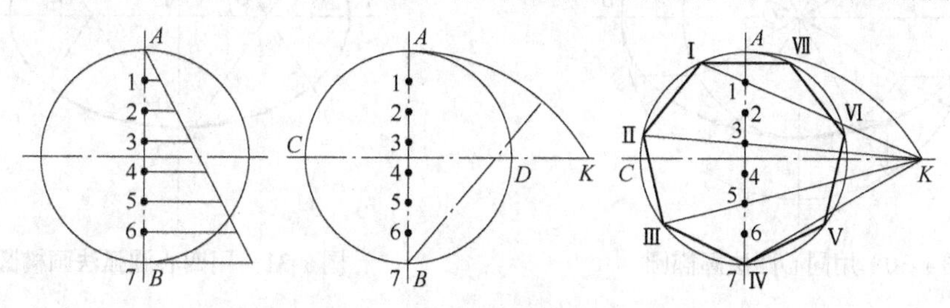


图 1-27　正 *N* 边形的画法（*N*=7）

## 1.3.2　斜度和锥度

**1. 斜度的画法**

斜度是指一直线（或平面）对另一直线（或平面）的倾斜程度，其大小为该两直线（或平面）间夹角的正切值，在图样中以 1:*N* 的形式标注。图 1-28 所示为斜度 1:6 的做法：由点 *A* 在水平线 *AB* 上取六个单位长度得点 *D*，过 *D* 点作 *AB* 的垂线 *DE*，取 *DE* 为一个单位长，连 *AE* 即得斜度为 1:6 的直线。斜度符号“∠”的方向应与倾斜方向一致。

**2. 锥度的画法**

锥度是正圆锥底圆直径与圆锥高度之比，在图样中也用 1:*N* 的形式标注。图 1-29 所示为锥度 1:6 的做法：由点 *S* 在水平线上取六个单位长得点 *O*，过 *O* 点作 *SO* 的垂线，分别向上和向下量取半个单位长度，得 *A*、*B* 两点，分别过 *A*、*B* 与点 *S* 相连，即得 1:6 的锥度。

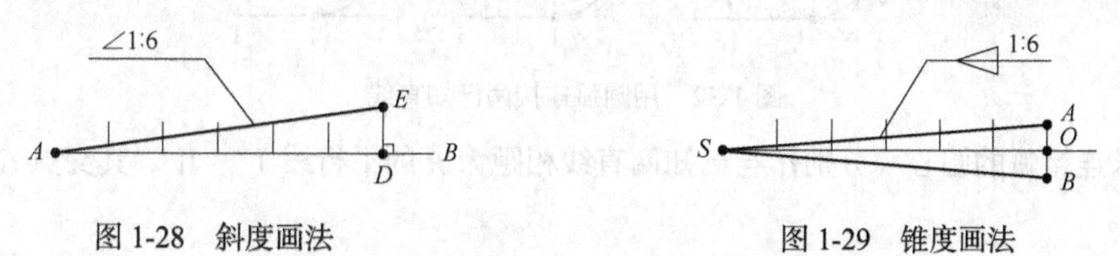


图 1-28　斜度画法　　图 1-29　锥度画法

### 1.3.3 椭圆的画法

**1. 同心圆法**

如图 1-30 所示，以 $O$ 为圆心，以长轴 $AB$ 和短轴 $CD$ 为直径画同心圆，过圆心 $O$ 作一系列直径与两圆相交，自大圆的交点作短轴的平行线，自小圆的交点作长轴的平行线，其交点就是椭圆上的各点，用曲线板将这些点光滑地连接起来，即得椭圆。

**2. 四心圆弧法**

如图 1-31 所示，连长、短轴的端点 $A$，$C$，以 $C$ 为圆心，$CE$ 为半径画弧交 $AC$ 于 $E'$点，作 $AE'$的中垂线与两轴分别交于 $O_1$、$O_2$，并作 $O_1$ 和 $O_2$ 的对称点 $O_3$、$O_4$，最后分别以 $O_1$、$O_2$、$O_3$、$O_4$ 为圆心，$O_1A$，$O_2C$，$O_3B$，$O_4D$ 为半径画圆弧，这四段圆弧就近似地代替了椭圆，圆弧间的连接点为 $K$，$N$，$N_1$，$K_1$。

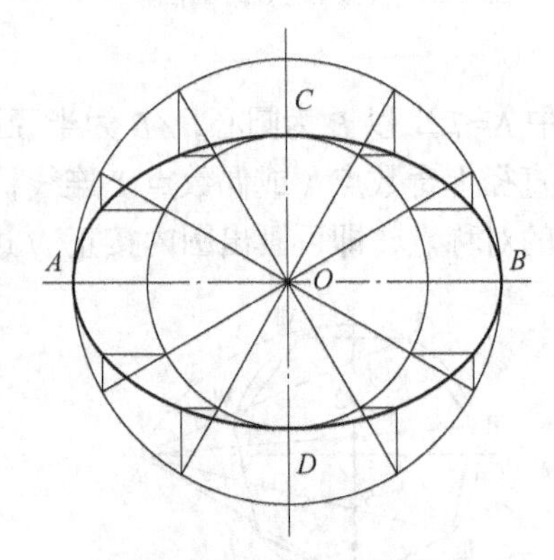

图 1-30 用同心圆法画椭圆

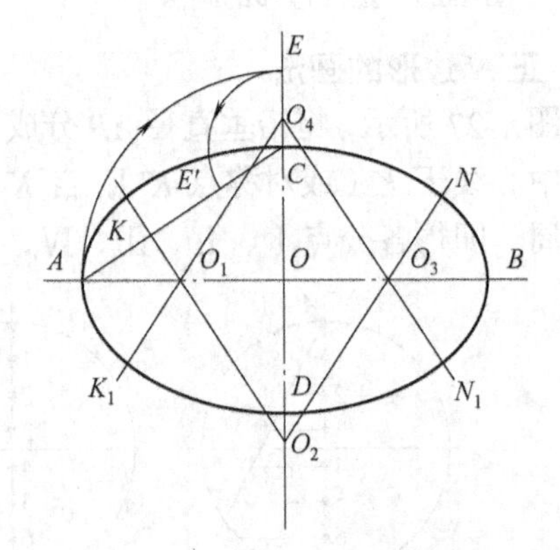

图 1-31 用四心圆弧法画椭圆

### 1.3.4 圆弧连接

在绘图时，经常会遇到用圆弧来光滑连接已知直线或圆弧的情况。光滑连接也就是在连接处相切。为了保证相切，在作图时就必须准确地作出连接圆弧的圆心和切点。

圆弧连接有三种情况：用已知半径的圆弧连接两条直线；用已知半径的圆弧连接两圆弧；用已知半径的圆弧连接一直线与一圆弧。下面就各种情况作简要的介绍。

**1. 用已知半径为 $R$ 的圆弧连接两条直线**

已知直线Ⅰ、Ⅱ，连接弧的半径为 $R$。作连接弧的过程就是确定连接弧的圆心和连接点的过程，其作图步骤如图 1-32 所示。

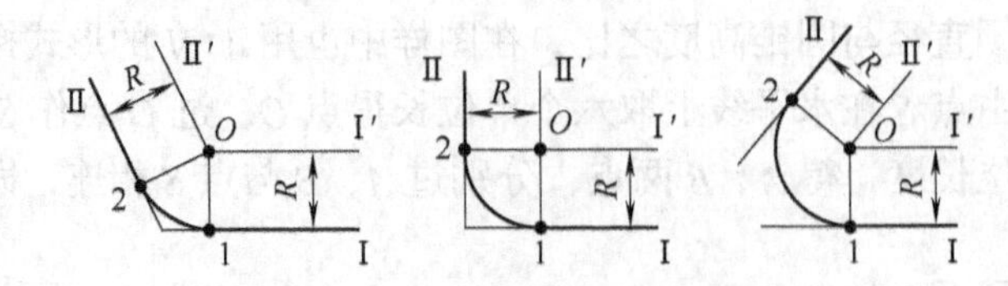

图 1-32 用圆弧连接两已知直线

1）求连接弧的圆心 分别作与已知两直线相距为 $R$ 的平行线Ⅰ'、Ⅱ'，其交点 $O$ 即为连接弧圆心。

2）求连接弧的切点　过 $O$ 点分别向直线Ⅰ、Ⅱ作垂线，垂足 1、2 即为切点。

3）以 $O$ 为圆心，以 $R$ 为半径在切点 1、2 之间作弧，即完成连接。

**2．用已知半径为 *R* 的圆弧同时外切两圆弧**

1）求连接弧的圆心：分别以 $R_1+R$ 及 $R_2+R$ 为半径，以 $O_1$ 及 $O_2$ 为圆心，作两圆弧交于点 $O$，$O$ 即为连接弧的圆心。

2）求连接弧的切点：连接 $O$、$O_1$ 交已知圆弧于点 1，连接 $O$、$O_2$ 交已知圆弧于点 2，1、2 即为切点。

3）以 $O$ 为圆心，以 $R$ 为半径，在两切点 1、2 之间作弧，即完成连接，如图 1-33a 所示。

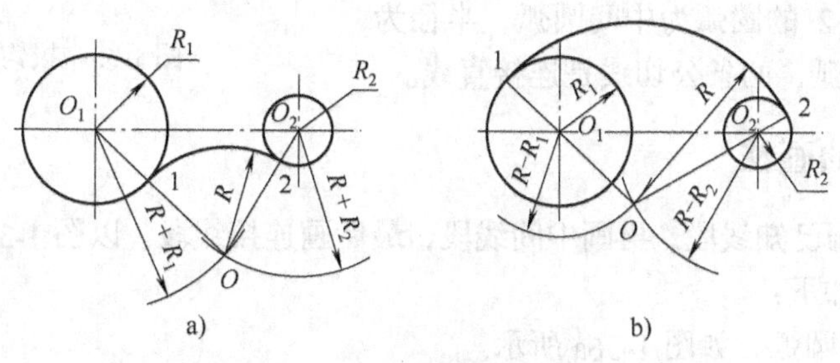


图 1-33　用圆弧两已知圆弧

**3．用已知半径为 *R* 的圆弧同时内切两圆弧**

1）求连接弧的圆心：分别以 $R-R_1$ 及 $R-R_2$ 为半径，以 $O_1$ 及 $O_2$ 为圆心，作两圆弧交于点 $O$，$O$ 即为连接弧的圆心。

2）求连接弧的切点：连接 $O$、$O_1$ 并延长交已知圆弧于点 1，连接 $O$、$O_2$ 并延长交已知圆弧于点 2，1、2 即为切点。

3）以 $O$ 为圆心，$R$ 为半径，在两切点 1，2 之间作弧，即完成连接，如图 1-33b 所示。

**4．用已知半径为 *R* 的圆弧连接一直线与一圆弧**

已知圆心为 $O_1$，半径为 $R_1$ 的圆弧和一直线，用半径为 $R$ 的圆弧将其光滑连接起来，其作图步骤如图 1-34 所示。

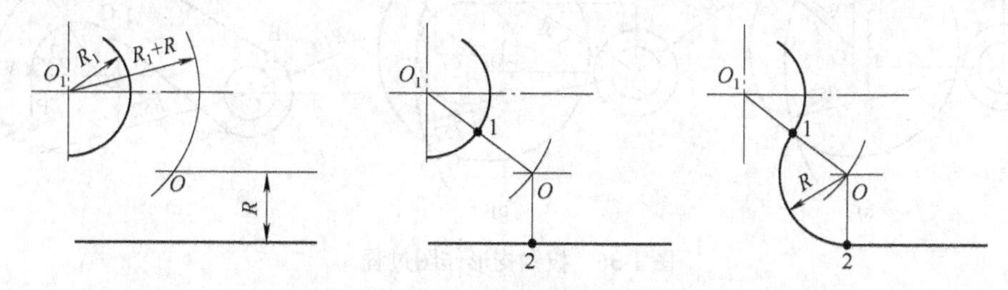


图 1-34　用圆弧连接已知圆弧和直线

## 1.4　平面图形的分析和画法

任何机件的视图都是平面图形，而平面图形又是由很多的直线段和曲线段连接而成的。因此，掌握平面图形的分析方法，对于正确而迅速地绘制图样起着决定性的作用。

### 1.4.1 平面图形的分析

平面图形通常由各种不同线段（包括直线段、圆弧和圆）组成。画图时，要先对平面图形的线段进行分析，弄清楚哪些是可以直接画出的已知线段；哪些是必须根据与相邻线段的连接关系才能画出来的中间线段；最后求出连接圆弧的切点和圆心确定连接线段，拔钩构形示例如图 1-35 所示，半径为 *R*25，*R*52，*R*10 的圆弧和直径为 $\phi$12 的圆为已知圆弧，半径为 *R*12 的圆弧为中间圆弧，半径为 *R*3 的圆弧是连接圆弧，两条公切线是连接直线。

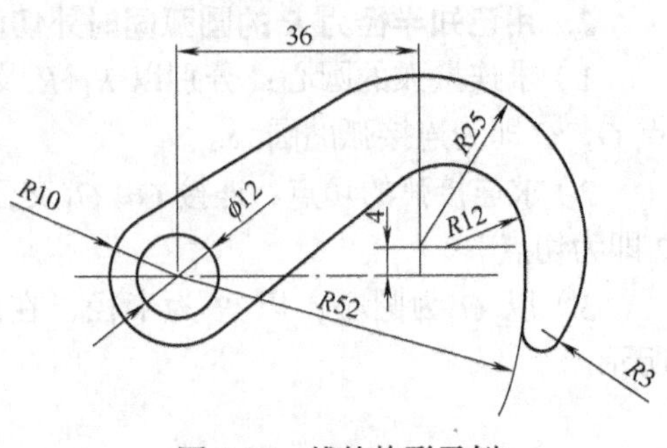


图 1-35 拔钩构形示例

### 1.4.2 平面图形的画法

画图时，应先画已知线段，再画中间线段，最后画连接线段。以图 1-35 所示的拔钩构形图为例，画图步骤如下：

1）画已知圆和圆弧，如图 1-36a 所示。

2）画半径为 *R*12 的中间圆（与半径为 *R*52 的已知弧内切）：以 O 为圆心，以 *R*40 为半径画圆弧与过 $O_1$ 的水平线相交，交点 $O_2$ 为 *R*12 圆的圆心；连线段 $O_2$，其延长线与半径为 *R*52 的圆弧的交点 A 即为切点；画半径为 *R*12 的圆，如图 1-36b 所示。

3）画半径为 *R*3 的连接弧（与半径 *R*52 的圆弧外切、与半径为 *R*25 的圆内切），如图 1-36c 所示。

4）画两条公切的直线段（半径分别为 *R*10，*R*25 的圆弧的公切线 ED，半径分别为 *R*10，*R*12 的圆弧的公切线 FG），修剪如图 1-36c 所示。

5）检查、标注尺寸。

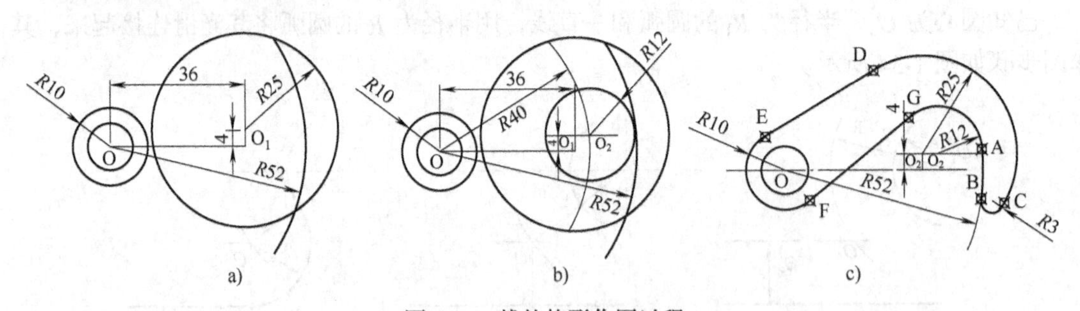


图 1-36 拔钩构形作图过程

## 1.5 徒手绘制草图

草图是以徒手、目测的方法绘制出的图样。草图主要用于表达设计开始阶段的初步方案和设想、计算机绘图底稿、零部件的测绘、维修及进行技术交流等，具有很大的实用价值。所以工程技术人员必须具备徒手绘制草图的能力。草图尽管是徒手绘制，但绝不是潦草的图，徒手绘图也应做到图线清晰、比例匀称、投影正确、字体工整。画草图时一般选用中等硬度的铅笔，如HB或B较合适。为便于控制尺寸大小，提高画草图的质量和速度，经常在方格纸上画草图，或将方格纸垫在透明性能较好的图纸下面。当徒手绘制草图时，图纸不要求固定在图板上，应将图纸放在走笔最顺手的位置上，为作图方便可任意转动或移动。

## 1.5.1 徒手画线的方法

### 1. 画直线

水平线应自左向右、垂直线应从上向下，小手指压住纸面，眼睛看着画线的终点，手腕轻轻靠着纸面随线移动，不要转动。画长斜线时，可将图样略转动，使画线方向更为顺手；画水平线和垂直线时. 要充分利用方格纸的线条；画45° 斜线时，应利用方格纸的对角线方向，如图1-37所示。

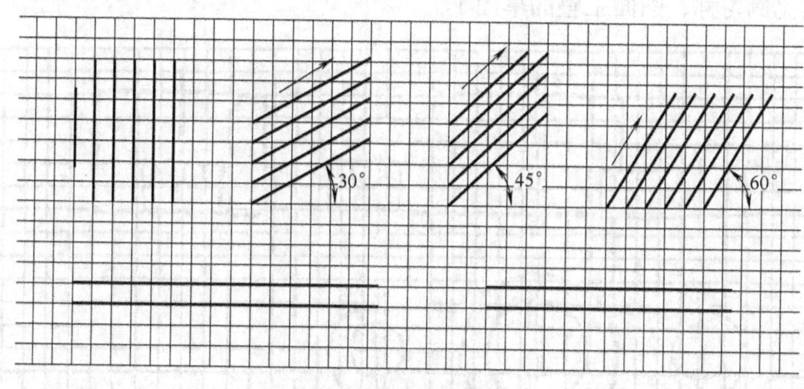


图1-37 直线的画法

### 2. 画圆和圆弧

（1）画圆

应先画两条互相垂直的中心线，定出圆心位置，再根据半径用目测在中心线上定出四个端点，然后光滑连接成圆形，如图 1-38a 所示。当圆的直径较大时，可以通过圆心再增画两条45° 斜线，在斜线上找出四个半径的端点，然后依次光滑连接这些端点即成圆形，如图1-38b所示。

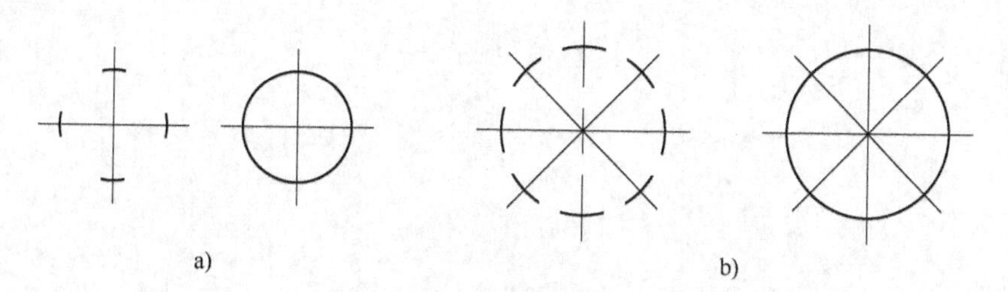


图1-38 圆的画法

（2）画圆弧

先用目测在分角线上选取圆心位置，使它与角的两边的距离等于圆角的半径。过圆心向两边引垂线定出圆弧的起点和终点，并在分角线上也定出圆弧上的一点，然后徒手把这三点光滑连接起来，即画出圆弧，如图1-39所示。

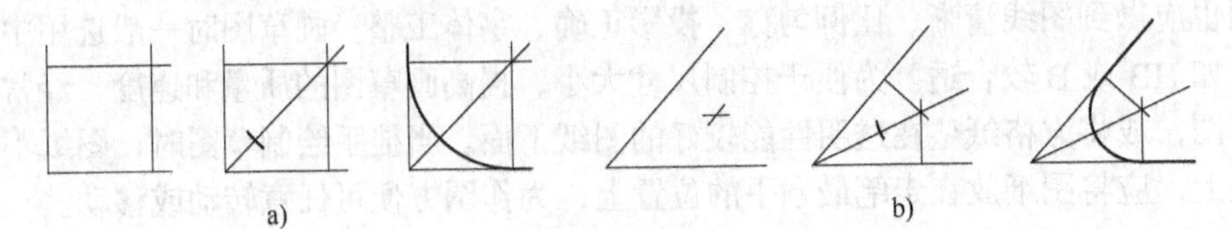


图 1-39　圆角的画法

## 1.5.2　绘制零件草图

在绘制比较复杂的草图时，应先根据目测确定各部分大体上的相对比例，然后再详细画出每一部分。绘制零件草图示例如图 1-40 所示。初学者可在方格纸上绘制草图，利用方格纸上的线条和图框，来控制图线的平直和图形的大小，经过一段时间的练习后，就可以在空白的图纸上画出比例匀称、图面工整的草图了。

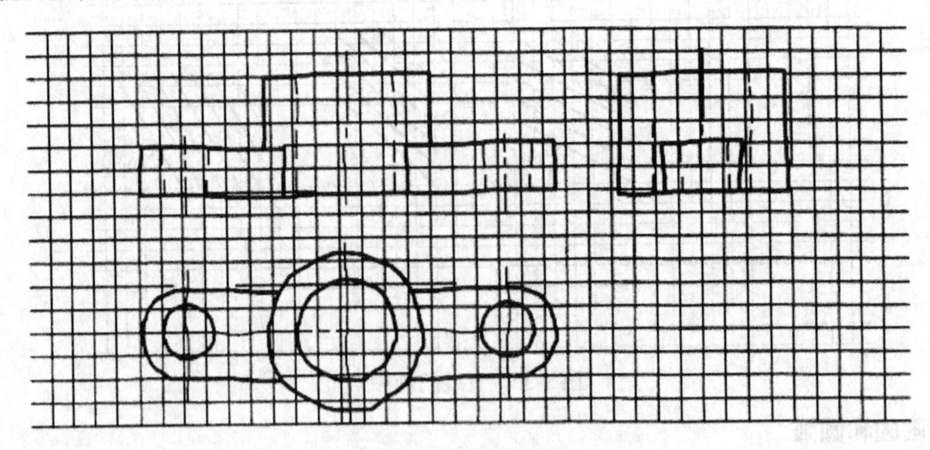

图 1-40　草图示例

# 第2讲　绘图基础

**【导读】**

计算机辅助设计（Computer Aided Design，CAD）是利用计算机的计算功能和图形处理能力，对产品进行辅助设计、修改和优化。AutoCAD 是由美国 Autodesk 公司开发的优秀计算机辅助设计软件，它具有绘图精确、功能强大、操作简单、界面直观等诸多优点、AutoCAD 技术被广泛应用于机械、建筑、电子、服装等领域，熟练掌握该项技术已成为从事设计工作的基本要求之一。本章仅从职业能力出发，介绍了 AutoCAD 2012 的相关知识。

应知

※ AutoCAD 2012 的工作界面
※ AutoCAD 2012 的系统参数设置
※ 命令的书写方式，诸如坐标系与坐标输入方法

☆使用 AutoCAD 绘图时会设置不同的图层，并将各图层设置成不同的颜色，使绘出的图形具有线型和颜色信息
☆掌握常用命令的使用方法，比如坐标系及坐标输入方法等内容

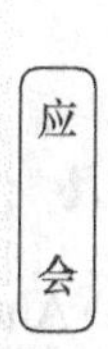

## 2.1 AutoCAD 2012 系统的用户界面

启动 AutoCAD 2012 软件，其用户界面如图 2-1 所示，主要有标题栏、菜单栏、工具栏、绘图窗口、命令行窗口及状态栏等内容。

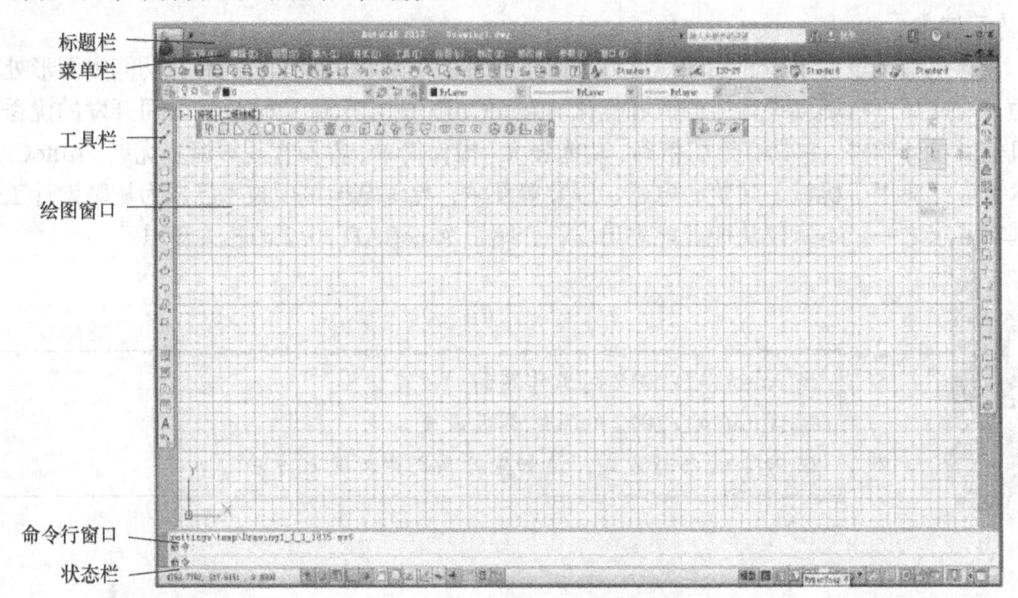


图 2-1 AutoCAD 2012 的用户界面

### 2.1.1 标题栏

AutoCAD 2012 的标题栏位于用户界面的顶部，在它上面显示了 AutoCAD 的程序图标及当前所操作的图形文件名称及路径。同一般 Windows 应用程序相似，用户可通过标题栏最右边的三个按钮使 AutoCAD 最小化、最大化和关闭。

### 2.1.2 菜单栏

AutoCAD 2012 的菜单栏中主要有 11 个菜单：【文件】、【编辑】、【视图】、【插入】、【格式】、【工具】、【绘图】、【标注】、【修改】、【参数】、【窗口】，包含了该软件的主要命令。单击菜单栏中的任一菜单，弹出相应的下拉菜单，如图 2-2 所示。

### 2.1.3 工具栏

工具栏提供了访问 AutoCAD 命令的快捷方式，它包含了许多命令按钮，只需单击某个按钮，AutoCAD 就会执行相应命令。图 2-3 显示了【绘图】工具栏。

AutoCAD 2012 提供了 30 多个工具栏，默认状态下，AutoCAD 仅显示【标准】、【样式】、【图层】、【对象特性】、【绘图】、【修改】等多个工具栏。下面介绍工具栏的常用操作。

**1. 打开或关闭工具栏**

在 AutoCAD 2012 中，将鼠标指针光标放在任一工具栏上，单击鼠标右键，在弹出的快捷菜单（见图 2-4）中选择某一工具栏，即可打开或关闭该工具栏。

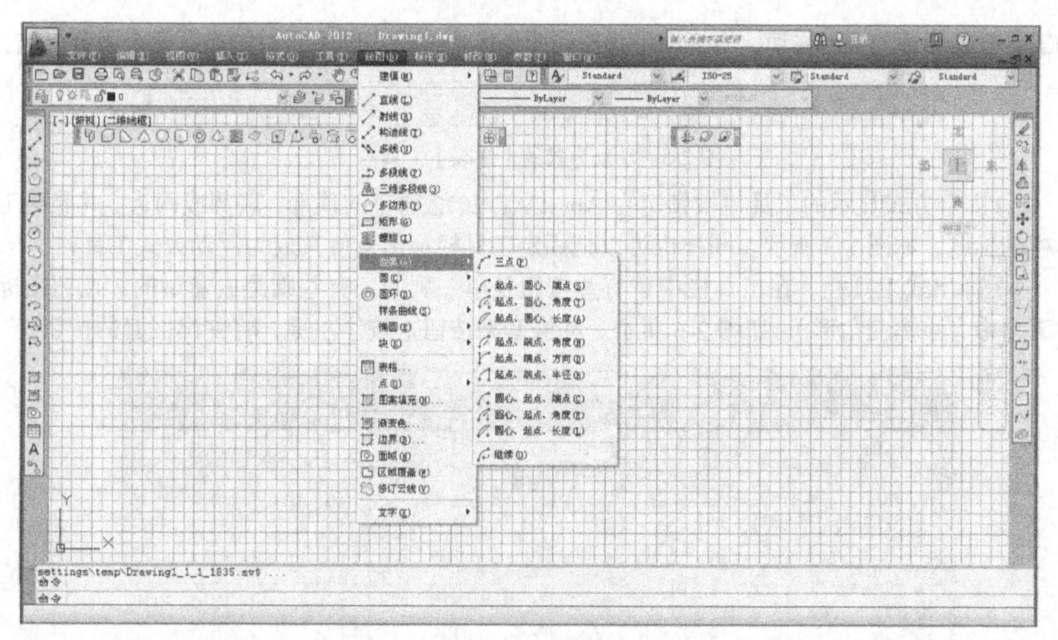


图 2-2　下拉菜单

图 2-3　【绘图】工具栏

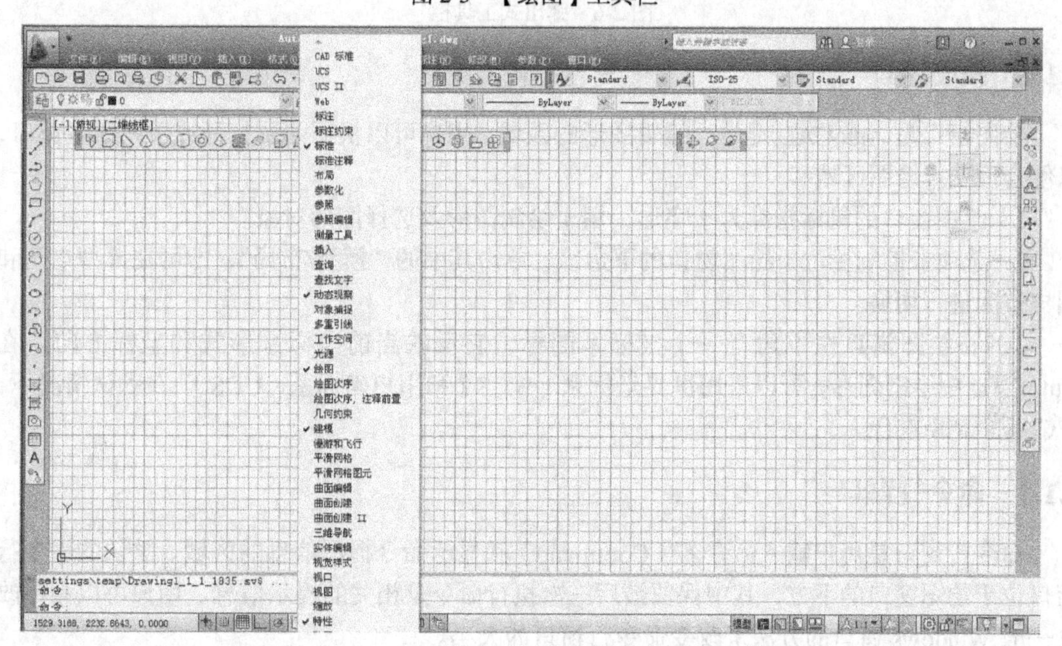


图 2-4　工具栏快捷菜单

**2. 浮动或固定工具栏**

在用户界面中，工具栏的显示方式有两种：固定方式和浮动方式。

1）当工具栏显示为浮动方式时，图 2-5 所示为浮动方式的【修改】工具栏，将显示该工具栏的标题，用户可以关闭该工具栏。如果将鼠标指针移动到标题栏，按住鼠标左键，则可拖动工具栏在屏幕上自由移动，当拖动工具栏到图形区边界时，则工具栏的显示变为固定方式。

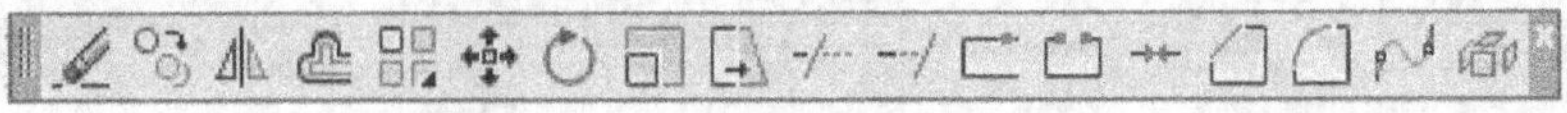

图 2-5 浮动方式的【修改】工具栏

2）固定方式显示的工具栏被锁定在 AutoCAD 2012 窗口的顶部、底部或两边，并隐藏工具栏的标题，如图 2-3 所示。同样也可以把固定工具栏拖出，使其成为浮动方式工具栏。

3）弹出式工具栏。在工具栏中，有些按钮是单一型的，有些则是嵌套型的（按钮图标右下角带有小黑三角形），如图 2-6 所示。在嵌套型按钮上按住左键，将弹出嵌套的按钮。

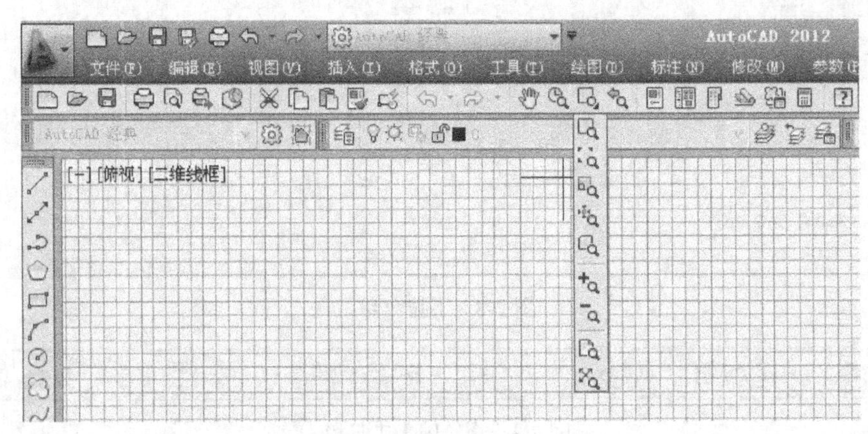


图 2-6 弹出式工具栏

### 2.1.4 绘图窗口

绘图窗口是 AutoCAD 显示、编辑图形的区域，用户可以根据需要打开或关闭某些窗口，以便合理安排绘图区域。

1）绘图窗口的鼠标指针为十字形，用于绘制图形及选择图形对象。

2）选项卡控制栏位于绘图窗口的下边缘，单击其中的“模型/布局”，即可在模型空间和图样空间进行切换。

3）在绘图窗口左下角有一个坐标系图标，它反映当前坐标系形式和坐标方向。在 AutoCAD 中绘制图形，可以采用世界坐标系（WCS）和用户坐标系（UCS）。在默认情况下，WCS 和 UCS 重合。

### 2.1.5 命令行窗口

命令行窗口是用户输入命令名（Command）和显示命令提示信息的区域。默认的命令行窗口位于绘图窗口的下方，其中保留最后三次执行命令及相关的提示信息。用户可以利用改变一般 Windows 窗口的方法来改变命令行窗口的大小。

### 2.1.6 状态栏

状态栏位于屏幕底部，默认情况下，左端显示绘图区域中鼠标指针定位点的 X、Y、Z 坐标值；中间依次有【捕捉】、【栅格】、【正交】、【极轴】、【对象捕捉】、【对象追踪】、【线宽】和【模型】8 个绘图辅助工具按钮，单击任一按钮，即可实现绘图辅助工具的切换。

## 2.2　绘图环境设置

### 2.2.1　设置绘图界限

菜单栏：【格式】|【图形界限】。

命令行：LIMITS，回车。AutoCAD 提示：

指定左下角点或[开（ON）/关（OFF）]〈0.0000，0.0000〉:（回车）

指定右上角点：（输入“210，297”，回车）

再重复执行 LIMITS 命令，AutoCAD 提示：

指定左下角点或[开（ON）/关（OFF）]〈0.0000，0.0000〉:（输入“ON”，回车）

最后，选择【视图】|【缩放】|【范围】命令，使所设绘图范围充满窗口。

### 2.2.2　设置绘图单位

菜单栏：【格式】|【单位】。

命令行：UNITS，回车。

弹出【图形单位】对话框，如图 2-7 所示。

该对话框用于定义单位和角度格式，对话框中主要选项的功能如下。

1）【长度】与【角度】选项组：指定测量的长度与角度类型和精度。

2）【插入比例】下拉列表框：用于缩放插入内容的单位。如果块或图形创建时使用的单位与该选项指定的单位不同，则在插入这些块或图形时，将对其按比例缩放。插入比例是源块或图形使用的单位与目标图形使用的单位之比。如果插入块时不按指定单位缩放，则选择“无单位”。

3）【方向】按钮：单击该按钮，系统显示【方向控制】对话框，如图 2-8 所示。可以通过该对话框进行方向控制。

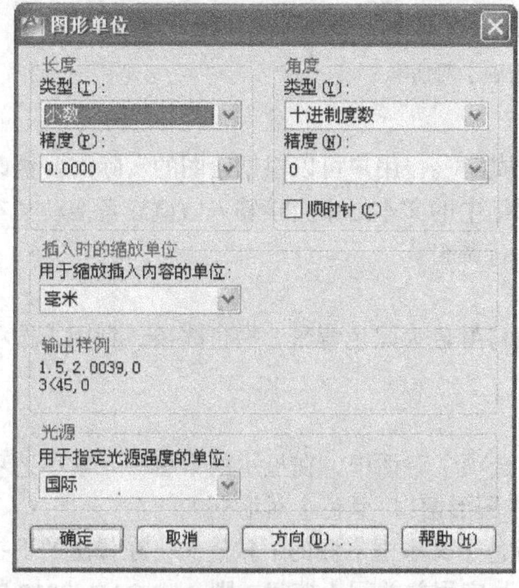


图 2-7　【图形单位】对话框

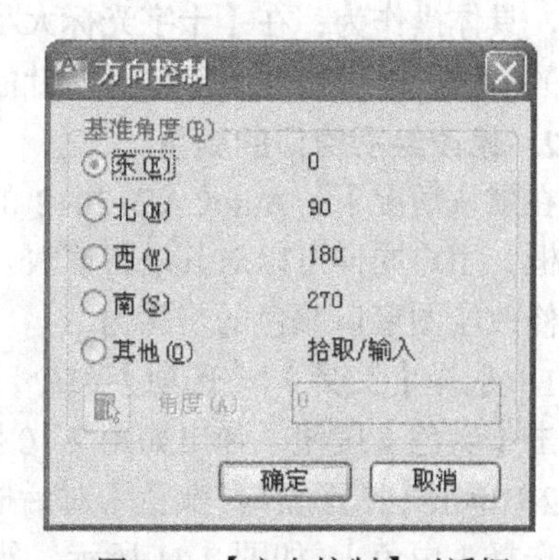


图 2-8　【方向控制】对话框

### 2.2.3 设置绘图环境

利用 AutoCAD 2012 提供的【选项】对话框，用户可以方便地配置它的绘图环境，如设置搜索目录、设置工作界面的颜色等。

在 AutoCAD 2012 的菜单栏中，选择【工具】|【选项】命令，弹出【选项】对话框，如图 2-9 所示。单击其中的【显示】标签，将打开【显示】选项卡，其中包括 6 个选项组：【窗口元素】、【显示精度】、【布局元素】、【显示性能】、【十字光标大小】和【淡入度控制】，分别对其操作，即可以实现对原有用户界面中某些内容的修改。以下仅对其中常用选项的设置加以说明。

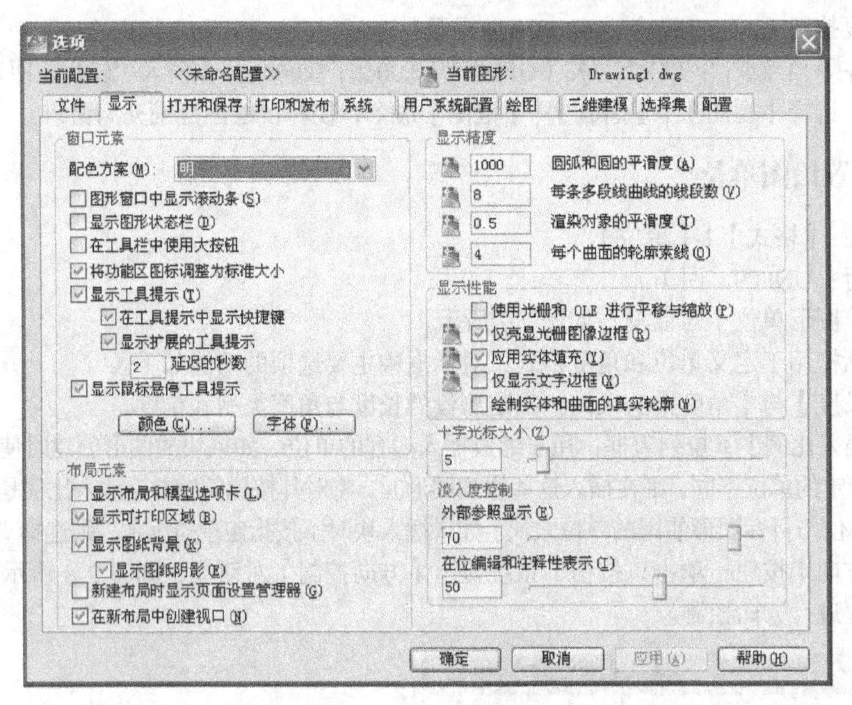


图 2-9 【选项】对话框

**1. 修改图形窗口中十字鼠标指针的大小**

系统预设十字鼠标指针的长度为屏幕大小的 5%，用户可以根据绘图的实际需要更改其大小，具体操作为：在【十字光标大小】选项组中的文本框中直接输入数值或者拖动文本框右侧的滑块，即可以对十字鼠标指针的大小进行调整。

**2. 修改绘图窗口的颜色**

在默认情况下，AutoCAD 2012 的绘图窗口颜色为黑色背景、白色线条，利用【选项】对话框，用户同样可以对其进行修改。

修改绘图窗口颜色的步骤为

1）选择【工具】|【选项】命令，弹出【选项】对话框，在显示的【窗口元素】选项组中单击【颜色】按钮，弹出如图 2-10 所示的【图形窗口–颜色】对话框。

2）单击【图形窗口–颜色】对话框中【颜色】文本框右侧的下拉箭头，在弹出的下拉列表中选择【白色】，如图 2-11 所示。然后单击【应用并关闭】按钮，则 AutoCAD 2012 的绘图窗口颜色变为白色背景、黑色线条。

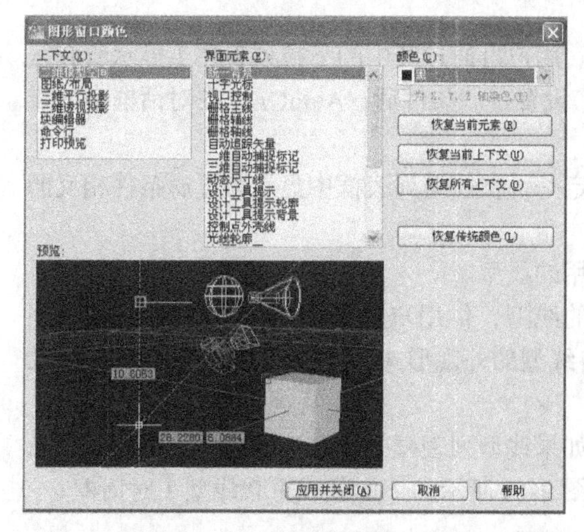


图 2-10 【颜色选项】对话框

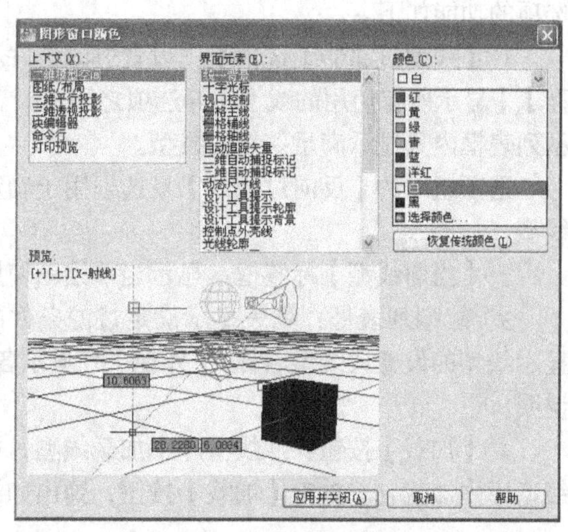


图 2-11 【颜色选项】对话框的颜色下拉列表

## 2.3 线型、线宽、颜色及图层设置

### 2.3.1 线型设置

菜单栏:【格式】|【线型】。

命令栏：LINETYPE，回车。

弹出【线型管理器】对话框，如图 2-12 所示。

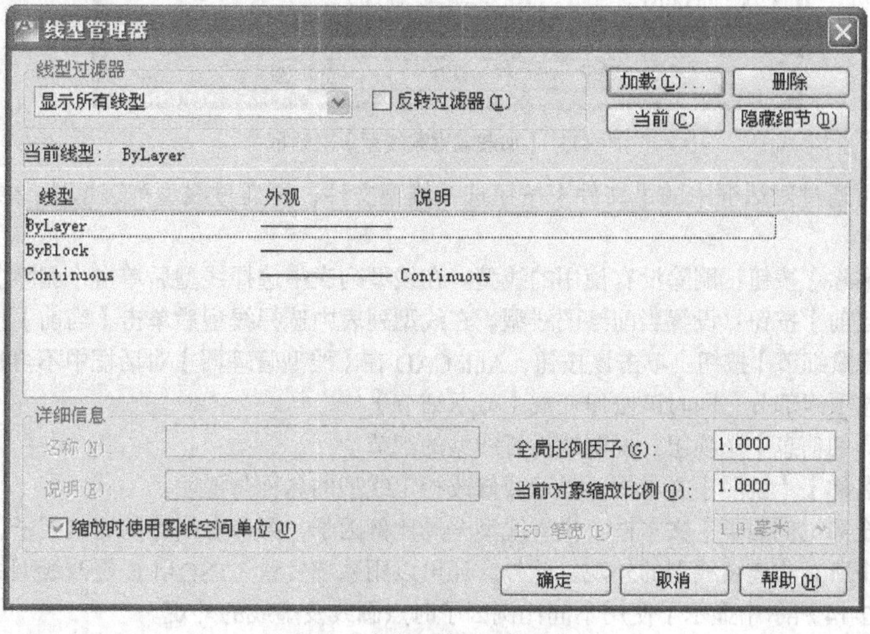

图 2-12 【线型管理器】对话框

在该对话框中，位于中间位置的线型列表框中列出了当前可使用的线型。对话框中主要选项的功能如下。

1）【线型过滤器】选项组：设置过滤条件。用户可通过其中的下拉列表在【显示所有线型】、【显示所有使用的线型】等选项之间选择。设置过滤条件后，AutoCAD 在对话框中的线型列表框内只显示满足条件的线型。

选项组中的【反向过滤器】复选框用于确定是否在线型列表框中显示与过滤条件相反的线型。

2）【当前线型】标签框：显示当前绘图使用的线型。

3）线型列表框：列表显示满足过滤条件的线型，供用户选择使用。其中，【线型】列显示线型的设置或线型名称，【外观】列显示各线型的外观形式，【说明】列显示对各线型的说明。

4）【加载】按钮：从线型库中加载线型，如果线型列表框中没有列出需要的线型，就从线型库中加载它。单击【加载】按钮，弹出如图 2-13 所示的【加载或重载线型】对话框。

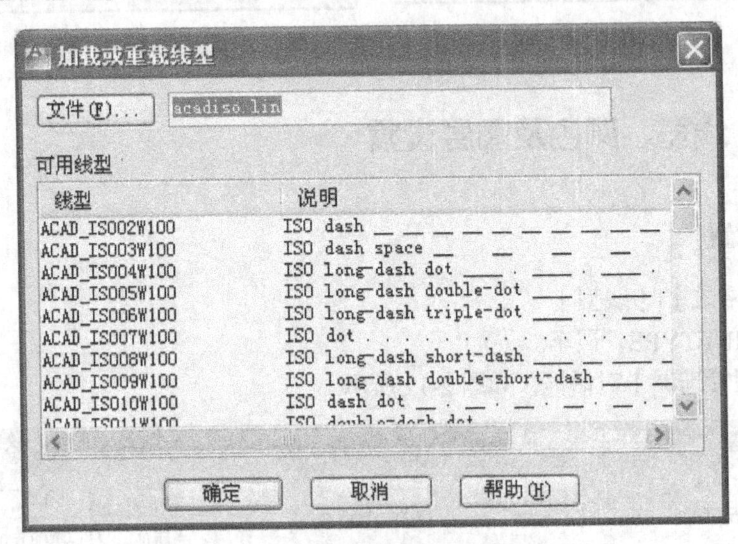


图 2-13 【加载或重载线型】对话框

用户可通过对话框中的【文件】按钮选择线型文件，再通过线型列表框选择要加载的线型。

5）【删除】按钮：删除没有使用的线型。在线型列表中选择线型后单击【删除】按钮。

6）【当前】按钮：设置当前绘图线型。在线型列表中选择线型后单击【当前】按钮。

7）【隐藏细节】按钮：单击该按钮，AutoCAD 在【线型管理器】对话框中不再显示【详细信息】选项组部分。同时该按钮变成【显示细节】。

8）【详细信息】选项组：说明或设置线型的细节。

①【名称】、【说明】文本框：显示或修改指定线型的名称与说明。

②【全局比例因子】文本框：设置线型全局比例因子，即所有线型的比例因子，它可以改变图样中所有非连续线型的外观。此外，还可以用系统变量 LTSCALE 更改线型的比例因子。如图 2-14 所示中显示了使用不同比例因子时点画线及虚线的外观。

需要说明的是，改变线型比例后，图形对象的总长度并不会改变。

③【当前对象缩放比例】文本框：设置新绘图形对象所用线型的比例因子。通过该文本框设置线型比例后，在此之后所绘图形的线型比例均为此线型比例。

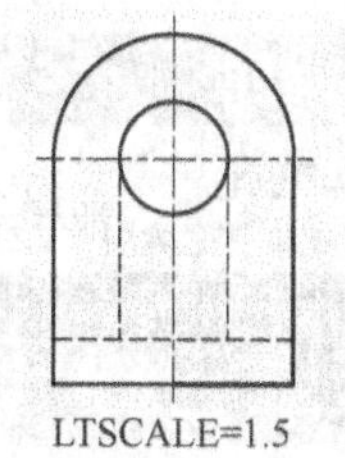


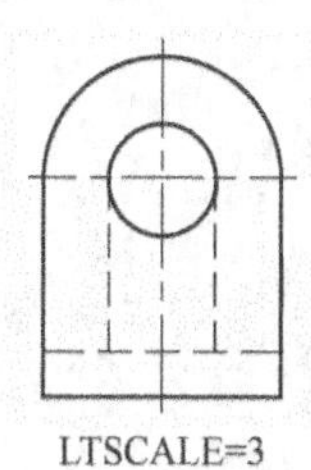


图 2-14　全局比例因子对非连续线型外观的影响

## 2.3.2　线宽设置

菜单栏：【格式】|【线宽】。

命令行：LWEIGHT，回车。

弹出【线宽设置】对话框，如图 2-15 所示。

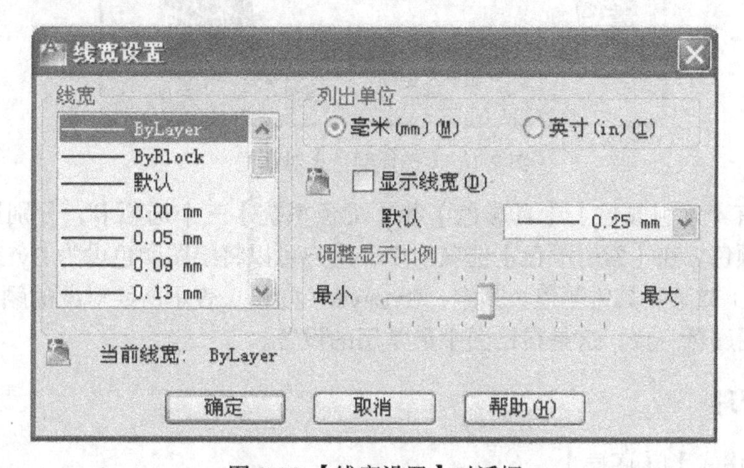


图 2-15 【线宽设置】对话框

对话框中各主要选项的功能如下：

1)【线宽】列表框：用于设置线宽。在列表框中列出了 AutoCAD 提供的二十余种线宽，用户可以在 ByLayer（随层）、ByBlock（随块）或具体某一线宽之间选择。其中 ByLayer 表示所绘图线宽始终与图形对象所在图层的线宽一致，这是最常用的设置。

2)【列出单位】选项组：确定线宽的单位。AutoCAD 提供了毫米（mm）和英寸（in）两种单位供用户选择。

3)【显示线宽】复选框：确定是否按此对话框设置的线宽显示所绘图形。

4)【默认】下拉列表框：设置 AutoCAD 的默认绘图线宽。一般采用 AutoCAD 提供的默认设置即可。

5)【调整显示比例】滑块：确定线宽的显示比例。利用相应的滑块调整即可。

## 2.3.3　颜色设置

菜单栏：【格式】|【颜色】。

命令行：COLOR，回车。

弹出【选择颜色】对话框，如图 2-16 所示。

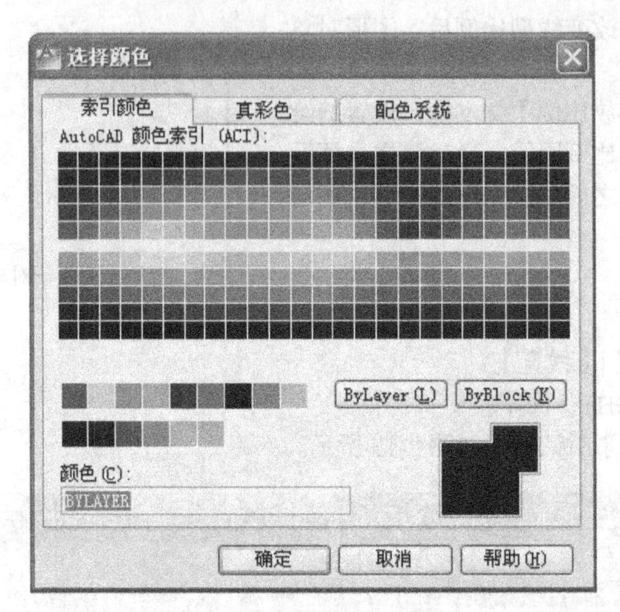


图 2-16 【选择颜色】对话框

对话框中有【索引颜色】、【真彩色】和【配色系统】三个选项卡，分别用于以不同的方式确定绘图颜色。在【索引颜色】选项卡中，用户可以将绘图颜色设为 ByLayer（随层）、ByBlock（随块）或某一具体颜色。其中，ByLayer（随层）表示所绘对象的颜色与对象所在图层设置的绘图颜色一致，这是在绘图中最常用的设置。

## 2.3.4 图层管理

菜单栏:【格式】|【图层】。

命令行：LAYER，回车。

弹出【图层特性管理器】对话框，如图 2-17 所示。利用此对话框可对图层进行各种操作。

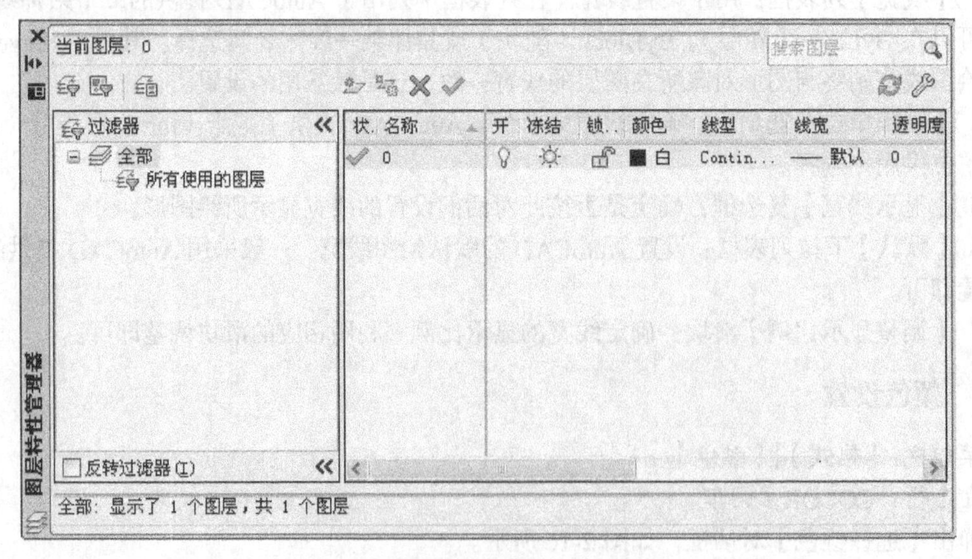


图 2-17 【图层特性管理器】对话框

**1. 创建新图层**

图层是用户管理图样的强有力工具。对于工程图样，常根据图形元素的性质划分图层。一般创建以下图层：

- 轮廓线层
- 中心线层
- 虚线层
- 剖面线层
- 尺寸标注层
- 文字说明层

下面我们来创建及设置以上图层：

1）单击【图层】工具栏上的按钮，打开【图层特性管理器】对话框，如图 2-17 所示，再单击【新建图层】按钮，在列表框中显示出名为“图层 1”的图层。

2）更改图层名，直接输入“轮廓线层”代替“图层 1”的图层名，然后以同样的方法创建其他的图层，结果如图 2-18 所示。

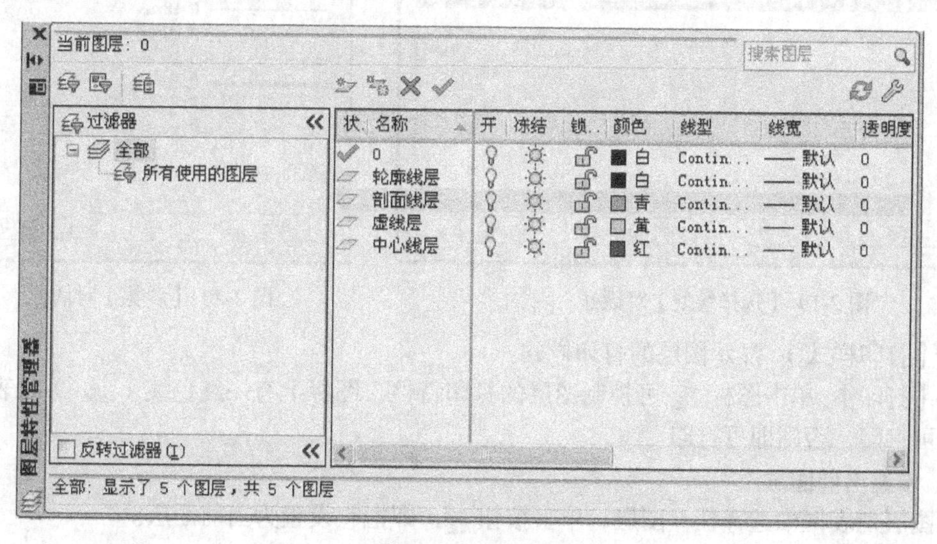


图 2-18 创建图层

**2. 图层列表框**

在【图层特性管理器】中有一个图层列表框，列出了用户指定范围的所有图层，其中 0 层为 AutoCAD 系统默认的图层。对每一图层，都有一列表框说明该层的特性，内容如下：

1）【名称】：列出图层名。

2）【开】：单击图标，可以打开/关闭图层。打开的图层是可见的，而关闭的图层是不可见，也不能被打印。但当图形重新生成时，被关闭的图层将一起被生成。

3）【冻结】：单击图标，将冻结或解冻图层。解冻的图层是可见的，若冻结某个图层，则该图层变为不可见，也不能被打印。当图形重新生成图形时，系统不再生成该层上的对象。

4）【锁定】：单击图标，将锁定或解锁图层。被锁定的图层是可见的，但图层的对象不能被编辑。

5)【颜色】：单击图标□ 白色，将弹出【选择颜色】对话框，如图 2-16 所示，可修改图层颜色。

6)【线型】：列出图层对应的线型名，单击线型名，将弹出如图 2-19 所示的【选择线型】对话框，可以从加载的线型中选择一种代替该图层线型。如果【选择线型】对话框中列出的线型不够，则可单击底部的【加载】按钮，弹出【加载或重载线型】对话框，如图 2-13 所示，从线型文件中加载所需的线型。

7)【线宽】：列出图层对应的线宽，单击线宽值，则弹开【线宽】对话框，如图 2-20 所示，可用于修改图层的线宽。

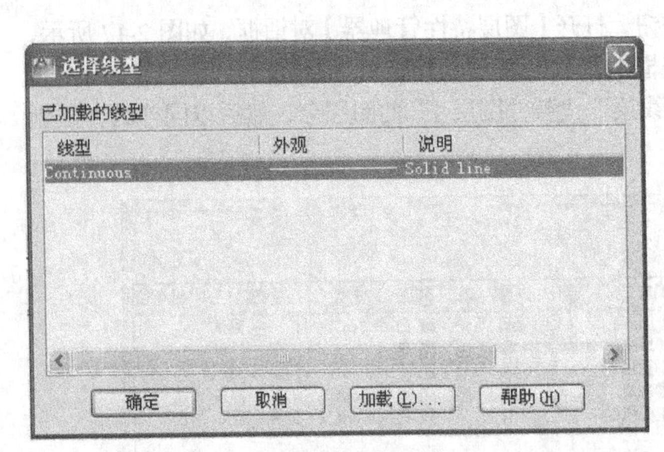


图 2-19 【选择线型】对话框

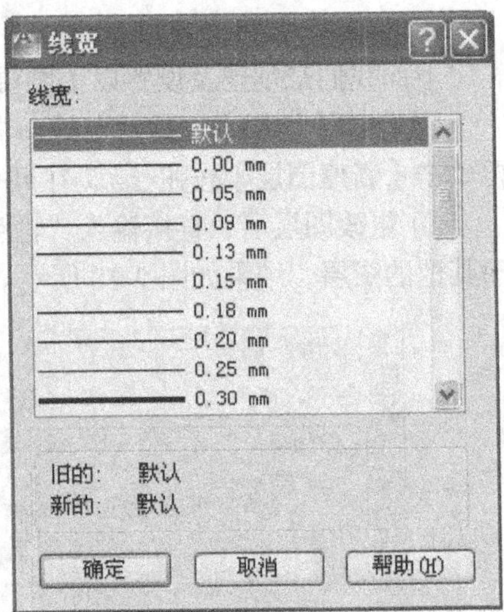


图 2-20 【线宽】对话框

8)【打印样式】：显示图层的打印样式。

9)【打印】：单击图标 可控制图层的打印特性，图标上有一红色线（ ）时表明该图层不可打印，否则即可打印。

**3. 设置当前图层**

从图层列表框中选择任一图层，单击按钮，即把它设置为当前图层。

**4. 删除已创建的图层**

用户创建的图层若从未被引用过，则可被删除。单击按钮，则该图层消失。系统创建的 0 层不能删除。

**5. 图层排序**

单击图层列表中的【名称】，就可以改变图层的排序。如要按层名排序，第一次单击【名称】，则系统按字典顺序降序排列；第二次单击【名称】，则系统按字典顺序升序排列。如要按颜色排序，第一次单击【颜色】，则系统 AutoCAD 定义的颜色色号按字典顺序降序排列；第二次单击【颜色】，则系统按字典顺序升序排列。

## 2.3.5 对象特性工具栏

AutoCAD 提供了【对象特性】工具栏，如图 2-21 所示，利用它可以快速、方便地设置绘图颜色、线型及线宽。

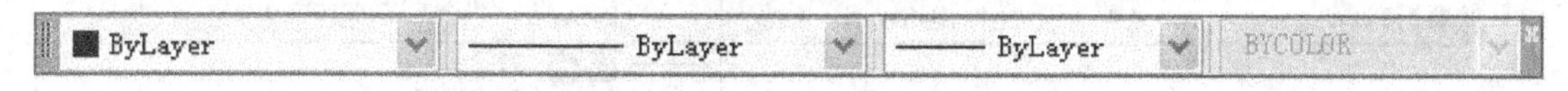


图 2-21 【对象特性】工具栏

【对象特性】工具栏中主要选项的功能如下：

1）颜色控制列表框：该列表框用于设置绘图颜色。单击此列表框，AutoCAD 会弹出下拉列表，如图 2-22 所示。用户可通过该列表设置绘图颜色（一般选择 ByLayer，即随层），或修改当前图形的颜色。

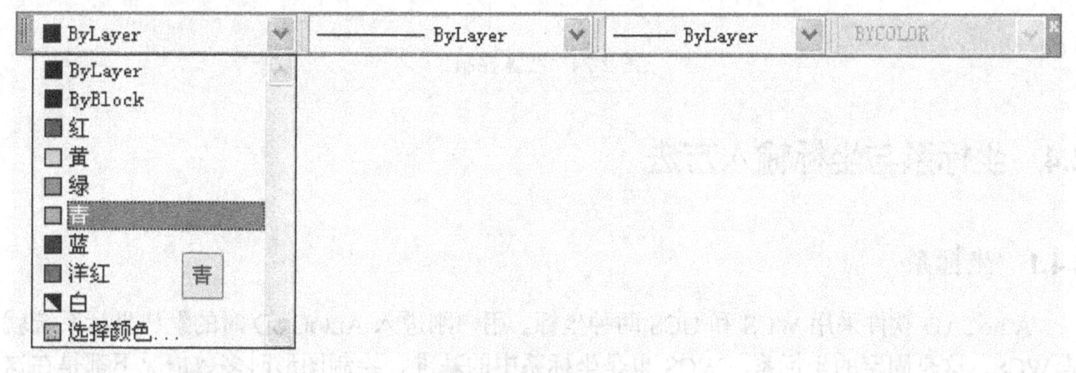


图 2-22 颜色控制

修改图形对象颜色的方法是先选择对象，然后在图 2-23 所示的颜色控制列表中选择对应的颜色。如果单击列表中的【选择颜色】选项，那么 AutoCAD 会弹出如图 2-16 所示的【选择颜色】对话框，供用户选择。

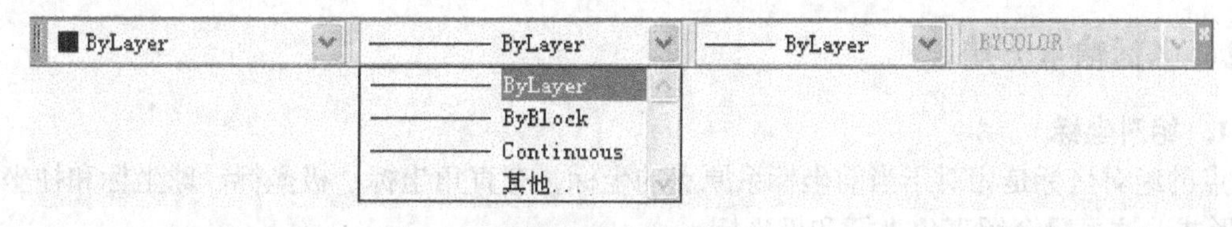


图 2-23 线型控制

2）线型控制列表框：该列表框用于设置绘图线型。单击此列表框，AutoCAD 会弹出下拉列表，如图 2-23 所示。用户可通过该列表设置绘图线型（一般选择 ByLayer，即随层），或修改当前图形的线型。

修改图形对象线型的方法是先选择对象，然后在图 2-24 所示的线型控制列表中选择对应的线型。如果单击列表中的【其他】选项，那么 AutoCAD 会弹出如图 2-12 所示的【线型管理器】对话框，供用户选择。

3）线宽控制列表框：该列表框用于设置绘图线宽。单击此列表框，AutoCAD 会弹出下拉列表，如图 2-24 所示。用户可通过该列表设置绘图线宽（一般选择 ByLayer，即随层），或修改当前图形的线宽。

修改图形对象线宽的方法是先选择对象，然后在图 2-24 所示的线宽控制列表中选择对应的线宽。

可以看出，利用【对象特性】工具栏，可以方便地进行颜色、线型和线宽的设置。

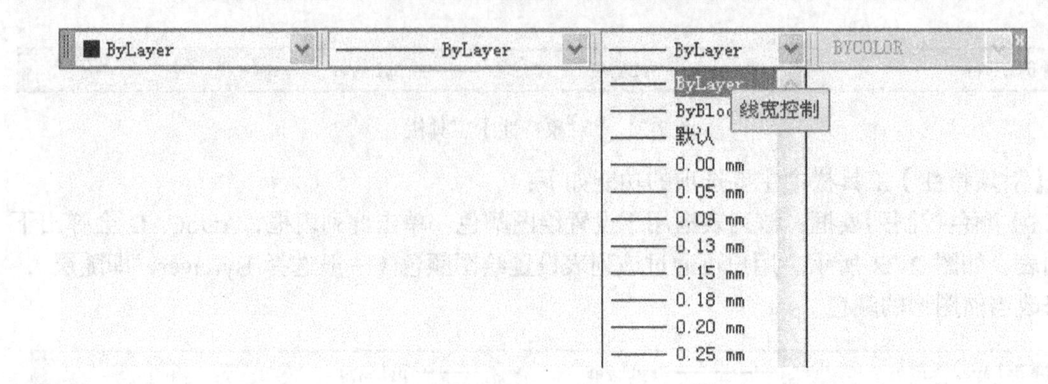


图 2-24 线宽控制

## 2.4 坐标系与坐标输入方法

### 2.4.1 坐标系

AutoCAD 软件采用 WCS 和 UCS 两种坐标。用户刚进入 AutoCAD 时的默认坐标系统就是 WCS，这是固定的坐标系。WCS 也是坐标系中的基准，绘制图形时多数情况下都是在这个坐标系统下进行的。

菜单栏：【工具】|【UCS】。

命令行：UCS，回车。

默认情况下，当前 UCS 与 WCS 重合。

### 2.4.2 坐标输入方法

**1. 绝对坐标**

点的绝对坐标是相对于当前坐标系原点的坐标，有直角坐标、极坐标、球坐标和柱坐标 4 种形式。这里只介绍直角坐标和极坐标。

（1）直角坐标

直角坐标用点的 X、Y、Z 坐标值表示该点，且各坐标值之间要用逗号隔开。如要输入一点，其 X、Y、Z 坐标值分别为 100、28、320，则应在指定点的提示后输入

100，28，320

绘制二维图形时，点的 Z 坐标为 0，且用户不需要输入该坐标值。

（2）极坐标

极坐标用于表示二维点，其表示方法为：距离<角度。其中，“距离”表示该点与坐标系原点之间的距离；角度表示该点与坐标系原点的连线同 X 轴正方向的夹角。如某点距坐标系原点的距离为 200，该点与坐标系原点的连线同 X 轴正方向的夹角为 35°，则该点用极坐标表示为

200 < 35°

**2. 相对坐标**

相对坐标是指相对于前一坐标点的坐标。相对坐标也有直角坐标、极坐标、球坐标和柱

坐标 4 种形式，其输入格式与绝对坐标相同，但要在输入的坐标前加前缀“@”。如已知前一点的直角坐标为（100，350），如果在指定点的提示后输入

@100，45

则相对于新确定点的绝对坐标为（200，395）。

点的确定方式有以下几种。

1）利用键盘直接在命令窗口输入点的坐标。

2）在作图屏幕上单击直接取点。

3）利用对象捕捉方式捕捉特殊点。

4）直接输入距离确定点。先用鼠标指针拖拉出橡皮筋线确定方向，然后用键盘输入距离，这样可准确控制对象的长度。

## 思考与练习

习题 2.1　在 AutoCAD 绘图环境中，打开或关闭某些工具栏，并调整工具栏在工作界面的位置。

习题 2.2　在 AutoCAD 里，图层的概念是什么？

习题 2.3　命令行的作用是什么？

习题 2.4　以样板文件 acadiso.dwt 开始一幅新图形，并对其进行如下设置：

（1）绘图界限：将绘图界限设置成横向 A3 图幅（尺寸为 420×297），并使所设绘图界限有效。

（2）绘图单位：将长度单位设为小数，精度为小数点后 1 位；将角度单位设为十进制度数，精度为小数点后 1 位；其余为默认设置。

（3）保存图形：将图形以文件名 A3 保存。

习题 2.5　按表 2-1 所示要求建立新图层。

**表 2-1　图层设置要求**

| 图 层 名 | 线 型 | 颜 色 |
|---|---|---|
| 粗实线 | Continuous | 白色 |
| 中心线 | Center | 红色 |
| 虚线 | Dashed | 黄色 |
| 细实线 | Continuous | 红色 |

# 第3讲 二维绘图

【导读】

二维绘图是指在二维平面空间绘制的图形。日常生活中所有复杂的图形都可以分解成一些基本图形元素，如点、直线、圆弧、圆、椭圆、矩形、多边形等几何元素。只要熟练掌握这些基本元素的绘制方法，就可以很快创建出各种复杂的图形。AutoCAD 提供了大量的绘图工具，如图 3-1 所示的 AutoCAD 2012 的二维【绘图】工具栏，可以帮助用户完成二维图形的绘制。

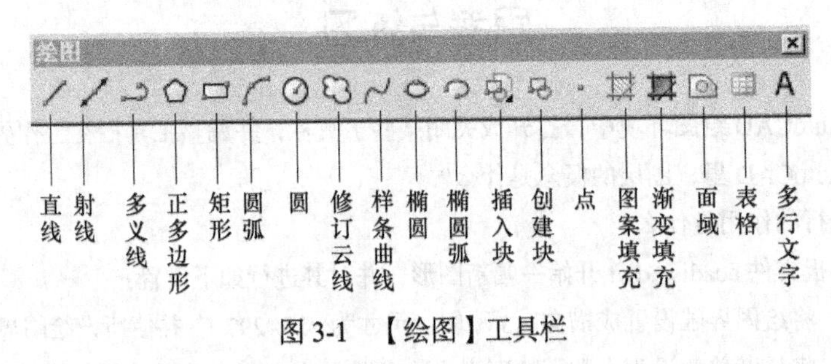


图 3-1 【绘图】工具栏

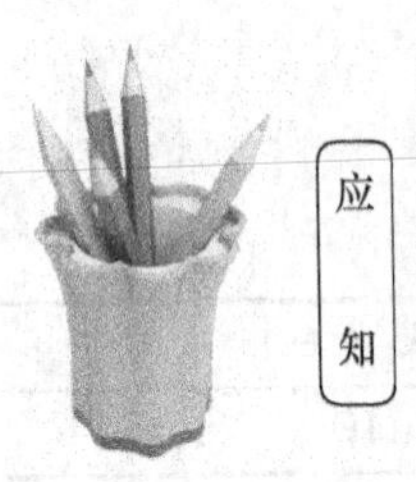

应知

※点的绘制
※直线、射线、构造线、多义（段）线、多线的绘制
※圆、圆弧、椭圆的绘制
※绘制填充图形的不同方法
※绘制矩形、正多边形
※样条曲线和面域的生成
※边界与图案填充的绘制

☆合理、正确地设置好绘图环境，确定绘图单位和图样界线
☆熟练掌握，并能灵活运用各种绘图命令
☆对于画直线、圆、圆弧、多边形等常用命令，不仅要会使用按钮和菜单调用，还应会使用它们的快速命令输入形式，并逐步熟悉输入参数
☆多种命令的配合使用，积累好的绘图方法，提高绘图效率

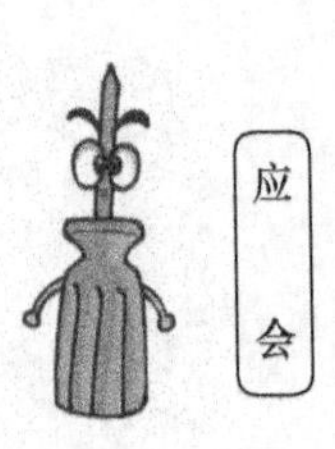

应会

## 3.1　绘制线

在制图工作中，线是很多复杂图形构成的基础，我们在这里重点将经常使用的绘制线的工具和命令加以介绍，主要包括绘制直线、多段线、多线命令和经常用做辅助线条的射线和构造线命令。

### 3.1.1　绘制直线

**1. 命令调用**

工具栏：【绘图】工具栏中的【直线】按钮 ╱。

菜单栏：【绘图】|【直线】。

命令行：LINE，回车。AutoCAD 提示：

指定第一点：（输入直线段的起点，用鼠标指定点或输入坐标）

指定下一点或［放弃（U）］：（输入另一端点；U 表示放弃前面的输入；单击鼠标右键或回车）

指定下一点或［闭合（C）放弃（U）］：（输入另一端点；输入 C 键使图形闭合；回车结束命令）

**2. 选项说明**

1）可直接在提示指定直线第一点后回车，系统会自动把上一次绘制的直线或圆弧的终点作为起点，如图 3-2 所示为回车前后的变化。

2）如果最近绘制了一条圆弧，则它的端点将定义为新直线的起点，并且新直线与该圆弧相切，如图 3-3 所示。

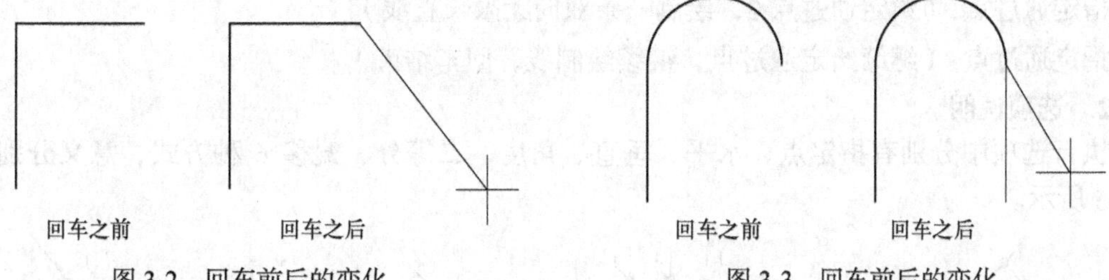


图 3-2　回车前后的变化　　图 3-3　回车前后的变化

**3. 绘图实例**

如图 3-4 所示，在正五边形中用直线命令绘制正五角星。

绘制步骤如下：

1）设置捕捉样式。打开【状态栏】中的【捕捉】设置，设置【端点捕捉】。

2）绘制五边形各条边。单击【绘图】工具栏中的直线按钮 ╱，AutoCAD 提示：

LINE 指定第一点：（捕捉 1 点）

指定下一点或［放弃（U）］：（捕捉 2 点）

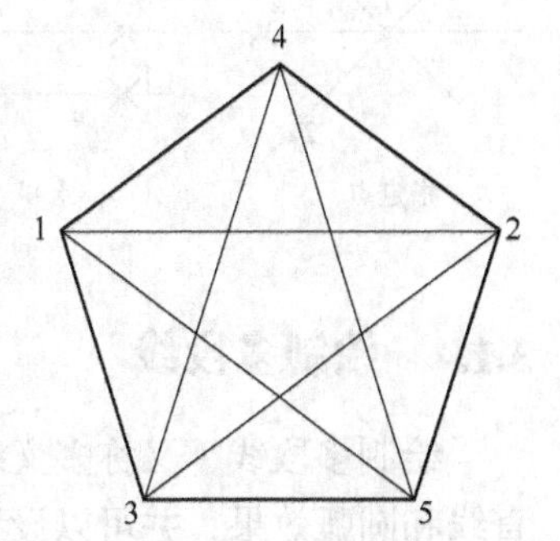


图 3-4　绘制正五角星

指定下一点或［放弃（U）]:（捕捉 3 点）

指定下一点或［闭合（C）/放弃（U）]:（捕捉 4 点）

指定下一点或［闭合（C）/放弃（U）]:（捕捉 5 点）

指定下一点或［闭合（C）/放弃（U）]:（输入“C”，回车）

### 3.1.2 绘制射线

**1. 命令调用**

菜单栏：【绘图】|【射线】。

命令行：RAY，回车。AutoCAD 提示：

指定起点：（指定点 1）

指定通过点：（指定射线要通过的点 2）

指定通过点：（指定射线要通过的点 3，回车结束命令）

**2. 选项说明**

起点和通过点定义了射线延伸的方向，射线在此方向上延伸到显示区域的边界。

### 3.1.3 绘制构造线

**1. 命令调用**

工具栏：【绘图】工具栏中的【构造线】按钮。

菜单栏：【绘图】|【构造线】。

命令行：XLINE，回车。AutoCAD 提示：

XLINE 指定点或［水平（H）/垂直（V）/角度（A）/二等分（B）/偏移（O）]:（输入“H”，回车）

指定通过点：（给定通过点 2，绘制一条双向无限长直线）

指定通过点：（继续给定通过点，继续绘制线，回车结束）

**2. 选项说明**

执行选项中分别有指定点、水平、垂直、角度、二等分、偏移 6 种方式，意义分别如图 3-5 所示。

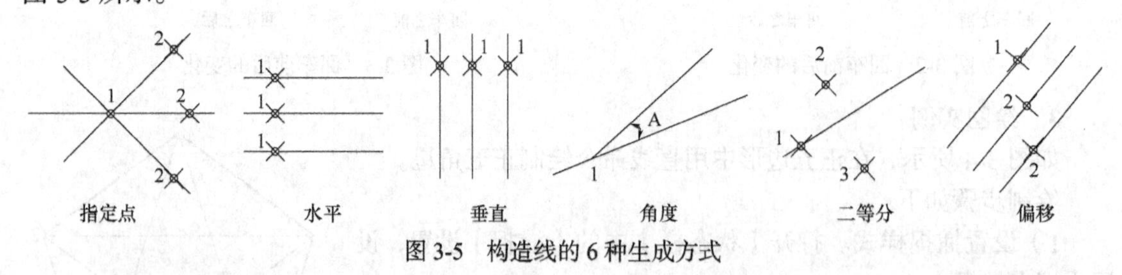


图 3-5 构造线的 6 种生成方式

### 3.1.4 绘制多段线

绘制多段线（又称多义线）命令可以连续在直线和圆弧方式间变化，绘制出连续的多段直线和圆弧效果，并可以设置多段线的宽度。如果直线或圆弧的起终点线宽不同，还可以变化出渐变的线条效果。

**1. 命令调用**

工具栏：【绘图】工具栏中的【多段线】按钮。

菜单栏：【绘图】|【多段线】。

命令行：PLINE，回车。AutoCAD 提示：

指定起点：（输入起点位置）

指定下一个点或［圆弧（A）/半宽（H）/长度（L）/放弃（U）/宽度（W）］：（输入另一点；或其他参数）

**2. 选项说明**

多段线主要由连续的不同宽度的线段或圆弧组成。如果选【圆弧】，则命令行提示：

指定圆弧的端点或［角度（A）/圆心（CE）/方向（D）/半宽（H）/直线（L）/半径（R）/第二个点（S）/放弃（U）/宽度（W）］：

绘制圆弧的方法与【圆弧】命令相似。

**3. 绘图实例**

如图 3-6 所示，用多段线命令绘制楼梯方向箭头。

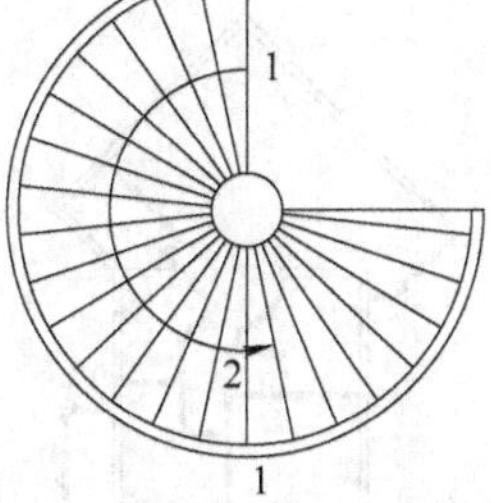

绘制步骤如下。

选择【绘图】工具栏中的多段线按钮，AutoCAD 提示：

指定起点：（在 1 点附近拾取一点）

指定下一个点或［圆弧（A）/半宽（H）/长度（L）/放弃（U）/宽度（W）］：（输入“A”，回车）

图 3-6　楼梯方向箭头的绘制

指定圆弧的端点或［角度（A）/圆心（CE）/方向（D）/半宽（H）/直线（L）/半径（R）/第二个点（S）/放弃（U）/宽度（W）］：ce（用圆心模式画弧）

指定圆弧的圆心：（捕捉小圆圆心为圆弧圆心）

指定圆弧的端点或［角度（A）/长度（L）］：（在 2 点附近单击确定圆弧终点）

指定圆弧的端点或［角度（A）/圆心（CE）/闭合（CL）/方向（D）/半宽（H）/直线（L）/半径（R）/第二个点（S）/放弃（U）/宽度（W）］：W（设置多段线线宽）

指定起点宽度 <0.0000>：1（起笔宽度为 1）

指定端点宽度 <1.0000>：0（落笔宽度为 0）

指定圆弧的端点或［角度（A）/圆心（CE）/闭合（CL）/方向（D）/半宽（H）/直线（L）/半径（R）/第二个点（S）/放弃（U）/宽度（W）］：CE（用圆心模式画弧）

指定圆弧的圆心：（捕捉小圆圆心为箭头圆心）

指定圆弧的端点或［角度（A）/长度（L）］：（在附近点拾取箭头终点）

回车，结束命令。

### 3.1.5 绘制多线

多线是一种复合线，由连续的直线段复合组成，它可以很快地帮助我们绘制出多组平行线，在建筑制图和机械制图中都可以很方便地利用它将平行线条绘制完成，如建筑制图中的墙线绘制，就是利用多线很快地绘制完成的，如图 3-7 所示。

**1．命令调用**

菜单栏：【绘图】|【多线】。

命令行：MLINE，回车。AutoCAD 提示：

指定起点或［对正（J）/比例（S）/样式（ST）］:（拾取一点）

指定下一点:（拾取一点）

**2．选项说明**

1）对正：设置多线对正的方式。

上——在鼠标指针下方绘制多线，因此在指定点处将会出现具有最大正偏移值的直线。

无——将鼠标指针作为原点绘制多线。

下——在鼠标指针上方绘制多线，因此在指定点处将出现具有最大负偏移值的直线，如图 3-8 所示。

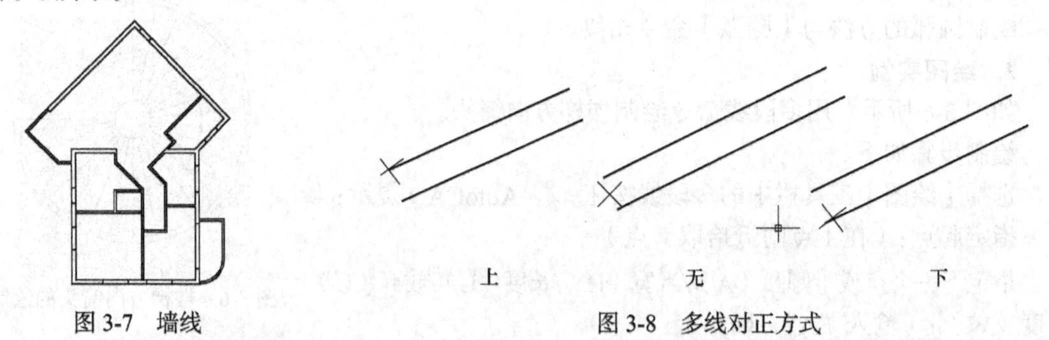


图 3-7　墙线　　　　图 3-8　多线对正方式

2）比例：控制多线的全局宽度。该比例不影响线型比例。

3）样式：指定多线的样式。

样式名——指定已加载的样式名或创建的多线库（MLN）文件中已定义的样式名。

？——列出样式，列出已加载的多线样式。

4）多线还可以通过选择【格式】|【多线样式】设置其格式并通过选择【修改】，如图 3-9 所示。

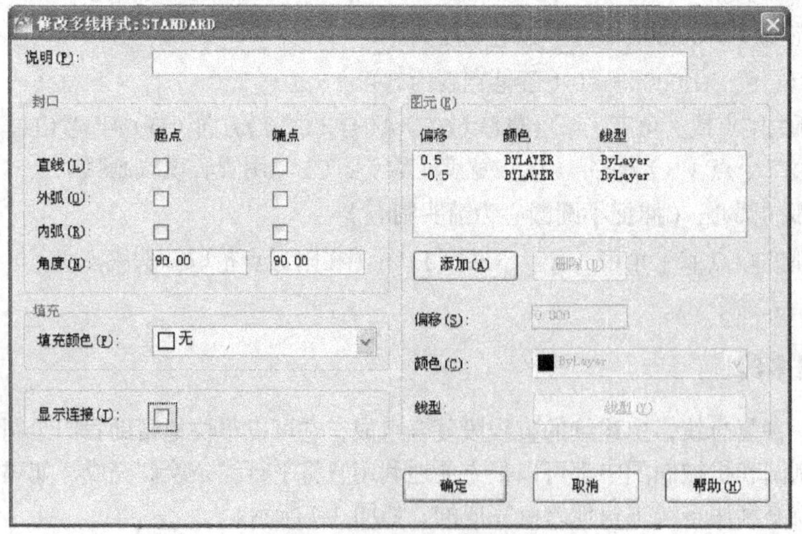


图 3-9　【多线样式】对话框

## 3.2　绘制点

在制图过程中经常借助绘制点作为对象捕捉和相对偏移的参考点提高绘图效率， 用户可以根据需要对点样式进行修改，以使点有更好的可见性并更容易地与栅格点区分开，还可以通过等分点命令和测量点命令对点进行等分效果的绘制。

### 3.2.1　点命令

**1．命令调用**

工具栏：【绘图】工具栏中的【点】按钮 。

菜单栏：【绘图】|【点】|【单点】或【多点】。

命令行：POINT，回车。AutoCAD 提示：

指定点：（指定点所在位置）

**2．选项说明**

（1）【单点】　表示只输入一个点。

（2）【多点】　表示可输入多个点。

另外，可以打开状态栏中的 【对象捕捉】开关，右击鼠标弹出工具条，选择【设置】功能，帮助用户拾取点，如图 3-10 所示。

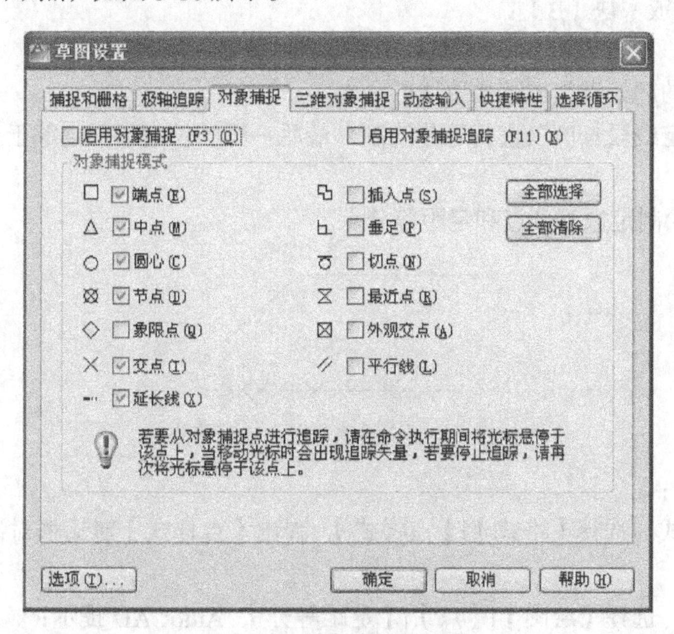


图 3-10　打开点捕捉模式

### 3.2.2　设置点样式

命令调用

菜单栏：【格式】|【点样式】。

命令行：DDPTYPE，回车。

弹出【点样式】对话框，如图 3-11 所示。

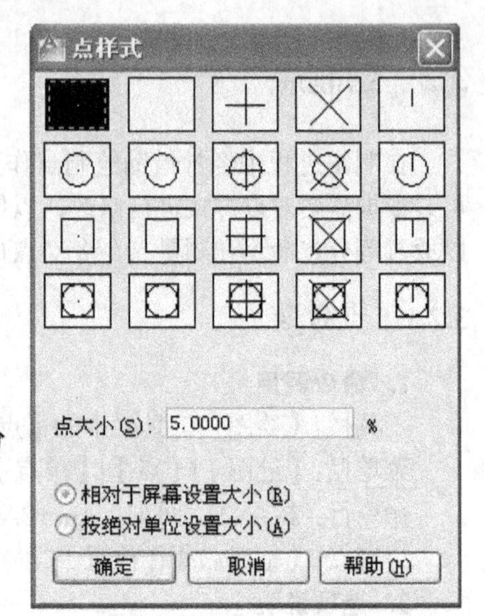


图 3-11 【点样式】对话框

### 3.2.3 定数等分点

**1. 命令调用**

菜单栏:【绘图】|【点】|【定数等分】。

命令行：DIVIDE，回车。AutoCAD 提示：

选择要定数等分的对象：

输入线段数目或［块（B）]:（范围 2 ~ 32 767）

**2. 选项说明**

定数等分命令是按照在所选对象上指定要等分的份数来进行等分绘制。

### 3.2.4 定距等分点

**1. 命令调用**

菜单栏:【绘图】|【点】|【定距等分】。

命令行：MEASURE，回车。AutoCAD 提示：

选择要定距等分的对象：

指定线段长度或［块（B）]:

**2. 选项说明**

1）等分对象的起始点为靠近拾取线的一端。

2）按照“指定线段长度”进行等分绘制，最后一段的长度不一定等于指定长度。

**3. 绘图实例**

如图 3-12 为绘制定数等分点和定距等分点。

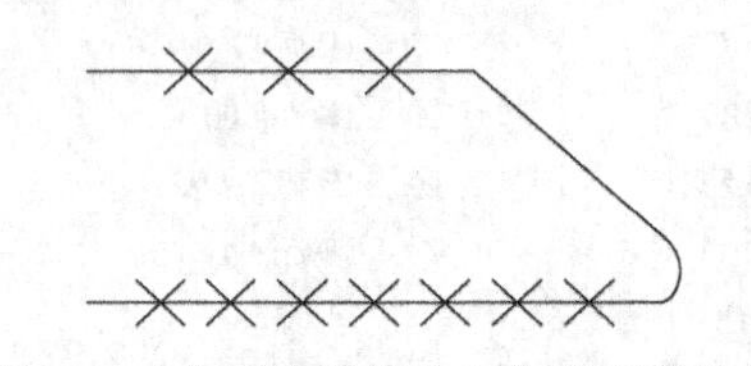

图 3-12 绘制定数等分点和定距等分点

绘制步骤如下：

1）设置点样式。选择【格式】|【点样式】，弹出【点样式】对话框对话框，选择“×”样式。

2）等分线条。选择【绘图】|【点】|【定距等分】，AutoCAD 提示：

选择要定距等分的对象：（选中上方水平线段）

指定线段长度或［块（B）]：输入“100”，回车

选择【绘图】|【点】|【定数等分】，AutoCAD 提示：

选择要定数等分的对象：（选中下方水平线段）

输入线段数目或［块（B）]：输入“8”，回车

## 3.3　绘制多边形

在平面多边形绘制中，我们主要用到的是正多边形绘制命令和矩形绘制命令。

### 3.3.1　正多边形

**1．命令调用**

工具栏：【绘图】工具栏中的【正多边形】按钮。

菜单栏：【绘图】|【正多边形】。

命令行：POLYGON，回车。AutoCAD 提示：

输入边数<当前值>:（输入 3～1024 之间的值或回车）

指定多边形的中心点或［边（E）]:（指定中心点 1；或输入“E”）

输入选项［内切于圆（I）/外切于圆（C）]<I>:（选择 I；或选择 C）

指定圆的半径:（给出半径）

**2．选项说明**

如果选择“边”选项，则只要指定多边形的一条边，系统就会按逆时针方向创建该正多边形，如图 3-13 所示。

**3．绘图实例**

绘制如图 3-14 所示的图。

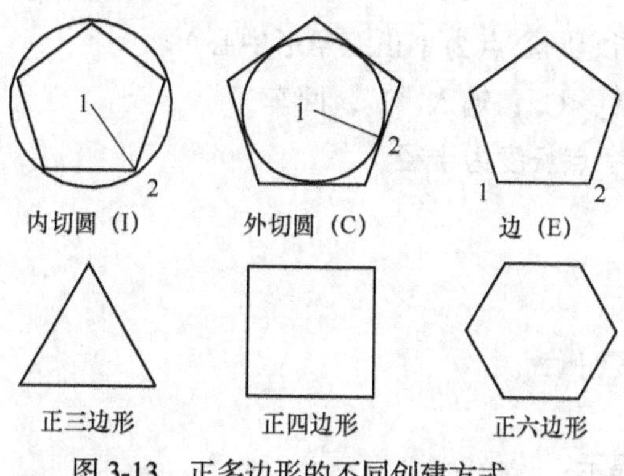


图 3-13　正多边形的不同创建方式

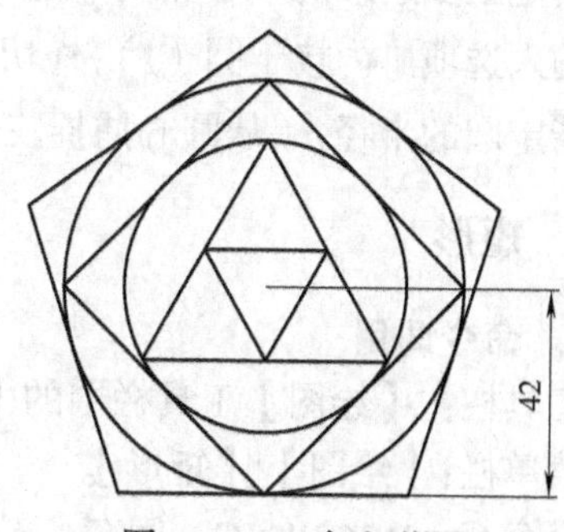


图 3-14　正多边形图

绘制步骤如下。

选择【绘图】|【正多边形】，AutoCAD 提示：

输入边的数目<4>：输入“3”，回车

指定正多边形的中心点或［边（E）]:（在屏幕当中指定一点作为多边形中心）

输入选项［内接于圆（I）/外切于圆（C）]<I>：输入“C”，回车

指定圆的半径:（42 沿垂直方向指定外切圆半径为 42）

命令行：输入“C”，回车，AutoCAD 提示：

指定圆的圆心或［三点（3P）/两点（2P）/相切、相切、半径（T）]：输入“3P”，回车

指定圆上的第一个点:（在多边形上指定一点）

指定圆上的第二个点:(在多边形上指定另一点)

指定圆上的第三个点:(在多边形上指定第三点)

选择【绘图】|【正多边形】, AutoCAD 提示:

输入边的数目<4>: 输入“4”, 回车

指定正多边形的中心点或[边(E)]:(捕捉圆心点为正多边形中心)

输入选项[内接于圆(I)/外切于圆(C)]<I>: 输入“I”, 回车

指定圆的半径:(捕捉圆上的象限点确定内接圆半径)

命令行: 输入“C”, 回车, AutoCAD 提示:

指定圆的圆心或[三点(3P)/两点(2P)/相切、相切、半径(T)]:(捕捉圆心点为小圆圆心)

指定圆的半径或[直径(D)]<42.0000>:(捕捉从圆心到正方形边的中点为小圆半径长度)

选择【绘图】|【正多边形】, AutoCAD 提示:

输入边的数目<4>: 输入“3”, 回车

指定正多边形的中心点或[边(E)]:(指定圆心点为正三角形中心)

输入选项[内接于圆(I)/外切于圆(C)]<I>: 输入“I”, 回车

指定圆的半径:(捕捉从圆心到小圆象限点长度为半径)

选择【绘图】|【正多边形】, AutoCAD 提示:

输入边的数目<3>: 回车

指定正多边形的中心点或[边(E)]:(指定圆心点为小正三角形中心)

输入选项[内接于圆(I)/外切于圆(C)]<C>: 输入“I”, 回车

指定圆的半径:(从圆心捕捉三角形边的中点长度为半径)

### 3.3.2 矩形

**1. 命令调用**

工具栏:【绘图】工具栏中的【矩形】按钮 ▭。

菜单栏:【绘图】|【矩形】。

命令行: RECTANG, 回车。AutoCAD 提示:

指定第一个角点或[倒角(C)/标高(E)/圆角(F)/厚度(T)/宽度(W)]:(指定点或输入选项)

指定另一个角点或[面积(A)/标注(D)/旋转(R)]:(指定点或输入选项)

**2. 选项说明**

1)第一个角点: 通过指定矩形的对角点创建矩形, 如图 3-15 所示。

2)倒角: 设置矩形的倒角距离, 如图 3-16 所示。

指定矩形的第一个倒角距离<当前距离>: (指定 1 点)

指定矩形的第二个倒角距离<当前距离>: (指定 2 点)

3)标高: 指定矩形的标高, 相当于给该矩形指定了一个 Z 坐标值。

4)圆角: 指定矩形的圆角半径, 绘制带圆角的矩形, 如图 3-17 所示。

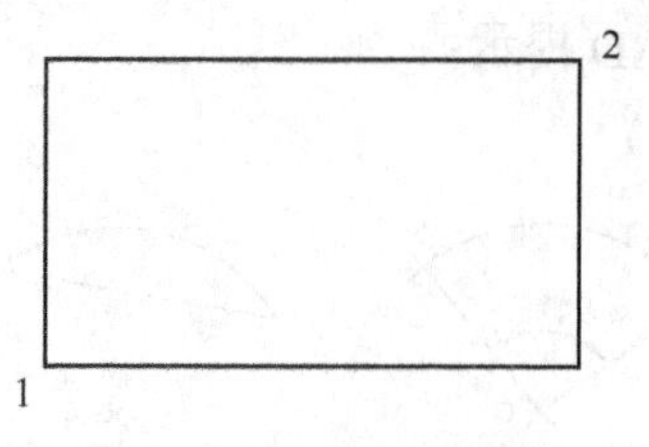


图 3-15　对角点创建矩形

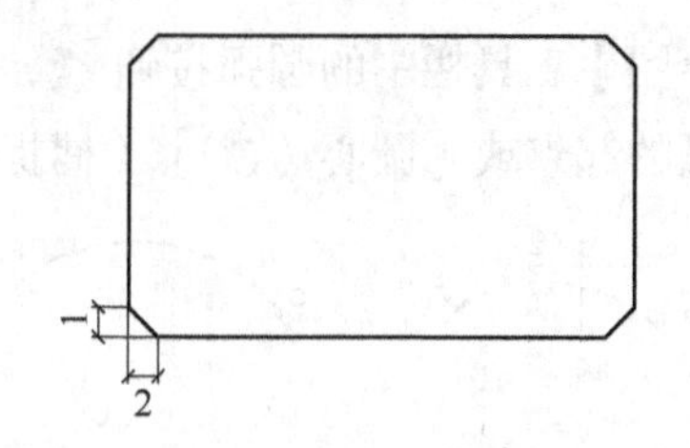


图 3-16　倒角矩形

5）厚度：指定矩形的厚度，相当于生成了一个三维线框的立方体模型，如图 3-18 所示。

指定矩形的厚度<当前厚度>：（指定厚度或回车）

6）宽度：指定线宽，如图 3-19 所示。

指定矩形的线宽<当前线宽>：（指定线宽或回车）

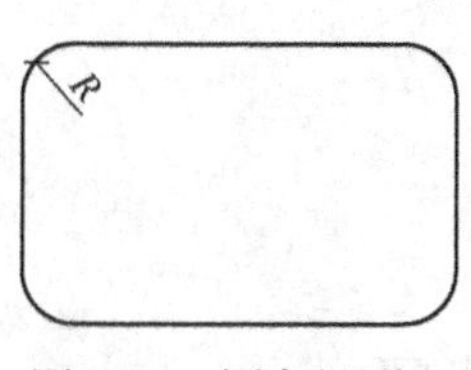


图 3-17　圆角矩形

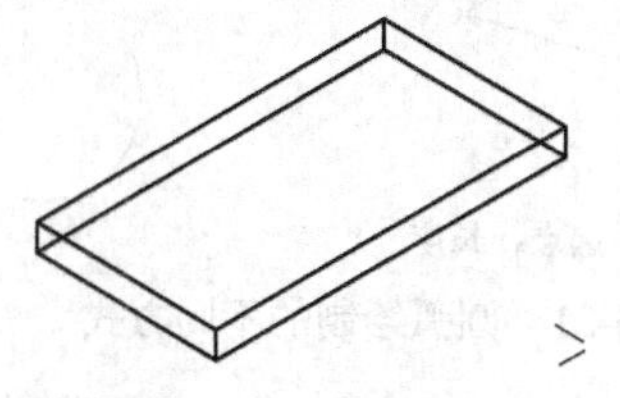

图 3-18　矩形的厚度

图 3-19　矩形的宽度

## 3.4　绘制圆弧、圆、椭圆

### 3.4.1　圆弧

**1. 命令调用**

工具栏：【绘图】工具栏中的【圆弧】按钮。

菜单栏：【绘图】|【圆弧】，如图 3-20 所示。

命令行：ARC，回车。AutoCAD 提示：

指定圆弧的起点或［圆心（CE）］：（指定点，或输入“CE”，或回车）

**2. 选项说明**

1）当指定圆弧的起点时，如果未指定点就回车，最后绘制的直线或圆弧的端点将会作为起点，并立即提示指定新圆弧的端点。这将创建一条与最后绘制的直线、圆弧或多段线相切的圆弧。

2）用命令绘制圆弧时，可以根据系统提示选择不同的选项，具体功能同【绘图】菜单中【圆弧】子菜单提供的 11 种方式相似，如图 3-21 所示。

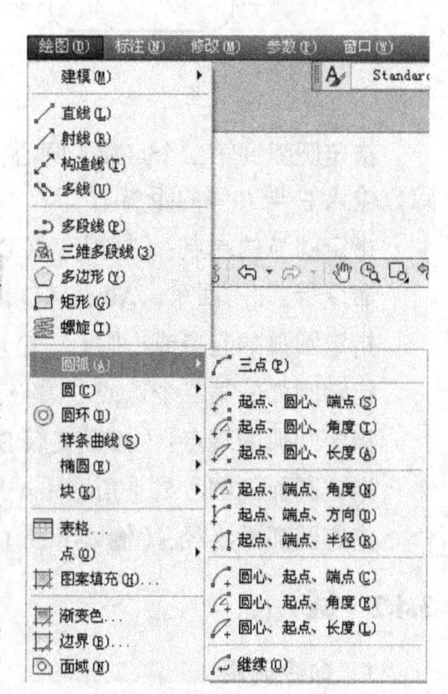


图 3-20【圆弧】子菜单

**3. 绘图实例**

根据图 3-22a 所示，绘出图 3-22b 所示的图形。

绘制步骤如下。

选择【绘图】工具栏中的圆弧按钮，AutoCAD 提示：

指定圆弧的起点或［圆心（C）]：（捕捉交点 C）

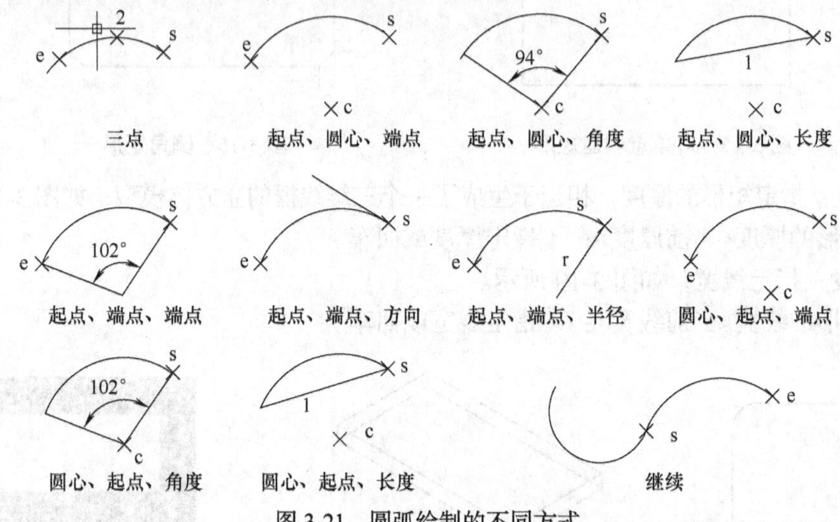


图 3-21 圆弧绘制的不同方式

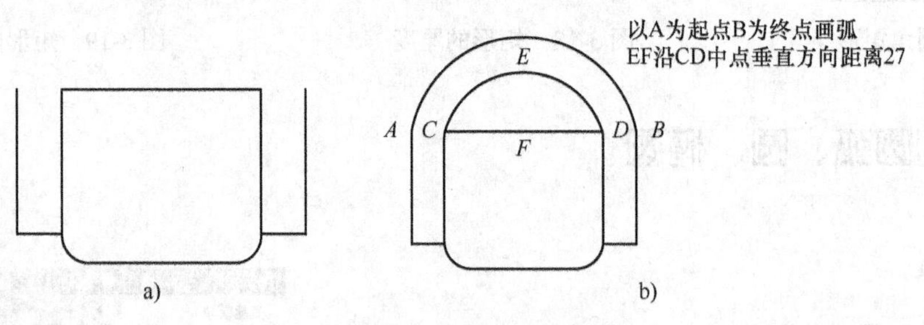


图 3-22 圆弧的绘制

指定圆弧的第二个点或［圆心（C）/端点（E）]：（打开对象追踪开关，从中点 F 向上追踪，输入 E 与 F 间的距离）

指定圆弧的端点：（捕捉交点 D）

命令行：a 回车，AutoCAD 提示：

指定圆弧的起点或［圆心（C）]：（捕捉交点 A 为起点）

指定圆弧的第二个点或［圆心（C）/端点（E）]：输入“E”，回车

指定圆弧的端点：（捕捉交点 B 为终点）

指定圆弧的圆心或［角度（A）/方向（D）/半径（R）]：输入“R”，回车

指定圆弧的半径：（输入半径）

### 3.4.2 圆

**1. 命令调用**

工具栏：【绘图】工具栏中的【圆】按钮。

菜单栏：【绘图】|【圆】。

命令行：CIRCLE，回车。AutoCAD 提示：

指定圆的圆心或［三点（3P）/两点（2P）/相切、相切、半径（T）］:（指定圆心）

指定圆的半径或［直径（D）］:（直接输入半径数值或用鼠标指定半径长度）

指定圆的直径<默认值>:（直接输入直径数值或用鼠标指定直径长度）

如图 3-23 所示。

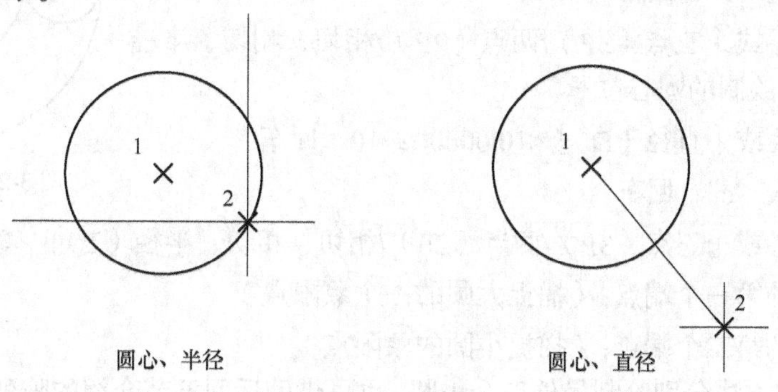


图 3-23　绘制圆

**2. 选项说明**

（1）三点　基于圆周上的三点绘制圆。

指定圆上的第一个点:（指定点 1）

指定圆上的第二个点:（指定点 2）

指定圆上的第三个点:（指定点 3）

（2）两点　基于圆直径上的两个端点绘制圆。

指定圆的直径的第一个端点:（指定点 1）

指定圆的直径的第二个端点:（指定点 2）

（3）相切、相切、半径　基于指定半径和两个相切对象绘制圆。

指定对象与圆的第一个切点:（选择圆、圆弧或直线）

指定对象与圆的第二个切点:（选择圆、圆弧或直线）

指定圆的半径 <当前>:（输入圆半径）

如图 3-24 所示。

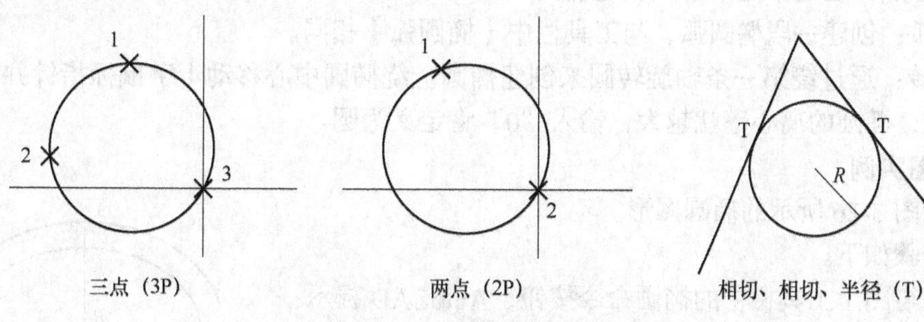


图 3-24　绘制圆的不同方法

**3. 绘图实例**

绘制如图 3-25 所示的圆形。

绘制步骤如下。

选择【绘图】工具栏中圆按钮，AutoCAD 提示：

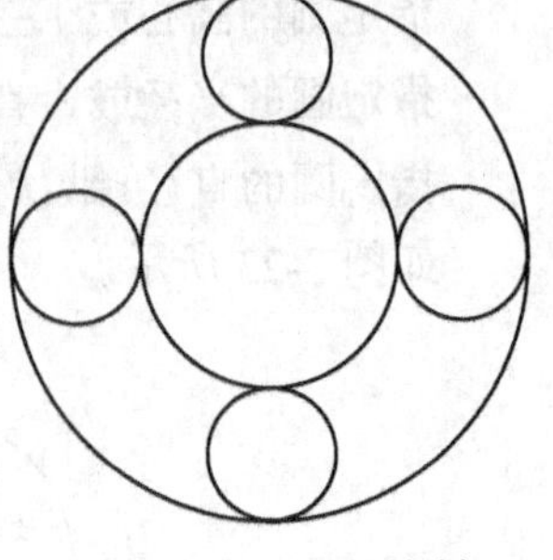
图 3-25 圆形的绘制

指定圆的圆心或［三点（3P）/两点（2P）/相切、相切、半径（T）]:（输入“150，150”，回车）

指定圆的半径或［直径（D）] <10.0000>：40

命令行：输入“c”，回车

指定圆的圆心或［三点（3P）/两点（2P）/相切、相切、半径（T）]:（捕捉刚才绘制的圆心位置）

指定圆的半径或［直径（D）] <10.0000>：10 回车

命令行：输入“c”，回车

指定圆的圆心或［三点（3P）/两点（2P）/相切、相切、半径（T）]：输入“2P”，回车

指定圆直径的第一个端点:（捕捉大圆的一个象限点）

指定圆直径的第二个端点:（捕捉小圆的象限点）

提示:同样的方法分别绘制另外三个小圆，也可借助后面章节介绍的阵列命令（ARRAY）完成其他圆的绘制。

### 3.4.3 椭圆

**1. 命令调用**

工具栏：【绘图】工具栏中的【椭圆】按钮。

菜单栏:【绘图】|【椭圆】。

命令行：ELLIPSE，回车。AutoCAD 提示：

指定椭圆的轴端点或［圆弧（A）/中心点（C）]：（输入轴端点）

指定轴的另一个端点：（输入另一端点）

指定另一条半轴长度或［旋转（R）]：（输入另一半轴的长度）

**2. 选项说明**

1）轴端点：根据两个端点定义椭圆的第一条轴。第一条轴的角度确定了整个椭圆的角度。第一条轴既可定义椭圆的长轴也可以定义短轴。

2）中心点：通过指定中心点创建椭圆。

3）圆弧：创建一段椭圆弧，与工具栏中【椭圆弧】相同。

4）旋转：通过绕第一条轴旋转圆来创建椭圆。绕椭圆中心移动十字鼠标指针并单击。输入值越大，椭圆的离心率就越大，输入“0”将定义为圆。

**3. 绘图实例**

绘制如图 3-26 所示的椭圆图形。

绘制步骤如下。

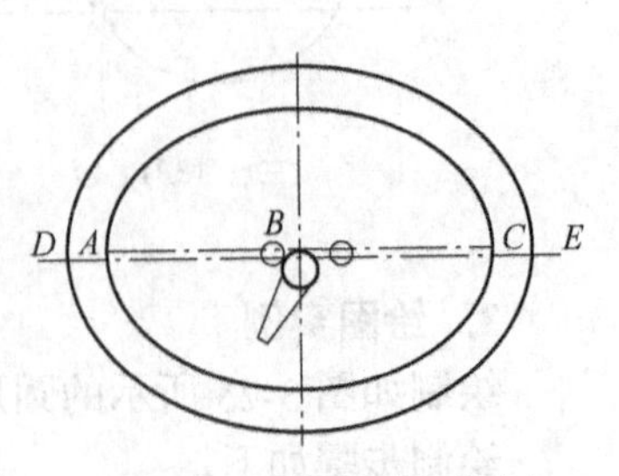

图 3-26 椭圆图形的绘制

选择【绘图】工具栏中的椭圆命令按钮，AutoCAD 提示：

指定椭圆的轴端点或［圆弧（A）/中心点（C）]:（捕捉 A 点）

指定轴的另一个端点:（捕捉 C 点）

指定另一条半轴长度或［旋转（R）]:（输入半轴长度 165）

命令：回车，AutoCAD 提示：

指定椭圆的轴端点或［圆弧（A）/中心点（C）]：输入“C”，（调用中心点选项）

指定椭圆的中心点：（捕捉 B 点）

指定轴的端点<极轴 开>：280（打开极轴，沿水平方向输入 DE 点间距离）

指定另一条半轴长度或［旋转（R）]：215（输入另一半轴长度）

## 3.5 样条曲线

样条曲线被广泛应用于曲线、曲面绘图中。

**1. 命令调用**

工具栏：【绘图】工具栏中的【样条曲线】按钮～。

菜单栏：【绘图】|【样条曲线】。

命令行：SPLINE，回车。AutoCAD 提示：

指定第一个点或［对象（O）]：（指定一点或输入“O”）

指定下一点：（指定另一点）

指定下一点或［闭合（C）/拟合公差（F）］ <起点切向>：（指定另一点，或输入“C”，或输入“F”）

指定起点切向：（指定样条曲线起点处切线方向）

指定端点切向：（指定样条曲线端点处切线方向）

**2. 选项说明**

1）对象：将二维或三维的二次或三次样条拟合多段线转换成等价的样条曲线，根据 DELOBJ 系统变量的设置删除多段线。

2）下一点：连续地输入点将增加附加样条曲线线段，直到回车结束。

3）闭合：将最后一点定义为与第一点一致并使它在连接处相切，这样可以闭合样条曲线。

4）拟合公差：修改拟合当前样条曲线的公差。根据新公差以现有点重新定义样条曲线。可以重复更改拟合公差，但这样做会更改所有控制点的公差，不管选定的是哪个控制点。如果公差设置为 0，则样条曲线通过拟合点。输入大于 0 的公差将使样条曲线在指定的公差范围内通过拟合点，如图 3-27 所示。

5）起点/端点切向：定义样条曲线的第一点和最后一点的切向，如图 3-28 所示。

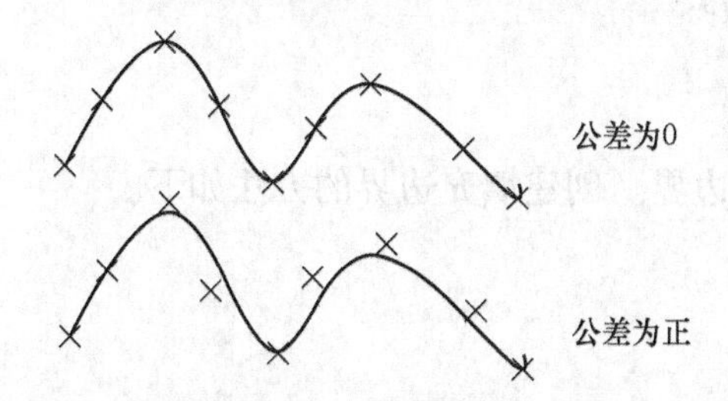


图 3-27 样条曲线拟合公差与曲线位置关系

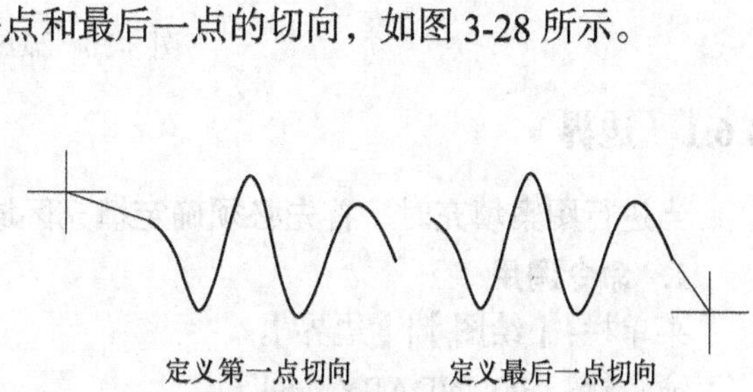

定义第一点切向　定义最后一点切向

图 3-28 样条曲线起终点切向方向确定

**3. 绘图实例**

绘制如图 3-29 所示的剖切面分界线。

绘制步骤如下：

选择【绘图】工具栏中的样条曲线按钮~，AutoCAD 提示：

指定第一个点或［对象（O）]:（打开最近点捕捉设置，在底边第一个点处确定样条曲线起点）

指定下一点:（依次向上确定最近点为样条曲线点）

指定下一点或［闭合（C）/拟合公差（F）] <起点切向>:（依次向上确定最近点）

指定下一点或［闭合（C）/拟合公差（F）] <起点切向>:（确定样条曲线终点）

指定起点切向：回车

指定端点切向：回车

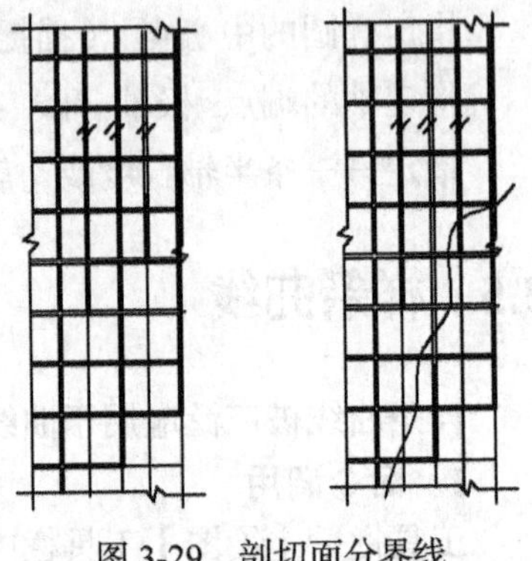

图 3-29 剖切面分界线

## 3.6 边界与图案填充

边界命令可以帮助用户从封闭区域创建多段线或面域。当用户需要用一个重复的图案填充一个区域时，可以用图案填充命令建立一个相关联的填充阴影对象。

图案填充时，首先要确定填充图案的边界。定义边界的对象只能是直线、双向射线、单向射线、多线、样条曲线、圆弧、圆、椭圆、椭圆弧等对象或用这些对象定义的块，而且作为边界的对象在当前屏幕上必须全部可见。在进行图案填充时，把位于总填充区域内的封闭区域称为**孤岛**，如图 3-30 所示。在用图案填充命令填充时，用户可以用拾取填充区域内部点的方式确定填充边界，AutoCAD 会自动确定出填充边界，同时也确定出该边界内的孤岛。如果用户使用拾取对象的方式确定填充边界，就必须确切地拾取这些孤岛图形。AutoCAD 系统为用户设置了三种填充方式对填充范围进行控制：普通方式、外部方式、忽略方式。

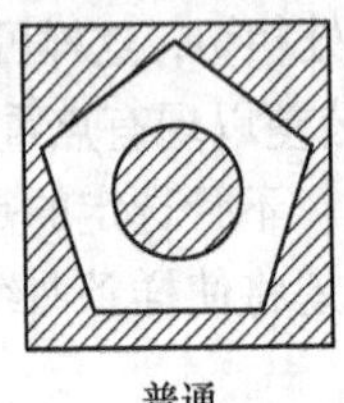

普通

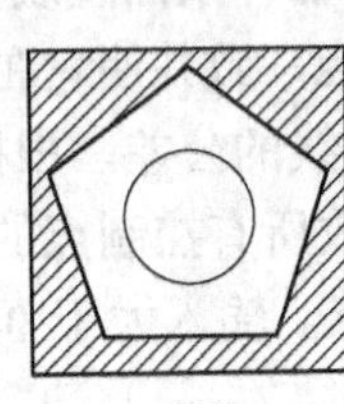

外部

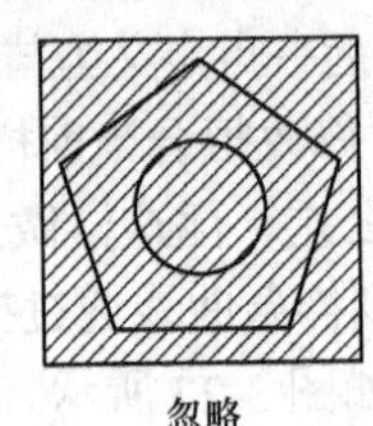

忽略

图 3-30 孤岛填充方式

### 3.6.1 边界

当进行图案填充时，首先必须确定填充区域及其边界。创建填充边界的方法如下。

**1. 命令调用**

菜单栏:【绘图】|【边界】。

命令行：BOUNDARY，回车。

弹出【边界创建】对话框，如图 3-31 所示。

**2. 选项说明**

1)【拾取点】: 根据围绕指定点构成封闭区域的对象来确定边界。

2)【孤岛检测】: 控制 BOUNDARY 是否检测内部闭合边界，该边界称为孤岛。

3）【对象类型】：控制用于填充边界对象的类型。在下拉列表框中选择“面域”或“多段线”。

4）【边界集】选项组：边界设置。在下拉列表框中选择边界。

5）【当前视口】选项：根据当前视口范围中的所有对象定义边界集。选择此选项将放弃当前所有边界集。

6）【新建】：提示用户选择用来定义边界集的对象。仅包括在构造新的边界集时，用于创建面域或闭合多线段的对象。

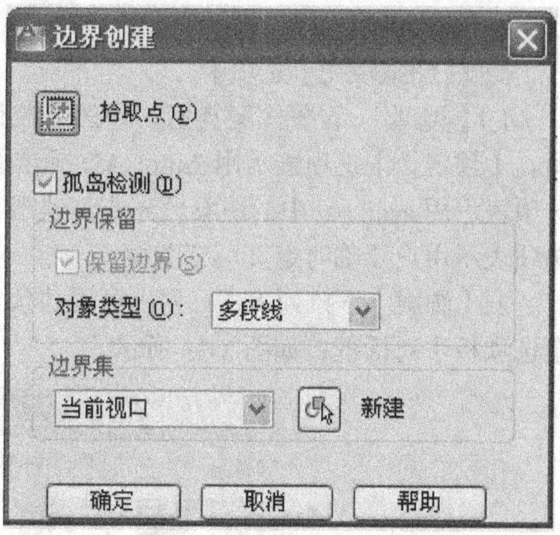

边界创建
拾取点(P)
孤岛检测(D)
边界保留
保留边界(S)
对象类型(O): 多段线
边界集
当前视口
新建
确定
取消
帮助

图 3-31 【边界创建】对话框

### 3.6.2 图案填充

**1. 命令调用**

工具栏：【绘图】工具栏中的【图案填充】按钮。

菜单栏：【绘图】|【图案填充】。

命令行：BHATCH，回车。

弹出【图案填充和渐变色】对话框，如图 3-32 所示。

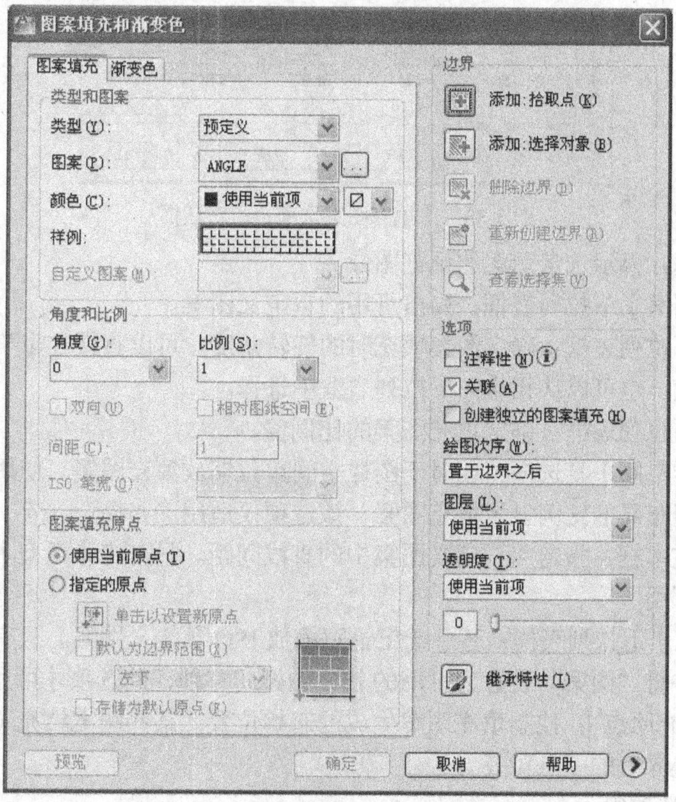

图案填充和渐变色
图案填充
渐变色
类型和图案
类型(Y): 预定义
图案(P): ANGLE
颜色(C): 使用当前项
样例:
自定义图案(M):
角度和比例
角度(G): 0
比例(S): 1
双向(U)
相对图纸空间(E)
间距(C): 1
ISO 笔宽(O):
图案填充原点
使用当前原点(T)
指定的原点
单击以设置新原点
默认为边界范围(X)
左下
存储为默认原点(F)
边界
添加:拾取点(K)
添加:选择对象(B)
删除边界(D)
重新创建边界(R)
查看选择集(V)
选项
注释性(N)
关联(A)
创建独立的图案填充(H)
绘图次序(W):
置于边界之后
图层(L):
使用当前项
透明度(T):
使用当前项
0
继承特性(I)
预览
确定
取消
帮助

图 3-32 【图案填充和渐变色】对话框

**2. 选项说明**

（1）【图案填充】选项卡

1）【类型】：设置图案类型。通过下拉列表在预定义、用户定义、自定义三种类型中选择。【预定义】选项表示用 AutoCAD 标准图案文件（acad.pat）中的图案填充；【自定义】选项表示用 acad.pat 中的图案填充或其他图案文件（*.pat 文件）中的图案填充；【用户定义】选项表示用户要临时定义填充图案。

2）【图案】下拉列表框：列出可用的预定义图案，单击右边的□按钮，将弹出【填充图案选项板】对话框，如图 3-33 所示。

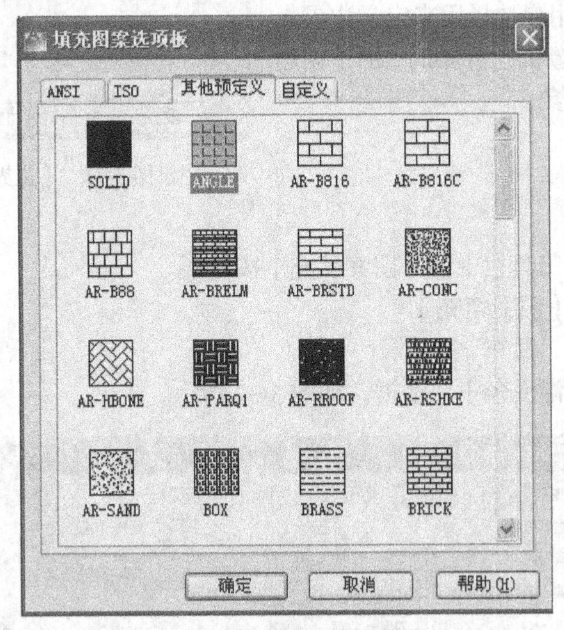


图 3-33 【填充图案选项板】对话框

3）【样例】框：显示选定图案的预览图像。

4）【自定义图案】下拉列表框：列出可用的自定义图案。

5）【角度】下拉列表框：确定图案填充时的旋转角度。可以直接在【角度】文本框中输入填充图案的角度，也可以从相应的下拉列表框中选择。

6）【比例】下拉列表框：确定填充图案的比例值。

7）【相对图样空间】复选框：相对于图样空间单位缩放填充图案。使用此选项，可很容易地做到以适合于布局的比例显示填充图案，该选项仅适用于布局。

8）【间距】文本框：指定用户定义图案中的直线间距。只有将【类型】设置为【用户定义】，此选项才可用。

9）【ISO 笔宽】下拉列表框：基于选定笔宽缩放 ISO 预定义图案。只有将【类型】设置为【预定义】，并将“图案”设置为可用的 ISO 图案的一种，此选项才可用。

10）【图案填充原点】：控制填充图案生成的起始位置。某些图案填充（例如砖块图案）需要与图案填充边界上的一点对齐。

（2）【边界】选项组

1）【添加：拾取点】：根据围绕指定点构成封闭区域的现有对象确定边界。

2)【添加：选择对象】：根据构成封闭区域的选定对象确定边界。

3)【删除边界】：从边界定义中删除以前添加的任何对象。

4)【重新创建边界】：围绕选定的图案填充或填充对象创建多段线或面域。

5)【查看选择集】：暂时关闭的对话框，并使用当前的图案填充或填充设置显示当前定义的边界。如果未定义边界，则此选项不可用。

(3)【选项】选项组

1)【关联】复选框：控制图案填充或填充的关联。关联的图案填充或填充在用户修改其边界时将会跟随边界变化生成填充图案。

2)【创建独立的图案填充】复选框：设置当指定了几个独立的闭合边界时，是创建单个图案填充对象，还是创建多个图案填充对象。

3)【绘图次序】：为图案填充或填充指定绘图次序。图案填充可以放在所有其他对象之后、所有其他对象之前、图案填充边界之后或图案填充边界之前。

(4)【渐变色】选项卡（见图 3-34）

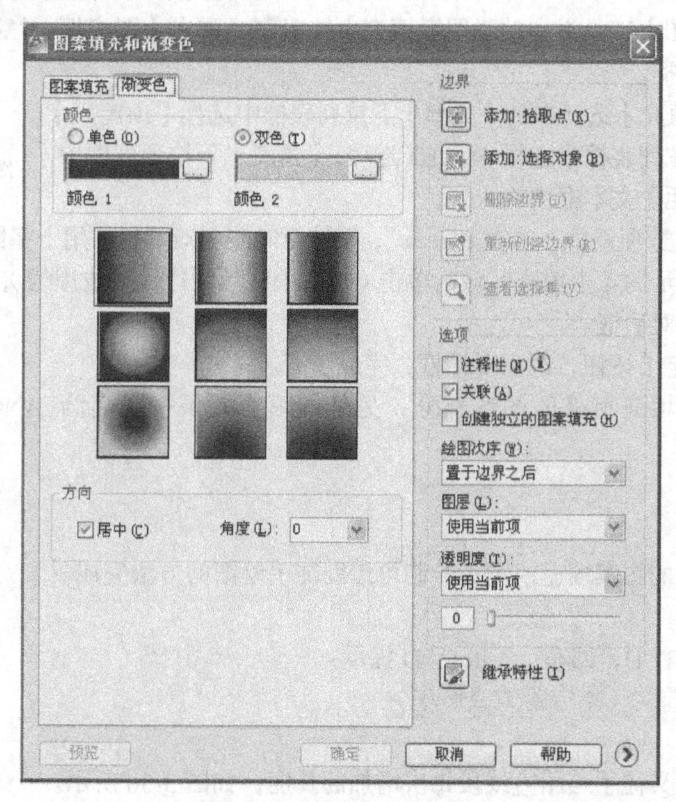


图 3-34　【渐变色】选项卡

1)【颜色】：

单色——指定使用从较深着色到较浅色调平滑过渡的单色填充。选择【单色】时，【渐变色】选项卡将显示带有浏览按钮和【着色】与【渐浅】滑块的颜色样本。

双色——指定在两种颜色之间平滑过渡的双色渐变填充。选择【双色】时，【渐变色】选项卡将分别为颜色 1 和颜色 2 显示带有浏览按钮的颜色样本。颜色样本——指定渐变填充的颜色。单击浏览按钮[...]以显示【选择颜色】对话框，从中可以选择 AutoCAD 颜色索引

（ACI）颜色、真彩色或配色系统颜色。显示的默认颜色为图形的当前颜色。【着色】和【渐浅】滑块——指定一种颜色的渐浅（选定颜色与白色的混合）或着色（选定颜色与黑色的混合），用于渐变填充。

2）【渐变图案】：显示用于渐变填充的 9 种固定图案。这些图案包括线性扫掠状、球状和抛物面状图案。

3）【方向】：指定渐变色的角度以及是否对称。

居中——指定对称的渐变配置。如果没有选定此复选框，渐变填充将朝左上方变化，创建光源在对象左边的图案。

角度——指定渐变填充的角度，相对当前 UCS 指定角度。此选项与指定给图案填充的角度互不影响。

**3. 绘图实例**

完成如图 3-35 所示的图案填充。

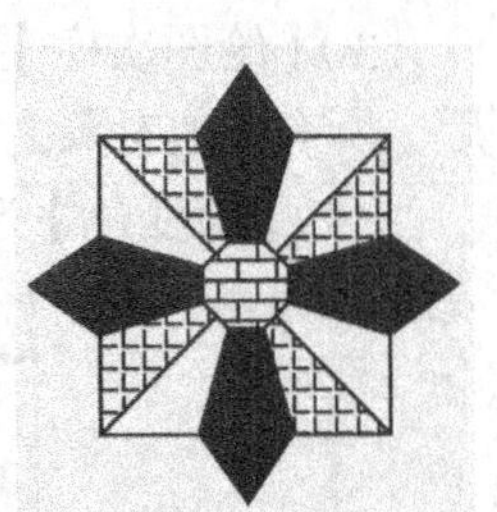

图 3-35 图案填充

绘制步骤如下：

1）单击【绘图】工具栏中的【图案填充】按钮，弹出【图案填充和渐变色】对话框。

2）在【图案填充】选项卡的【类型】下拉列表框中选择【预定义】选项，【图案】下拉列表框中选择 SOLID 选项，【角度】下拉列表框中选择 0 选项，【间距】文本框中输入“1”。

3）在【边界】选项组中，单击 添加:拾取点，系统暂时隐去对话框，用十字鼠标指针的中心，依次在图中选取所示的 4 个填充区域内单击（被选中区域的边线变成虚线），回车，返回【图案填充和渐变色】对话框。

4）单击【确定】按钮，退出对话框，完成填充。

5）同样方法填充另外的图形部分，另外的填充效果一个名为 ANGLE，一个名为 AR-B816。

## 3.6.3 徒手绘图

对于细小部分的图案填充或图形绘制可借助徒手绘图的方法完成。

**1. 命令调用**

命令行：SKETCH，回车。AutoCAD 提示：

记录增量<当前>：（指定距离或回车）

**2. 选项说明**

记录增量值定义徒手绘图直线段每次增加的长度，如图 3-36 所示。

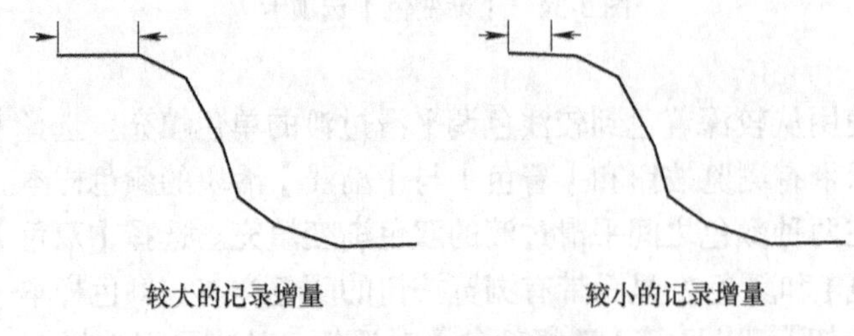


图 3-36 徒手绘图记录增量

## 思考与练习

习题 3.1 选择题

（1）可以有宽度的线有（ ）。

A. 构造线 B. 多段线 C. 射线 D. 轨迹线

（2）用矩形命令可以直接画出的矩形为（ ）。

A. 带圆角的矩形 B. 带厚度的矩形 C. 带倒角的矩形

（3）除了用 3 点法画圆弧外，AutoCAD 按什么方向画圆弧？（ ）

A. 顺时针 B. 逆时针 C. 顺、逆时针都可以

（4）画完一幅图后，在保存该图形文件时用（ ）作为扩展名。

A. cfg B. dwt C. bmp D. dwg

（5）要始终保持物体的颜色与图层的颜色一致，物体的颜色应设置为（ ）。

A. BYLAYER B. BYBLOCK C. COLOR D. RED

（6）剪切物体需用（ ）命令。

A. Trim B. Extend

C. Stretch D. Chamfer

习题 3.2 简答题

（1）如何设置、调用多线样式？

（2）分析用多段线命令画 90°、45°圆弧的特点。

（3）为何用点的等分时，没有出现点？怎么才能出现？

习题 3.3 绘制下列图形，如图 3-37 所示。

习题 3.4 绘制下列图形，如图 3-38 所示。

习题 3.5 绘制下列图形，如图 3-39 所示。

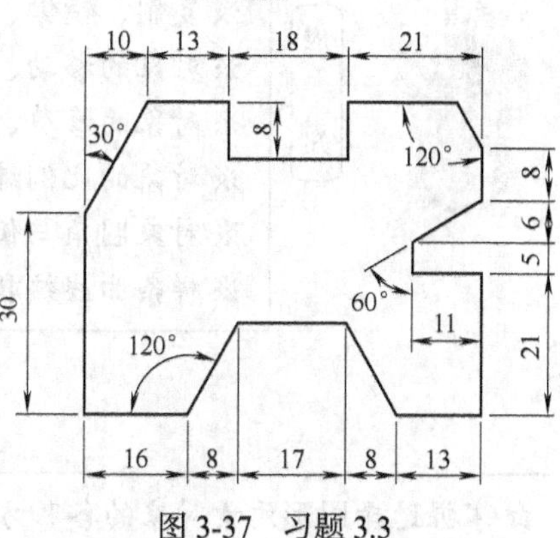


图 3-37 习题 3.3

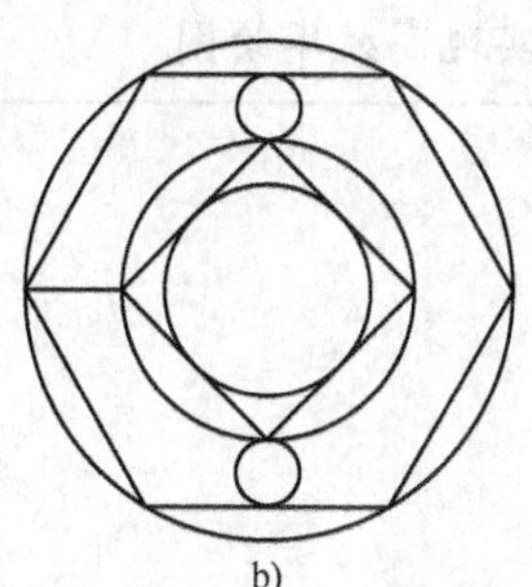


图 3-38 习题 3.4

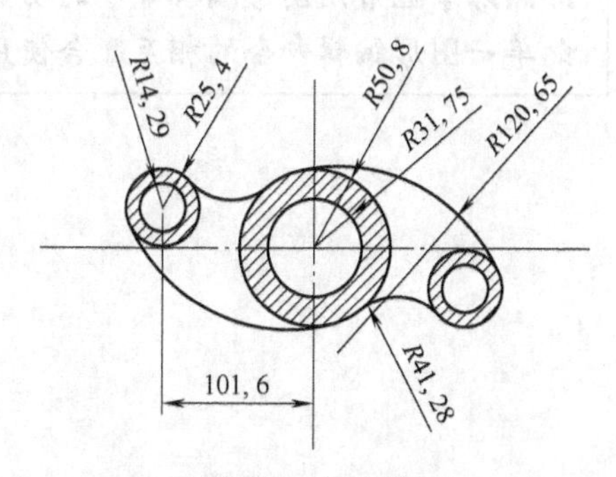


图 3-39 习题 3.5

# 第4讲　图形编辑

【导读】

在使用 AutoCAD 进行实际绘制的过程中，仅仅靠基本绘图命令很难快速有效地绘制各种复杂图形。此外，用户在绘图过程中，不仅要绘制新的图形实体，而且要不断修改已经存在的图形元素。AutoCAD 2012 提供了众多实用而有效的编辑命令，常用编辑命令集中放置在菜单栏菜单下和工具栏内。

※对象选择
※使用夹点编辑图形
※复制、镜像、偏移、阵列
※对象的移动、旋转与对齐
※对象的修剪、延伸、拉长与拉伸
※对象的比例缩放、打断与合并
※对象圆角与倒角
※样条曲线编辑

☆掌握选择图形元素对象的各种方法
☆熟练掌握常用图形编辑命令的功能与操作
☆单一图形编辑命令的相互配合使用，实现高效率绘图

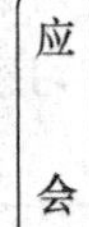

## 4.1 图形对象的选择

对任一对象进行编辑前首先要选择对象，选择对象有多种方法，最简单的方法是逐个拾取对象，也可利用框选法拾取对象，还可利用快速选择等方法来拾取对象。

### 4.1.1 图形对象的选择方法

**1. 命令调用**

命令行：选择对象：(输入选项，回车)。

需要点或窗口（W）/上一个（L）/窗交（C）/框选（BOX）/全部（ALL）/栏选（F）/圈围（WP）/圈交（CP）/编组（G）/添加（A）/删除（R）/多个（M）/前一个（P）/放弃（U）/自动（AU）/单个（SI）选择对象：(输入点，或选择一项)

**2. 选项说明**

1）窗口：窗口选择方式。即用一个矩形窗口将所要选择的对象框住，框内的对象均被选中，与窗口相交的对象不被选中。

2）上一个：选中最后一次创建的对象。

3）窗交：该选项与“窗口”选择基本相同，所不同的是被矩形框选中的对象以及与矩形边框相交的对象均被选中。

4）框选：选择该选项后，如果从左到右拉出矩形框，则被完全框住的对象才能被选中；如果是从右到左拉出矩形框，则被框住的对象以及与矩形边框相交的对象均被选中，这也是默认选项，如图 4-1 所示。

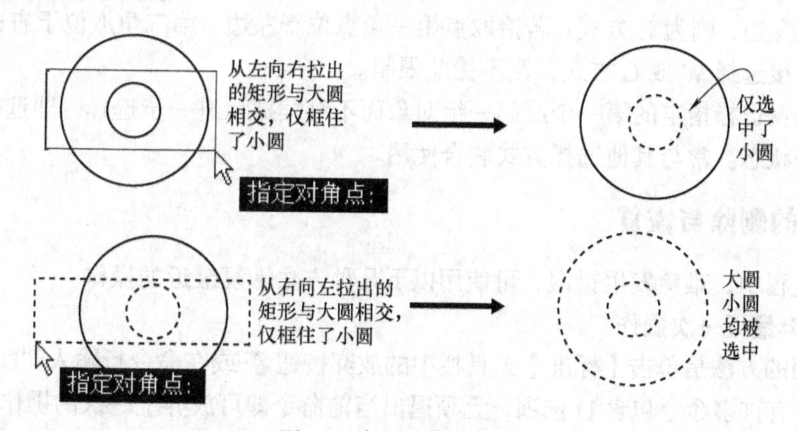


图 4-1 框选方式的运用

5）全部：全选方式，该方式将选取当前窗口中的所有对象。

6）栏选：可用此选项构造任意折线，凡是与折线相交的对象均被选中，如图 4-2 所示。

7）圈围：通过构造一个不规则的封闭多边形，并用其作为选取框来选择对象。只有被选取框完全包围的对象才能被选中。

8）圈交：与 WP 相似，不同点在于，多边形区域内的对象以及与多边形边界相交的所有对象均被选中。

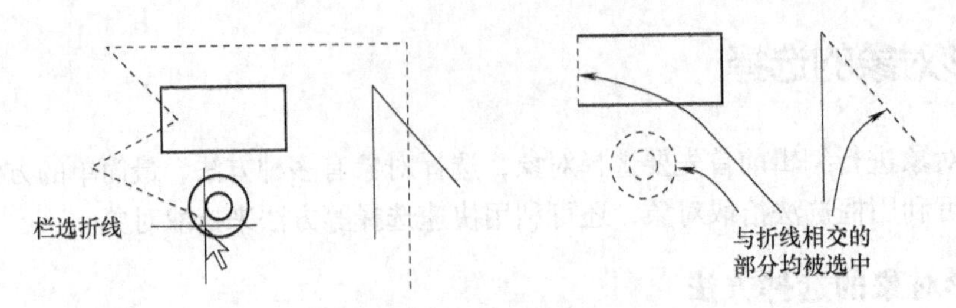


图 4-2 栏选方式的运用

9）编组：输入已定义的选择集，即选择指定编组中的所有对象。

10）添加：用户完成对象选择后，如果还想加入对象，则可使用此命令将这些对象添加到选择集中。

11）删除：该选项用于在已选定的对象中剔除那些不需要被选择的对象。

12）多个：多项选择。选择此方式后，按照单点选择的方法逐个选取所要选择的对象，指定多次选择而不高亮显示对象，从而加快对复杂对象的选择过程。如果两次指定相交对象的交点，那么“多个”也将选中这两个相交对象。

13）前一个：选择最近创建的选择集。从图形中删除对象将清除“前一个”选项设置。它适用于对同一组目标进行的连续编辑操作。

14）放弃：取消最近的对象选择操作。

15）自动：自动选择，指向一个对象即可选择该对象，等效于单点选择，指向对象内部或外部的空白区，将形成框选方法定义选择框的第一个角点，即窗口方式或交叉窗口方式。若拾取点处正好有一对象就选择它，否则，要求确定另一点。若拾取点第一角点位于右边，第二角点位于左边，则为 C 方式；若拾取点第一角点位于左边，第二角点位于右边，则为 W 方式；但如直接选择 W 或 C 方式，则不受此限制。

16）单个：选择指定的第一个或第一组对象而不继续提示进一步选择，即选择一个对象后就退出选择状态。常与其他选择方式联合使用。

### 4.1.2 图形的删除与恢复

在绘图过程中，难免发生错误，可使用以下几种方法恢复最近的操作。

**1. 仅放弃最近一次操作**

最常使用的方法是单击【标准】工具栏中的放弃按钮或在命令行输入“U”命令放弃最近的操作。有许多命令包含 U 选项，无须退出当前命令即可放弃上一次的操作，即所谓的透明命令。

**2. 一次放弃多步操作**

（1）命令调用

工具栏按钮：【标准】工具栏中的【下三角放弃】按钮。

命令行输入：UNDO，回车。AutoCAD 提示：

输入要放弃的操作数目或[自动（A）/控制（C）/开始（BE）/结束（E）/标记（M）/后退（B）]<1>:

（输入数目或选功能项，回车）

（2）选项说明

1）要放弃的操作数目：指定取消命令的次数。

2）自动：控制是否把菜单项的一次拾取看成一次命令，选择后出现提示：

输入 UNDO 自动模式[开（ON）/关（OFF）]<on>:

3）控制：控制 UNDO 功能，选择后出现提示：

输入 UNDO 控制选项[全部（A）/无（N）/一个（O）]<全部>:

A 为全部 UNDO 功能有效；N 为取消 UNDO 功能；O 是限制 UNDO 为单步操作（相当于 U 命令）有效。

4）开始、结束：放弃一组预先定义的操作。还可使用【标准】工具栏上的【放弃】列表，立即放弃几步操作。

5）标记、后退：使用【标记】选项标记执行操作，然后，使用【后退】选项，放弃在标记的操作之后执行的所有操作。

**3. 取消放弃**

在使用 U 或 UNDO 命令后立即使用 REDO，取消 U 或 UNDO 命令的效果。还可以使用【标准】工具栏上的【重做】下拉列表立即重做几步操作。

**4. 删除对象**

可以任意删除任何对象。如果意外删除了对象，可以使用 UNDO 命令或 OOPS 命令来恢复。

**5. 取消命令**

可以通过按 Esc 键中止未完成的命令。

### 4.1.3 快速选择对象

利用【快速选择】来选取对象，用户可选择具有某些共同特性的对象，例如，选择文字、颜色、图层等对象。

**1. 命令调用**

在绘图区任意位置单击鼠标右键，弹出如图 4-3a 所示的快捷菜单，单击【快速选择】，弹出如图 4-3b 所示的【快速选择】对话框；也可以选择【工具】|【快速选择】命令，弹出【快速选择】对话框。

**2. 选项说明**

1）【应用到】下拉列表框：设置本次操作的对象是【整个图形】还是【当前选择】。默认为【整个图形】。

2）【对象类型】下拉列表框：通过指定对象的类型，可进一步指定选择范围，默认为【所有图元】。

3）【特性】下拉列表框：选取所需特性，选择的特性与【运算符】和【值】一同构成选择集。

4）【如何应用】选项组：选择应用范围，如果选中【包括在新选择集中】单选按钮，表示选择满足设定条件的对象；若选中【排除在新选择集之外】单选按钮，则表示选择对象中不满足设定条件的对象，如图 4-4 所示。

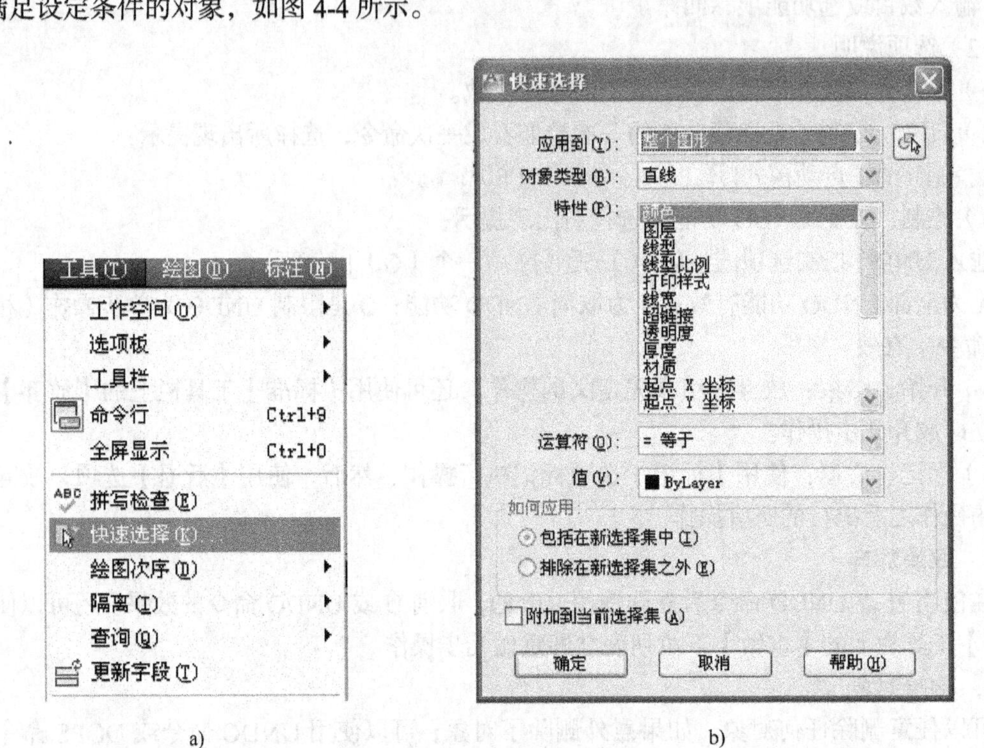


图 4-3 快速选择的运用

a）快捷菜单 b）【快速选择】对话框

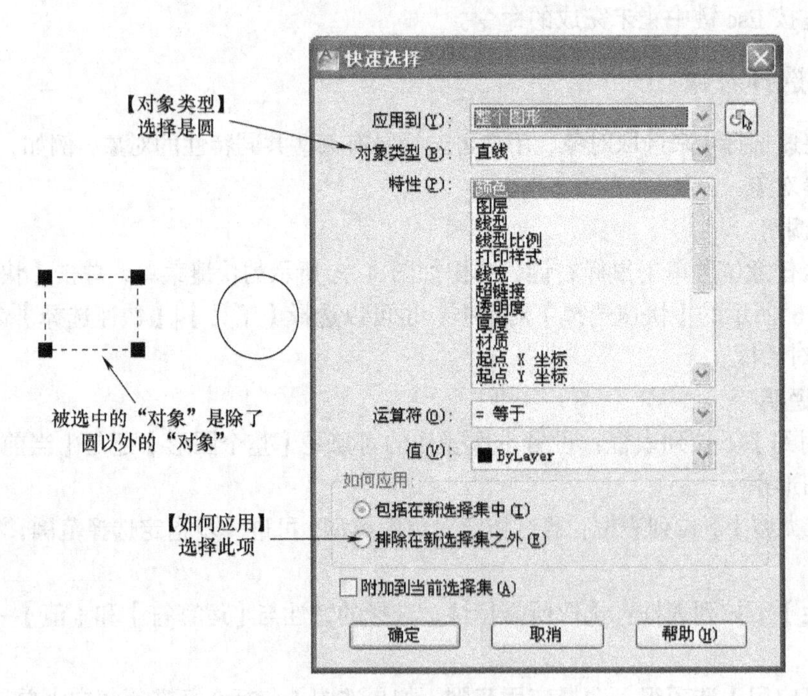


图 4-4 快速选择的设置

### 4.1.4 重叠对象的选择

当对象重叠时，无论是用捕捉、点选、框选都不能拾取时，可以在命令行“选择对象”的提示下，按住 Ctrl 键，然后逐一单击这些重叠的对象，直到所选对象是所需的对象后，回车确定，如图 4-5 所示。

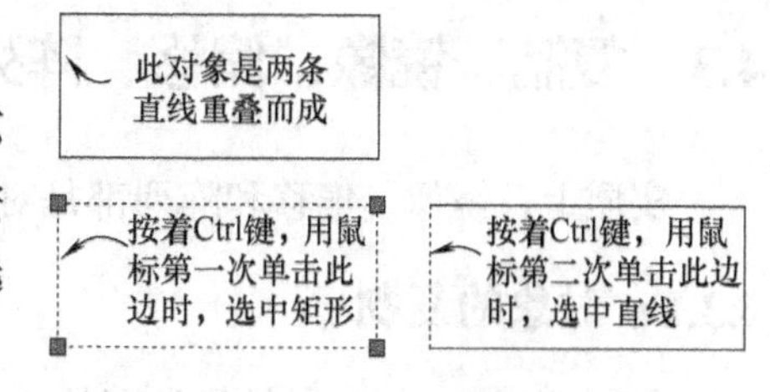


图 4-5 重叠对象的选择

## 4.2 使用夹点编辑图形

夹点就是对象上的控制点。在非命令状态下选择对象时，在对象上将显示若干个小方框，这些小方框就是夹点，也被称为控制点或对象的关键点（见图 4-6）。如一条直线的关键点是直线的两个端点和一个中点，圆的关键点是 4 个象限点和一个圆心，矩形的关键点是 4 个顶点等。

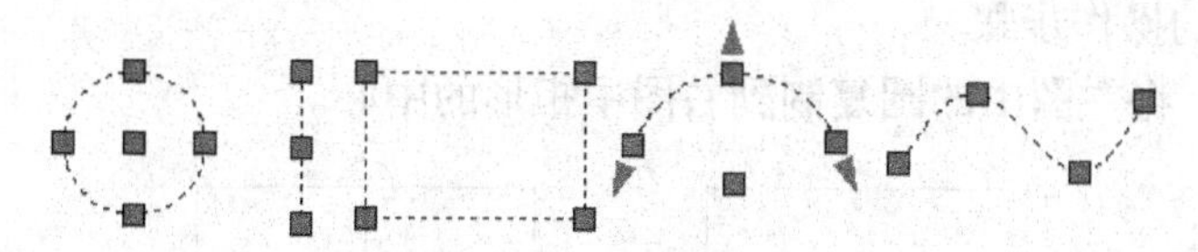

图 4-6 不同对象的夹点

夹点是一种多功能的编辑方式，使用它可以在非命令状态下对对象进行镜像、拉伸、旋转、移动、复制和缩放。

在非命令状态下，单击任意对象时，对象中出现蓝色夹点，根据用户需要单击任意蓝色夹点时，该夹点变为红色，同时在命令行提示：

指定拉伸点或[基点（B）/复制（C）/放弃（U）/退出（X）]:

如果在命令行按 C 键并回车，则在拉伸、移动、旋转、比例缩放和镜像时可复制图形。

如果单击并拖动可移动夹点的位置，则根据对象的类型，以及所选取夹点的不同，操作效果也不同。如图 4-7 所示，选择不同的夹点移动时，其效果也不同。

选中夹点，该夹点变为红色时，回车，可在夹点的拉伸、移动、比例缩放和镜像模式之间循环切换。也可在红色夹点出现后单击鼠标右键，在弹出的快捷菜单中选择操作模式，如图 4-8 所示。

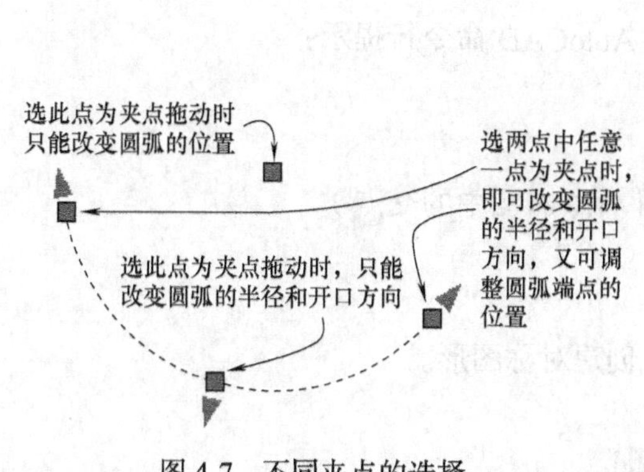


图 4-7 不同夹点的选择

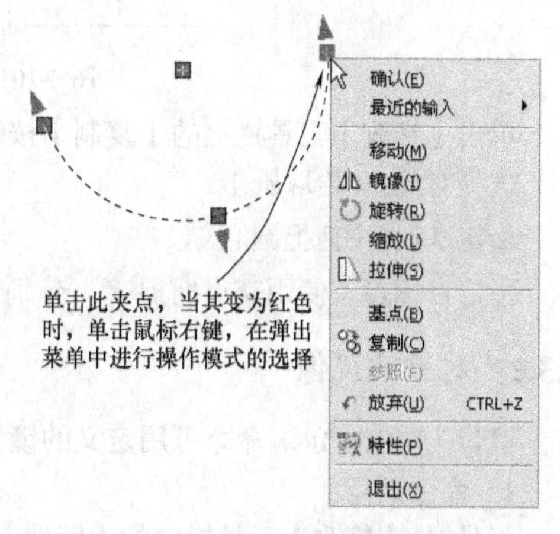


图 4-8 在快捷菜单中选择操作模式

## 4.3 复制、镜像、偏移、阵列

实质上，镜像、偏移和阵列都是对对象复制，不过是形式不同而已。

### 4.3.1 对象的复制

复制（COPY）命令是最常用的命令之一，它可以一次或多次复制二维或三维对象。

**1. 命令调用**

工具栏：【修改】工具栏中的【复制】按钮。

菜单栏：【修改】|【复制】。

命令行：COPY，回车。

**2. 例题演示**

（1）单一复制的操作步骤

如图 4-9 所示，将左图中的圆复制到右图中矩形的中心。

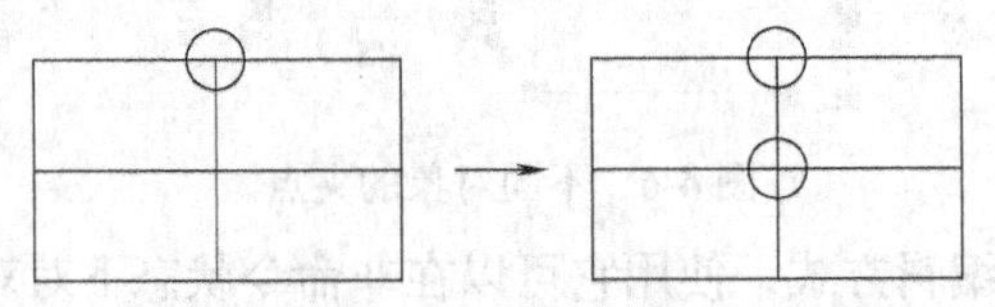

图 4-9 对象的单一复制

单击【修改】工具栏上的【复制】按钮，AutoCAD 命令行提示：

选择对象：（拾取圆）

指定基点：（拾取圆心）

指定目标点：（可使用交点捕捉，拾取图 4-9 右图中十字线的交点）

（2）多重复制的操作步骤

如图 4-10 所示，将左图中的圆复制到右图中各直线的交点上。

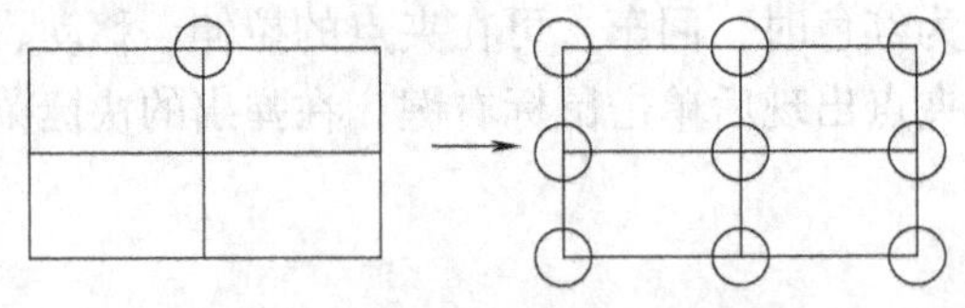

图 4-10 对象的多重复制

单击【修改】工具栏上的【复制】按钮，AutoCAD 命令行提示：

选择对象：（拾取圆）

指定基点：（捕捉圆心）

指定目标点（使用交点捕捉，分别拾取图 4-10 右图中的交点）

### 4.3.2 对象的镜像

镜像（MIRROR）命令可用定义的镜像轴来创建对称图形。

**1. 命令调用**

工具栏：【修改】工具栏中的【镜像】按钮。

菜单栏:【修改】|【镜像】。

命令行：MIRROR，回车。

**2. 例题演示**

在图 4-11 中，要将图 4-11a 镜像为如图 4-11c 所示，操作步骤如下：

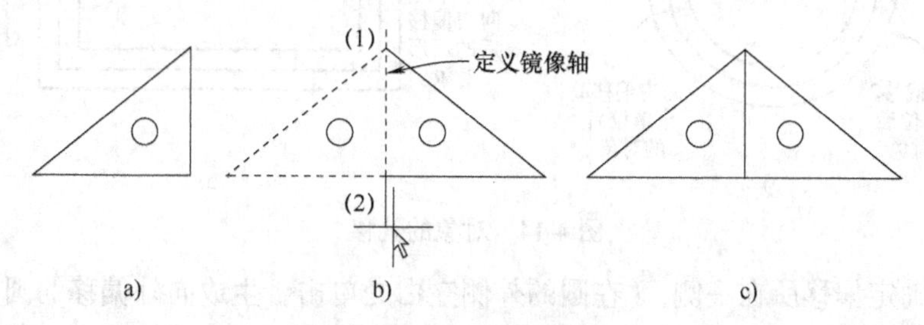


图 4-11 对象的镜像

单击【修改】工具栏中的【镜像】按钮。AutoCAD 命令行提示:

选择对象:（框选圆和三角形，右键单击）

定义镜像轴第一点:（捕捉如图 4-11b 所示（1）点）

定义镜像轴第二点:（捕捉如图 4-11b 所示（2）点）

是否删除源对象？[是（Y）/否（N）]<N>:（回车结束操作，不删除源对象）

在对文本进行镜像时，为了使文本镜像后，便于观察，在进行镜像操作之前，可首先在命令行定义文本镜像模式。在命令行输入“MIRRTEXT”，回车，命令行会出现提示信息“输入 MIRRTEXT 的新值 <1>:”，输入“1”，回车，为文本的绝对镜像，如图 4-12 所示；输入“0”，回车，为文本的相对镜像，如图 4-13 所示。

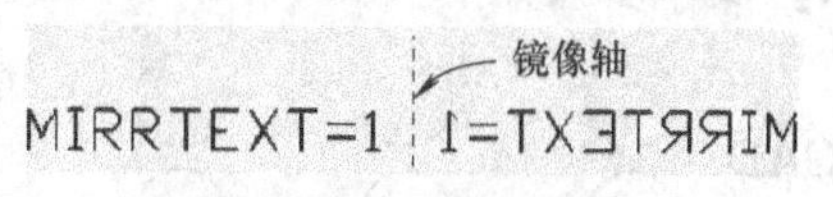


图 4-12 文本的绝对镜像

MIRRTEXT=0 MIRRTEXT=0

图 4-13 文本的相对镜像

对文本镜像的操作方式与图形镜像操作方式相同。

### 4.3.3 对象的偏移

偏移（OFFSET）命令可以创建一个与选定对象类似的新对象，并将它放在原对象的内侧或外侧。执行该命令时，应首先设定偏移距离，然后选择偏移对象，指定偏移方向。

**1. 命令调用**

工具栏:【修改】工具栏中的【偏移】按钮。

菜单栏:【修改】|【偏移】。

命令行：OFFSET，回车。

**2. 例题演示**

要偏移如图 4-14 左图所示的圆，其操作步骤如下。

单击【修改】工具栏中的【偏移】按钮，AutoCAD 命令行提示:

指定偏移距离或［通过点（T）]:（输入“2”，回车）

选择要偏移的对象或<退出>:（拾取图 4-14a 中所示的源对象）

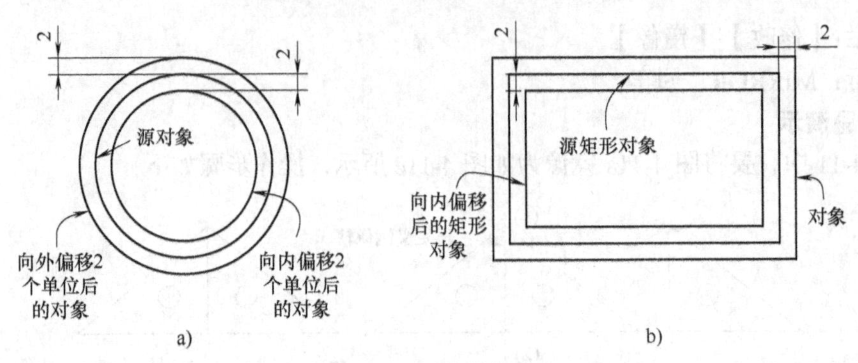


图 4-14 对象的偏移

指定点以确定偏移所在一侧：（在圆的外侧空白处单击，生成向外偏移的圆）

指定点以确定偏移所在一侧：（在圆的内侧空白处单击，生成向内偏移的圆）

图 4-14b 所示的偏移操作步骤与上述操作步骤相似，用户可自行完成。

### 4.3.4 对象的阵列

阵列有三种形式，即矩形阵列、路径阵列、环形阵列。可对二维和三维对象进行阵列。

**1. 命令调用**

工具栏：【修改】工具栏中的【阵列】按钮。

菜单栏：【修改】|【阵列】。

命令行：ARRAY，回车。

**2. 矩形阵列例题演示**

将一个圆阵列为 4 行 4 列的矩阵，如图 4-15 所示。操作步骤如下：

1）绘制一个半径为 4 的圆。

2）单击【修改】工具栏中的【阵列】按钮，AutoCAD 提示：

选择对象：（拾取圆，回车或右击）

为项目数的对角点或［基点(B)/角度(A)/计数(C)］<计数>：（输入“C”，回车）

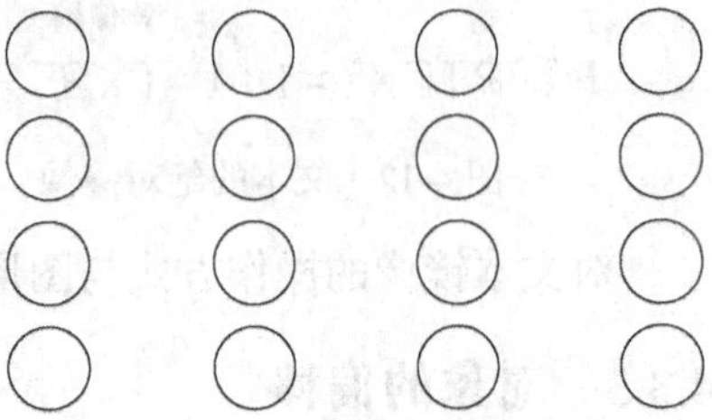

输入行数或[表达式（E）]<6>：（输入“4”，回车）

输入列数或[表达式（E）]<6>：（输入“4”，回车）

指定对角点以间隔项目或[间距（S）]<间距>：（输入“s”，回车）

指定行之间的距离或[或表达式（E）]<12>：（输入“20”，回车）

指定列之间的距离或[或表达式（E）]<12>：（输入“10”，回车）

按 Enter 键接受或[关联(AS)/基点(B)/行数(R)/列数(C)/层级(L)/退出(X)] <退出>：（回车）

图 4-15 对象的矩形阵列

【矩形阵列】命令中的【行距离】和【列距离】也可以是负值。图 4-16 所示是 4 种不同距离产生的阵列结果。

在阵列对象时，也可阵列出非正交的图形阵列。如果在【矩形阵列】命令中，设置了【阵列角度】值，那么还可旋转矩形阵列。图 4-17 所示为【阵列角度（A）】设置为 30° 的阵列结果。

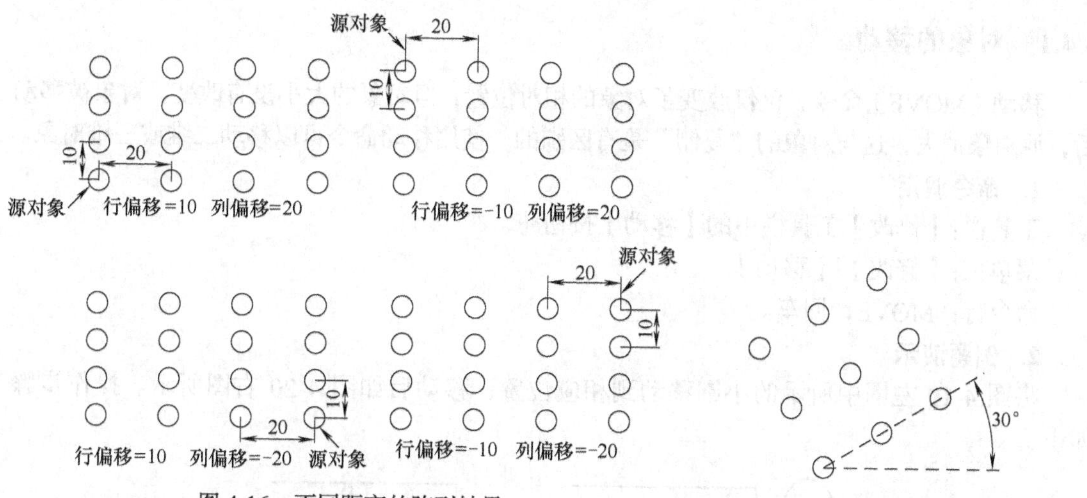


图 4-16　不同距离的阵列结果

图 4-17　设置了【阵列角度】的阵列结果

**3．环形阵列例题演示**

将图 4-18 所示左图阵列为右图。操作步骤如下：

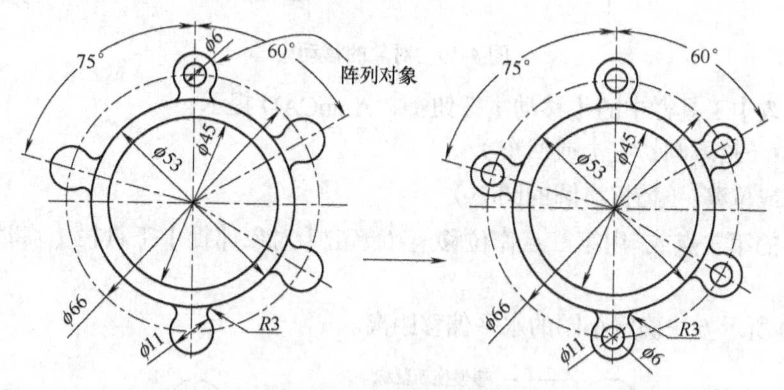


图 4-18　环形阵列的创建

单击【修改】工具栏中的【环形阵列】按钮，AutoCAD 提示：

选择对象：（拾取图 4-18 所示左图中的小圆，回车或右击）

指定阵列的中心点或[基点（B）/旋转轴（A）]：（在图 4-18 所示左图中捕捉构造圆的圆心）

输入项目数或[项目间角度（A）/表达式（E）]<4>：（输入“4”，回车）

指定填充角度（+=逆时针、-=顺时针）或[表达式（EX）]<360>：（输入“-180”，回车或右击）

注意：【环形阵列】命令中设置的项目总数 4 以及填充角度值-180，意为在 180° 的范围内阵列 4 个对象。因为是顺时针阵列，所以为-180° 。用户可自行完成夹角为 75° 的小圆阵列。

## 4.4　对象的移动、旋转与对齐

移动、旋转是二维图形编辑中常用的命令，对齐命令常用于三维图形的编辑中，但在二维编辑中也时常用到对齐命令。下面分别介绍这三种编辑命令。

### 4.4.1　对象的移动

移动（MOVE）命令，仅仅改变了对象的相对位置，但对象的大小没有改变，对象被移动后，原对象消失，这与对象的“复制”是有区别的。使用移动命令可以移动二维或三维对象。

**1. 命令调用**

工具栏：【修改】工具栏中的【移动】按钮。

菜单栏：【修改】|【移动】。

命令行：MOVE，回车。

**2. 例题演示**

将图 4-19 左图中所示的小圆移动到相应位置，移动后如图 4-20 右图所示。操作步骤如下。

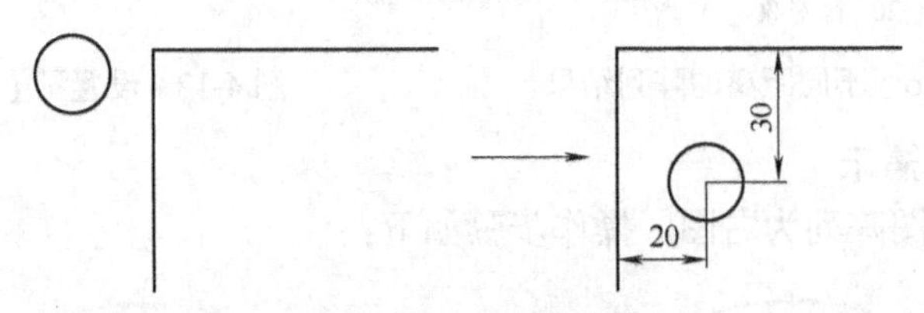


图 4-19　对象的移动

单击【修改】工具栏中的【移动】按钮，AutoCAD 提示：

选择对象：（拾取圆，右击或回车）

指定基点或位移：（捕捉小圆的圆心）

指定位移的第二点或<用第一点作位移>：（单击【对象捕捉】工具栏【临时追踪点】按钮）

按图 4-20 所示方法确定小圆的水平偏移距离。

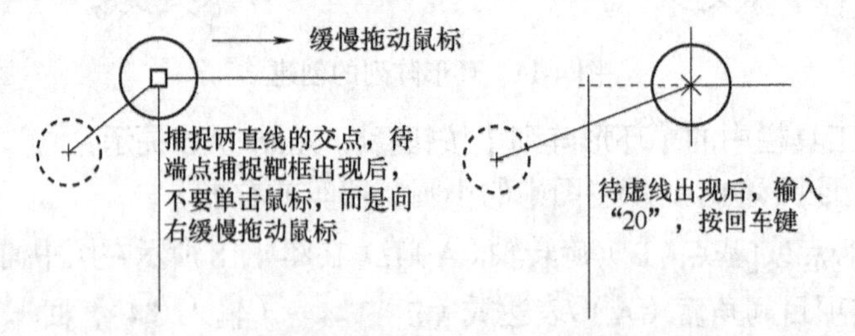


图 4-20　利用“临时追踪点”确定水平偏移距离

按图 4-21 所示方法确定小圆的垂直偏移距离，完成小圆的移动。

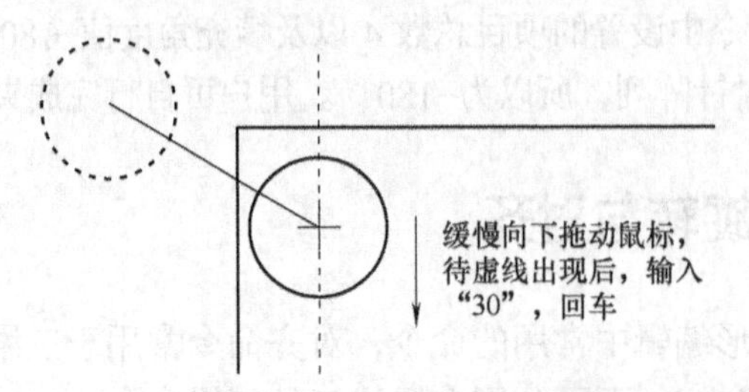


图 4-21　利用“临时追踪点”确定垂直偏移距离

### 4.4.2　对象的旋转

旋转（ROTATE）命令可以精确地旋转一个或一组对象。旋转对象时，需要指定旋转基点和旋转角度。其中，旋转角度是基于当前用户坐标系的。输入正值，表示按逆时针方向旋转对象；输入负值，表示按顺时针方向旋转对象。

**1. 命令调用**

工具栏：【修改】工具栏中的【旋转】按钮。

菜单栏：【修改】|【旋转】。

命令行：ROTATE，回车。

**2. 例题演示**

将图 4-22a 所示左侧部分经旋转 97° 后，形成图 4-22b 所示形状。

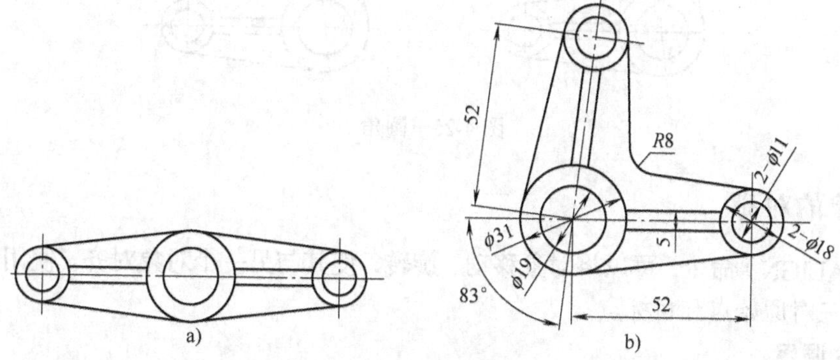


图 4-22　旋转对象

操作步骤如下：

1）单击【修改】工具栏中的旋转按钮，AutoCAD 提示：

选择对象：（在绘图区域中拾取要旋转对象，如图 4-23 所示）

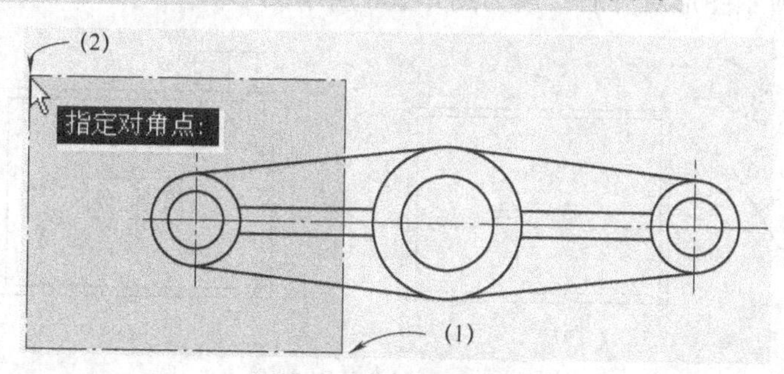


图 4-23　框选旋转对象

指定旋转的基点：（捕捉圆心，如图 4-24 所示）

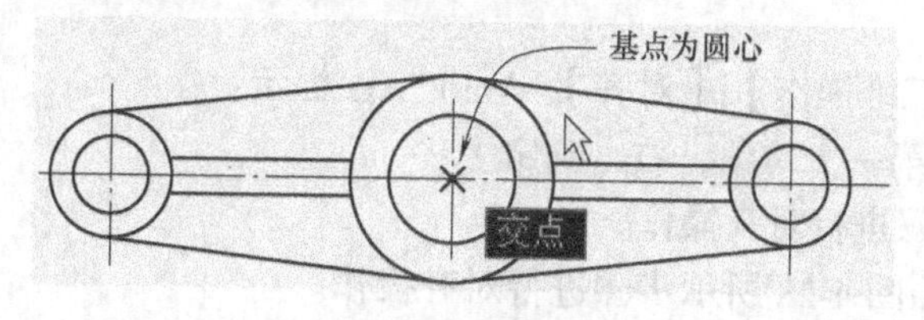


图 4-24　指定基点

指定旋转角度或［参照（R）］：输入“−97”，回车（由于是顺时针旋转，角度值应为负值）

2）单击【修改】工具栏中圆角按钮，AutoCAD 提示：

选择第一个对象或［多段线（P）/半径（R）/修剪（T）/多个（U）］：输入“R”，回车

指定圆角半径<0.000>：输入“8”，回车

选择第一个对象或［多段线（P）/半径（R）/修剪（T）/多个（U）］：（选择对象，如图 4-25 所示）

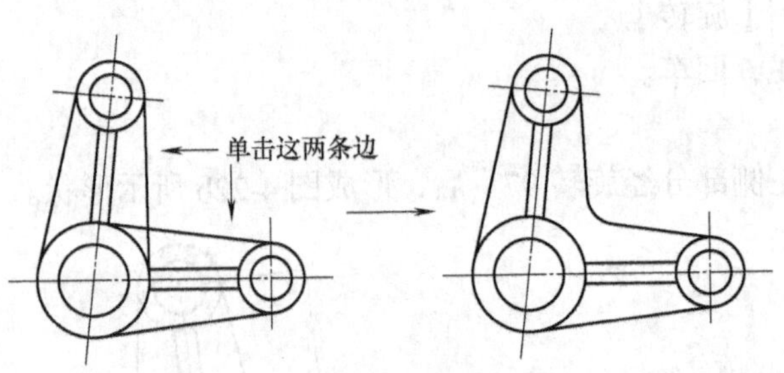


图 4-25 圆角

### 4.4.3 对象的对齐

对齐（ALIGN）命令，可以将对象移动、旋转，使其与另一个对象对齐。使用该命令时，最多可用到三对原始点和目标点。

**1. 命令调用**

菜单栏：【修改】|【三维操作】|【对齐】。

命令行：ALIGN，回车。

**2. 例题演示**

将如图 4-26a 所示图形对齐后，成为图 4-26b 所示图形。

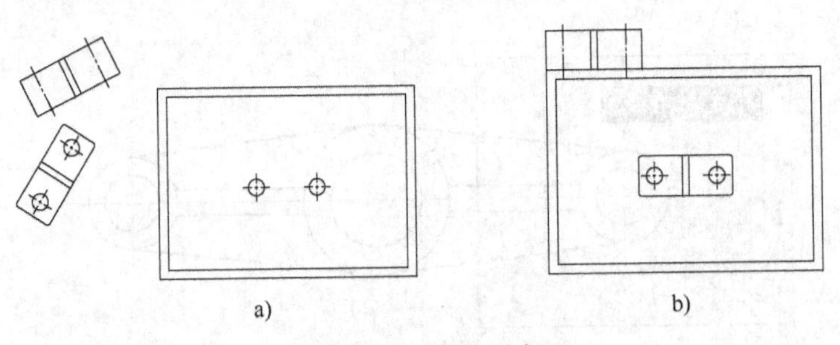


图 4-26 对象的对齐

a）对齐前 b）对齐后

操作步骤如下。

选择【修改】|【三维操作】|【对齐】，AutoCAD 提示：

选择对象：（框选第一个对象，右击确定）

按图 4-27 所示步骤进行对齐操作。

对第二个对象按照图 4-28 所示步骤进行对齐操作。

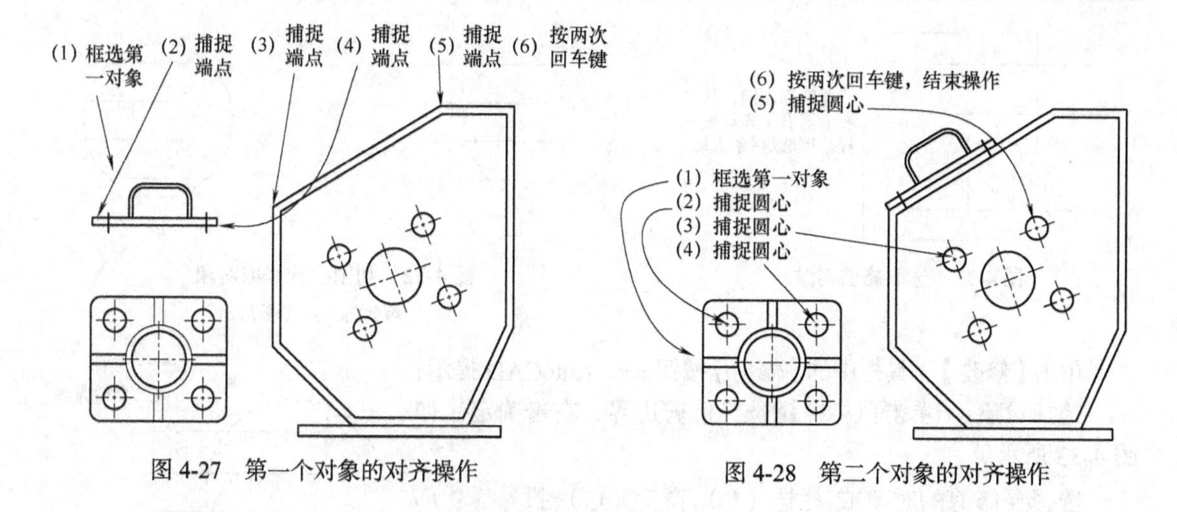


图 4-27 第一个对象的对齐操作　　图 4-28 第二个对象的对齐操作

## 4.5 对象的修剪、延伸、拉长与拉伸

对象的修剪、延伸、拉长与拉伸在图形编辑中经常使用，尤其是修剪和延伸命令使用频率非常高。以下逐一介绍这些命令。

### 4.5.1 对象的修剪

修剪（TRIM）的基本思想是首先设置一个边界，然后，对边界以内或以外的对象进行删除，以达到修剪的目的。

**1. 命令调用**

工具栏:【修改】工具栏中的【修剪】按钮 。

菜单栏:【修改】|【修剪】。

命令行：TRIM，回车。

**2. 例题演示**

以图 4-29 为例，修剪的操作步骤如下。

单击【修改】工具栏中的【修剪】按钮 ，AutoCAD 提示：

选择对象：（单击鼠标左键选择修剪边界，右击确定，如图 4-30 所示）

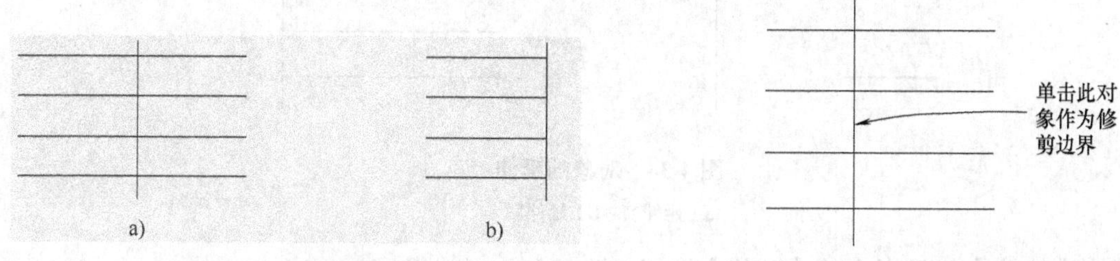


图 4-29 对象的修剪
a）修剪前 b）修剪后

图 4-30 设定修剪边界

选择要修剪的对象：（单击鼠标左键拾取要修剪的对象，右击确定或回车，如图 4-31 所示）

利用【栏选】命令修剪对象，如图 4-32 所示，操作步骤如下。

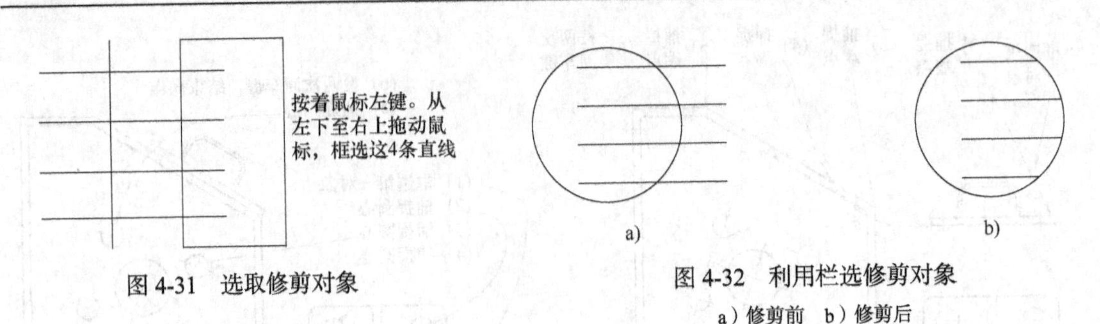


图 4-31 选取修剪对象

图 4-32 利用栏选修剪对象
a）修剪前 b）修剪后

单击【修改】工具栏中的【修剪】按钮 -/--，AutoCAD 提示：

选择对象：（单击鼠标左键选择修剪边界，右击确定，如图 4-33 所示）

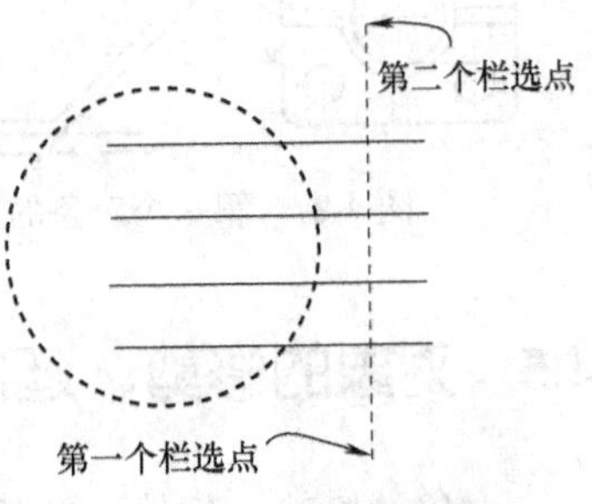


图 4-33 利用栏选修剪对象

选择要修剪的对象或[栏选（F）/窗交（C）/投影（P）/边（E）/删除（R）/放弃（U）]:

（输入“F”，回车。按照图 4-33 所示设置栏选点，按两次回车键，结束操作）

注意：凡与栏选线相交的对象均被删除。

## 4.5.2 对象的延伸

延伸（EXTEND）命令，可以将直线、圆弧、椭圆弧、非闭合多段线和射线延伸至一个边界对象，使其与边界对象相交。

**1. 命令调用**

工具栏：【修改】工具栏中的【延伸】按钮 --/。

菜单栏：【修改】|【延伸】。

命令行：EXTEND，回车。

**2. 例题演示**

将图 4-34a 所示的 4 条水平直线延伸至边界（垂直线），延伸后如图 4-34b 所示。其操作步骤如下。

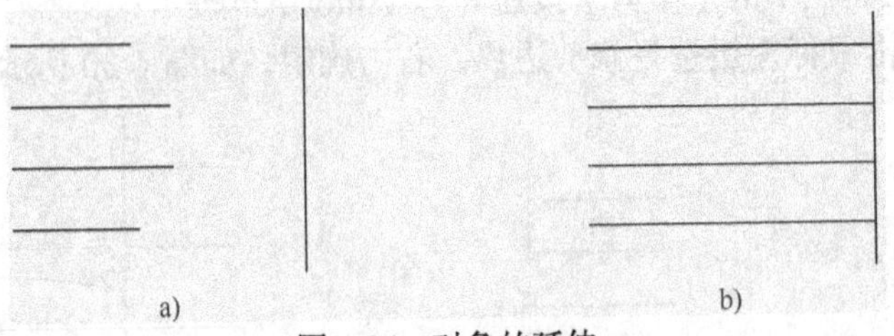


图 4-34 对象的延伸
a）延伸前 b）延伸后

单击【修改】工具栏中的【延伸】按钮 --/，AutoCAD 提示：

选择对象：（单击鼠标左键设置延伸边界，右击确定，如图 4-35 所示）

选择要延伸的对象或[栏选（F）/窗交（C）/投影（P）/边（E）/放弃（U）]:（输入“F”，回车。按照图 4-36 所示设置栏选线，按两次回车键，结束操作）

图 4-35　选择延伸边界　　图 4-36　设置栏选线

当然，在出现命令行提示后，也可不设置栏选线，而是逐一单击各水平直线，同样可完成延伸操作。

## 4.5.3　对象的拉长

拉长（LENGTHEN）命令，可以改变非闭合直线、圆弧、非闭合多段线、椭圆弧和非闭合样条曲线的长度，也可改变圆弧的角度。

**1. 命令调用**

菜单栏:【修改】|【拉长】。

AutoCAD 提示:

选择对象或[增量（DE）/百分数（P）/全部（T）/动态（DY）]:

**2. 选项说明**

（1）在命令提示下选择【增量】，可通过指定增量值来改变直线或圆弧的长度。

（2）选择【百分数】，可按百分比形式改变对象长度。

（3）选择【全部】，可通过指定对象的新长度来改变其总长度。

（4）选择【动态】，可动态拖动对象的端点来改变对象的长度。

**3. 例题演示**

通过图 4-37 所示，说明拉长对象的操作步骤如下。

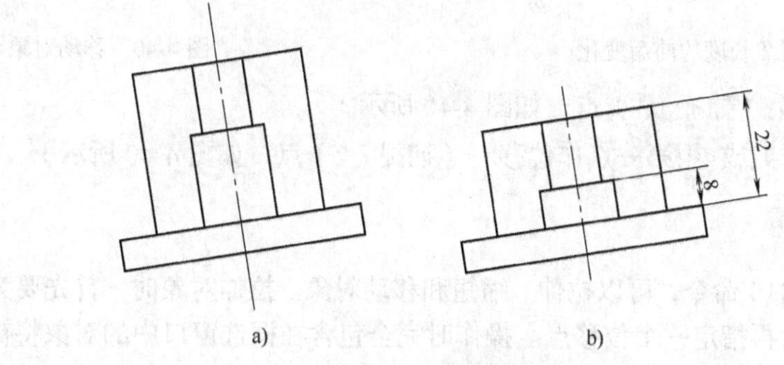


图 4-37　拉长对象

a）拉长前　b）拉长后

1）选择【修改】|【拉长】命令，AutoCAD 提示:

选择对象或[增量（DE）/百分数（P）/全部（T）/动态（DY）]:（输入“T”，回车）

指定总长度或[角度（A）]:（输入“22”，回车）

选择要修改的对象或[放弃（U）]:（单击两条直线的上端，如图 4-38a 所示，直线的长度由 33 变为 22，如图 4-38b 所示）

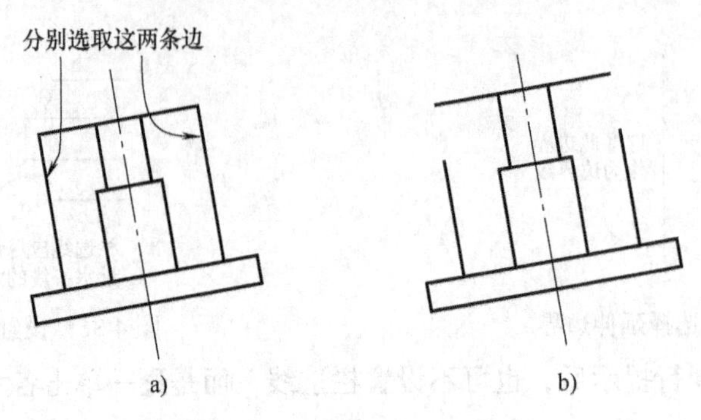


图 4-38　对象长度的前后变化

2）两次回车后，重复此命令，AutoCAD 提示：

选择对象或[增量（DE）/百分数（P）/全部（T）/动态（DY）]:（输入“T”，回车）

指定总长度或[角度（A）]:（输入“9”，回车）

选择要修改的对象或[放弃（U）]:（单击两条直线的上端，如图 4-39a 所示，直线的长度由 33 变为 22，如图 4-39b 所示）

3）单击【修改】工具栏中的移动按钮 ，AutoCAD 提示：

选择对象:（拾取对象，右击或回车，如图 4-40 所示）

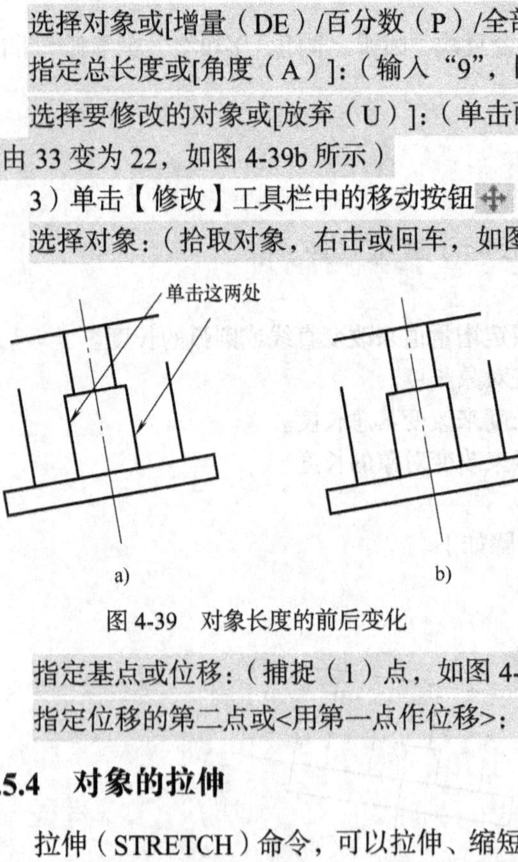

单击这两处

a)　　b)

图 4-39　对象长度的前后变化

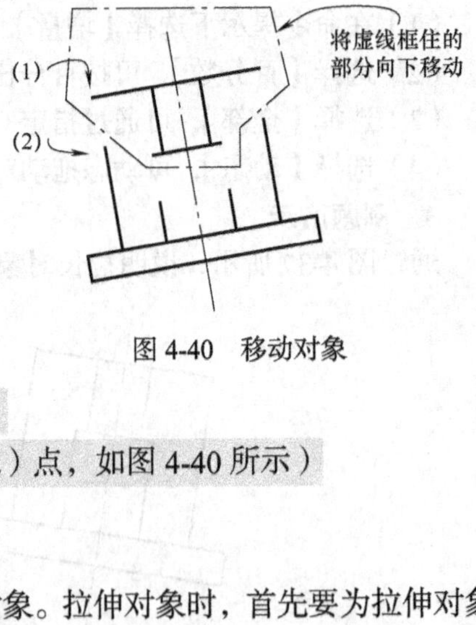

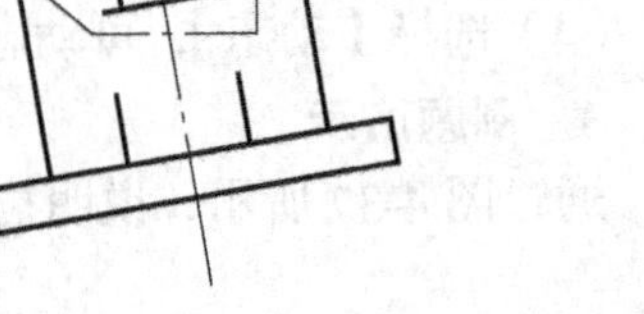


图 4-40　移动对象

指定基点或位移:（捕捉（1）点，如图 4-40 所示）

指定位移的第二点或<用第一点作位移>:（捕捉（2）点，如图 4-40 所示）

### 4.5.4　对象的拉伸

拉伸（STRETCH）命令，可以拉伸、缩短和移动对象。拉伸对象时，首先要为拉伸对象指定一个基点，然后再指定一个位移点。操作时完全包含在框选窗口中的对象将被移动，与窗口相交的对象被拉伸或缩短。

**1. 命令调用**

工具栏:【修改】工具栏中的【拉伸】按钮 。

菜单栏:【修改】|【拉伸】。

命令行：STRETCH，回车。

**2. 例题演示**

如图 4-41 所示，对象拉伸的操作步骤如下。

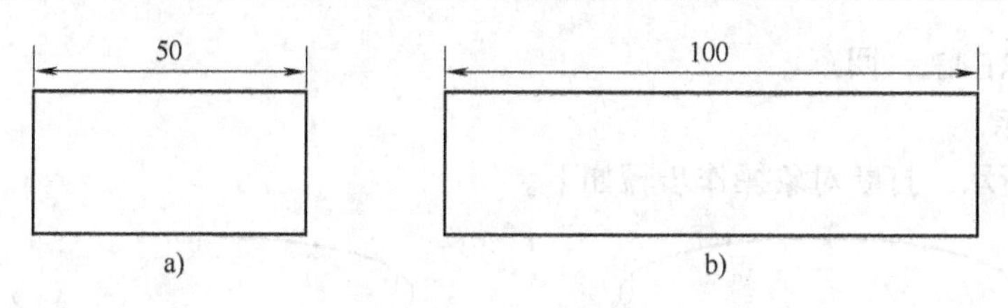


图 4-41 拉伸对象

a）拉伸前 b）拉伸后

单击【修改】工具栏中的【拉伸】按钮，AutoCAD 提示：

选择对象：（框选拉伸对象，右击。注意，不要选取左边的一条直线，如图 4-42 所示）

指定基点或位移：（捕捉基点，如图 4-43 所示）

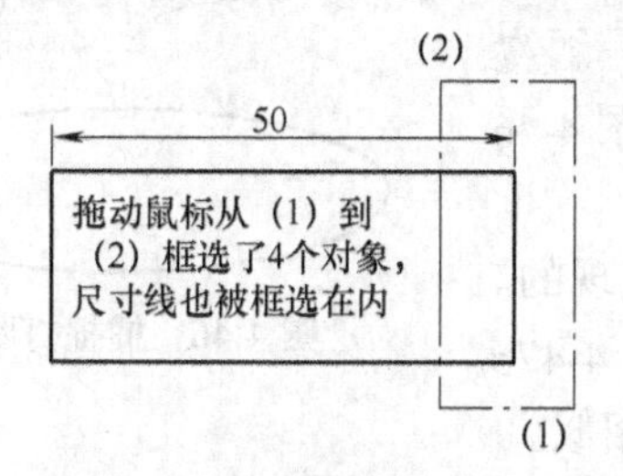


图 4-42 框选拉伸对象

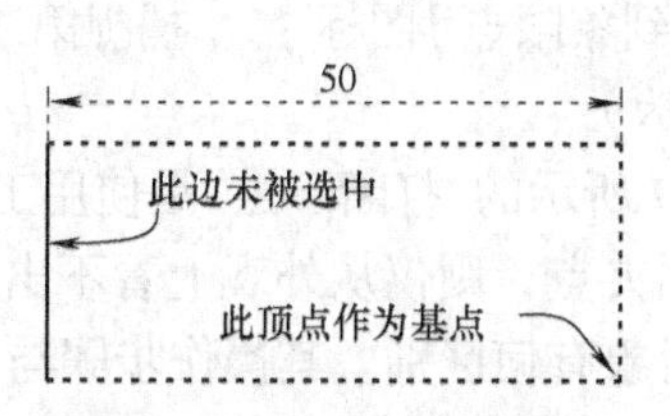


图 4-43 框选后的拉伸对象

指定位移的第二点或<用第一点作位移>：（向右拖动鼠标，输入“50”后回车，如图 4-44 所示）

注意：拉伸后完成后，尺寸值也由原来的 50 变为 100。

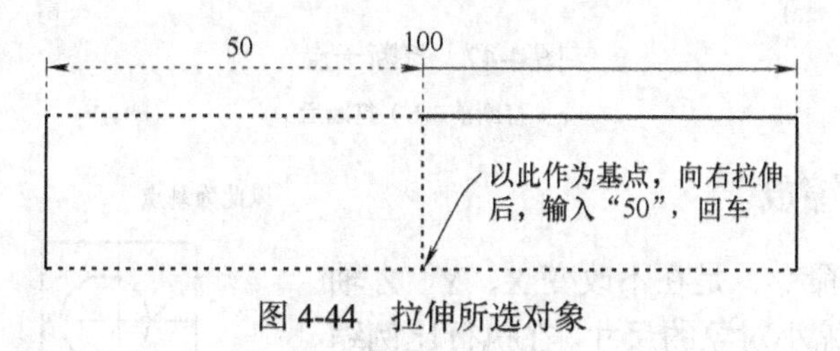


图 4-44 拉伸所选对象

## 4.6 对象的比例缩放、打断与合并

利用比例（SCALE）命令，对象可以按照设定的比例缩小或放大；打断（BREAK）命令可以将一个对象分割成两部分（使用【打断于点】按钮），也可将对象指定的两点间的部分删除（使用【打断】按钮）；合并（JOIN）命令可将直线、圆、椭圆弧和样条线等独立的线段合并为一个对象。

### 4.6.1 对象的打断

**1. 命令调用**

工具栏：【修改】工具栏中的【打断】按钮。

菜单栏：【修改】|【打断】。

命令行：BREAK，回车。

**2. 例题演示**

如图 4-45 所示，打断对象操作步骤如下。

a）　　b）

图 4-45　打断对象

a）打断前　b）打断后

单击【修改】工具栏中的【打断】按钮，AutoCAD 提示：

选择对象：（单击【对象捕捉】工具栏中【捕捉到象限点】图标，如图 4-46 中（1）所示，捕捉第一个象限点，再次单击【捕捉到象限点】图标，捕捉第二个象限点，如图 4-46 中（2）所示）

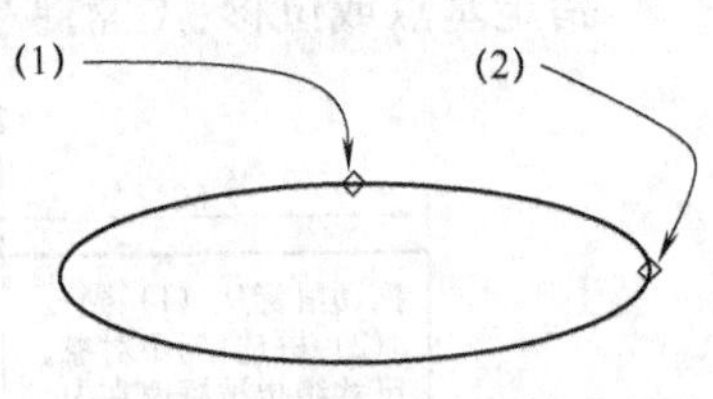


图 4-46　捕捉打断点

图 4-47 所示的“打断于点”是使用工具按钮来实现的。如果不使用夹点，则仅从外观上看不出图 4-47a 与图 4-47b 中的两个对象有何区别。其操作步骤与“打断”操作相似。

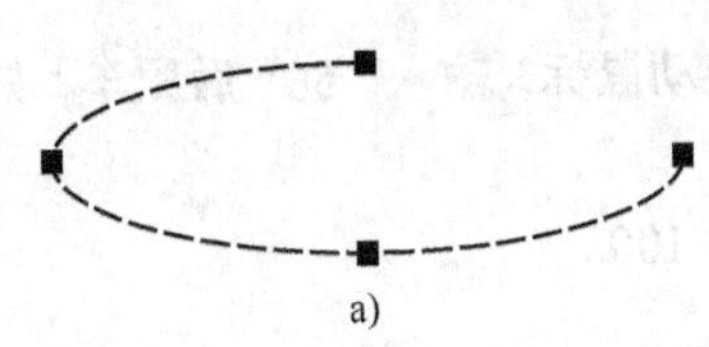


a）　　b）

图 4-47　打断于点

a）打断前　b）打断后

## 4.6.2　对象的比例缩放

比例（SCALE）命令，是在不改变 X、Y、Z 轴方向的前提下放大或缩小对象的尺寸。在执行比例缩放命令时，用户首先指定缩放操作的基点，然后指定缩放比例因子。注意，基点选择不同，比例缩放效果也不同。图 4-48 所示是选择不同基点、相同比例缩放的例子。

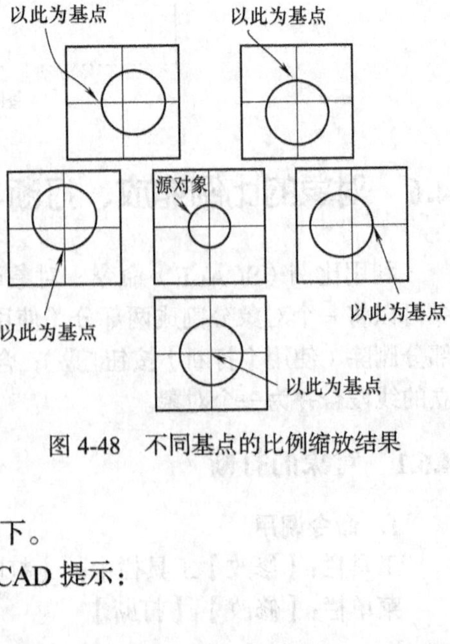

以此为基点　以此为基点　源对象　以此为基点　以此为基点　以此为基点

图 4-48　不同基点的比例缩放结果

**1. 命令调用**

工具栏：【修改】工具栏中的【比例】按钮。

菜单栏：【修改】|【比例】。

命令行：SCALE，回车。

**2. 例题演示**

要将图 4-49a 所示的对象放大 1.5 倍，操作步骤如下。

单击【修改】工具栏中的【比例】按钮，AutoCAD 提示：

选择对象：选择要缩放的对象，右击确定

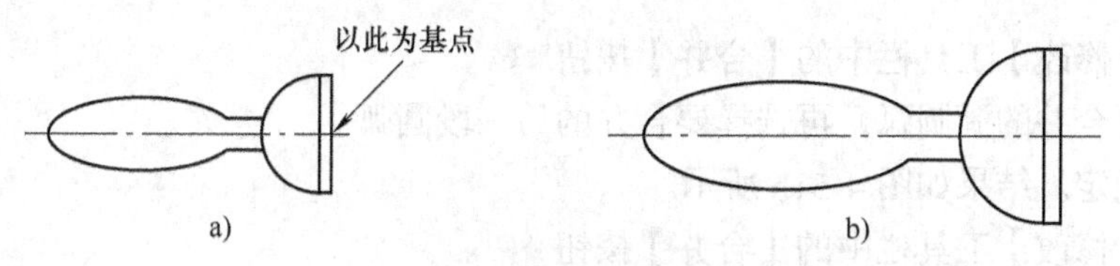


图 4-49　对象的比例缩放

a）缩放前　b）缩放后

指定基点：（拾取基点，如图 4-49a 所示）

指定比例因子或[参照（R）]：（输入“1.5”，回车，结果如图 4-49b 所示）

### 4.6.3　对象的合并

**1. 命令调用**

工具栏：【修改】工具栏中的【合并】按钮。

菜单栏：【修改】|【合并】。

命令行：JOIN，回车。

**2. 格式说明**

1）两条直线对象必须共线，即一条直线位于另一条直线的延长线上，它们之间可以有间隙。

2）多段线对象之间不能有间隙，且位于同一平面上。

3）圆弧对象必须位于同半径、同圆心的圆上，它们之间可以有间隙。【闭合】选项可将源圆弧转换成圆。合并两条或多条圆弧时，将从源对象开始按逆时针方向合并圆弧。

4）样条曲线对象必须位于同一平面内，并且必须首尾相邻。

**3. 直线合并例题演示**

将两段直线合并为一个对象，如图 4-50 所示。操作步骤如下。

a)　　b)

图 4-50　直线的合并

a）合并前　b）合并后

（1）单击【修改】工具栏中的【合并】按钮。

（2）选择要合并的源直线，再选择要合并的另一条直线。

（3）单击确定。结果如图 4-50b 所示。

**4. 圆弧合并例题演示**

将图 4-51 所示的两段圆弧先合并为一段圆弧，然后将圆弧转换为圆。其操作步骤如下：

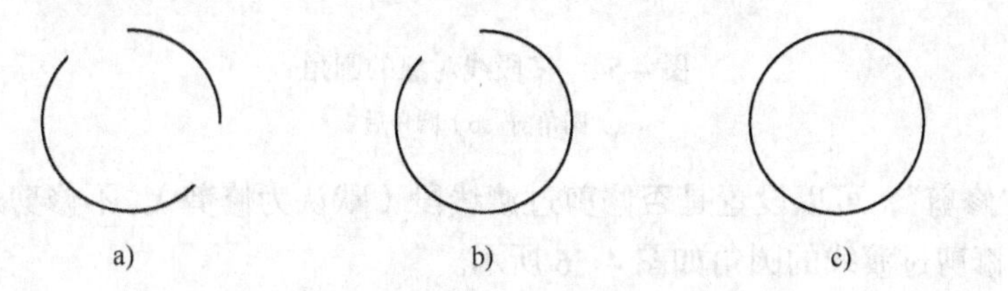


图 4-51　圆弧的合并

a）合并前　b）合并圆弧　c）圆弧转换为圆

1）单击【修改】工具栏中的【合并】按钮 。
2）选择要合并的源圆弧，再选择要合并的另一段圆弧。
3）右击确定。结果如图 4-51b 所示。
4）单击【修改】工具栏中的【合并】按钮 。
5）选取圆弧，在命令行输入“L”，回车。结果如图 4-51c 所示。

## 4.7 对象圆角与倒角

圆角（FILLET）命令可用来绘制角上的圆边；倒角（CHAMFER）命令用来创建斜边。

### 4.7.1 对象的圆角

**1．命令调用**

工具栏:【修改】工具栏中的【圆角】按钮 。
菜单栏:【修改】|【圆角】。
命令行：FILLET，回车。

**2．格式说明**

1）两个对象不相交时，圆角命令可以连接两个对象，如图 4-52 所示。
2）圆角半径设置为 0 时，将不产生过渡圆弧，而是将两个对象拉伸直至相交，如图 4-53 所示。

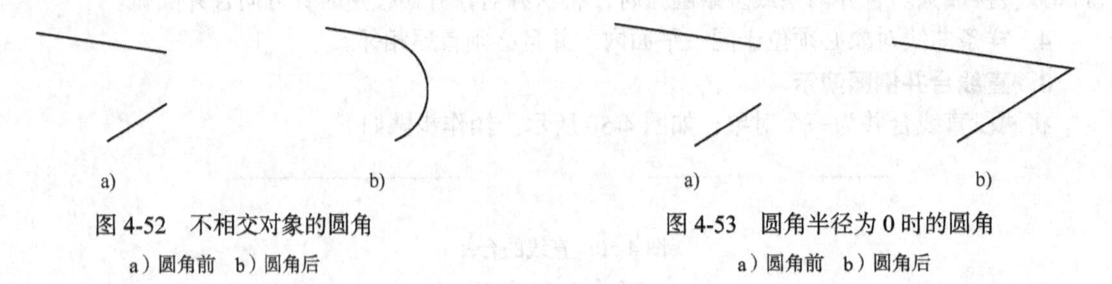

图 4-52 不相交对象的圆角
a）圆角前 b）圆角后

图 4-53 圆角半径为 0 时的圆角
a）圆角前 b）圆角后

3）多段线的圆角。在命令行提示下，选择“多段线”后，在圆角时，只要单击多段线，就可一次性完成 4 个角的圆角，如图 4-54 所示。

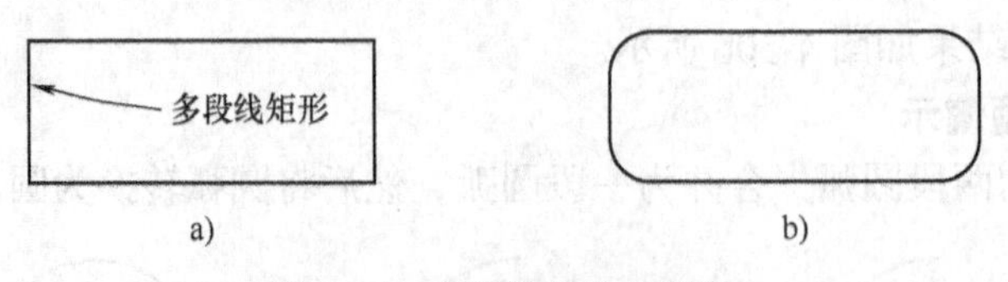


图 4-54 多段线对象的圆角
a）圆角前 b）圆角后

4）选择“修剪”，可以设置是否修剪过渡线段（默认为修剪）。不修剪过渡线的圆角如图 4-55 所示，修剪过渡线的圆角如图 4-56 所示。
5）选择“多个”，可以执行一次“圆角”命令，而对多处进行圆角，如图 4-57 所示。

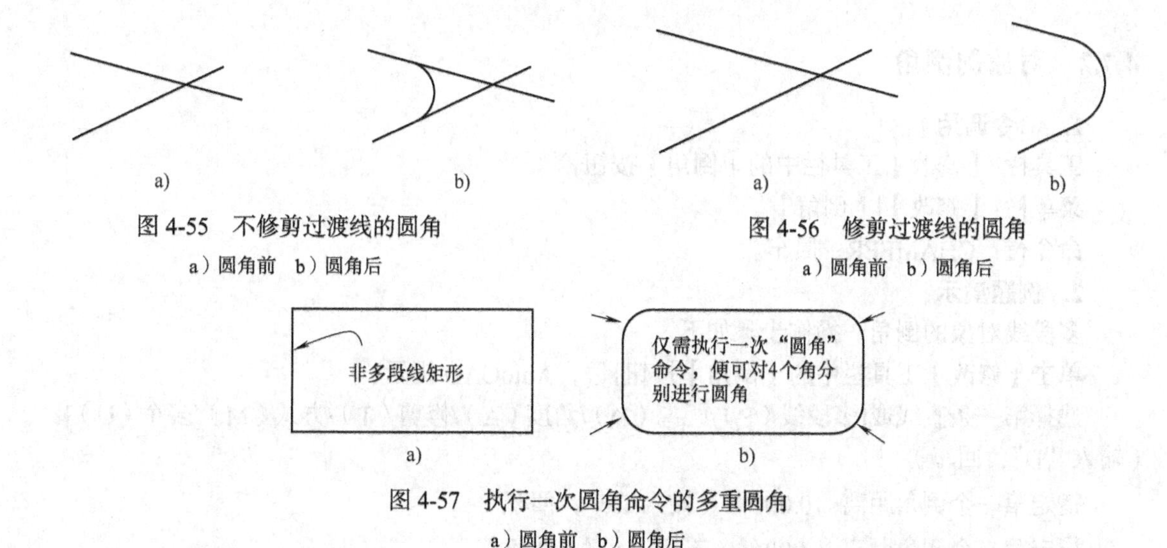
图 4-55 不修剪过渡线的圆角

a）圆角前 b）圆角后

图 4-56 修剪过渡线的圆角

a）圆角前 b）圆角后



图 4-57 执行一次圆角命令的多重圆角

a）圆角前 b）圆角后

### 3. 例题演示

将图 4-58a 所示形状通过半径为 0 的圆角后，形成图 4-58b 所示形状，其操作步骤如下：

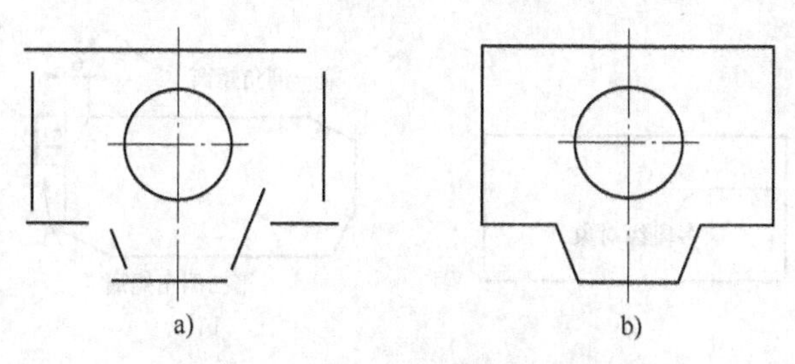
图 4-58 圆角半径为 0 的圆角

a）圆角前 b）圆角后

单击【修改】工具栏中的【圆角】按钮，AutoCAD 提示：

选择第一个对象或[多段线（P）/半径（R）/修剪（T）/多个（U）]：输入“R”，回车

指定圆角半径<0.000>： 0 回车

选择第一个对象或[多段线（P）/半径（R）/修剪（T）/多个（U）]：（输入“U”，回车）

选择第一个对象或[多段线（P）/半径（R）/修剪（T）/多个（U）]：（分别单击各个要圆角的两条边，注意单击位置，单击位置不同会产生不同的效果，如图 4-59 所示）

命令行输入圆角半径为“6”，其操作步骤不变，其效果如图 4-60 所示。

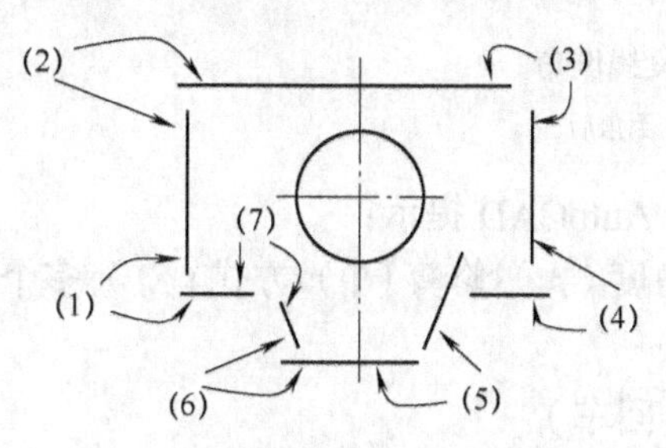

图 4-59 圆角半径为 0 的圆角

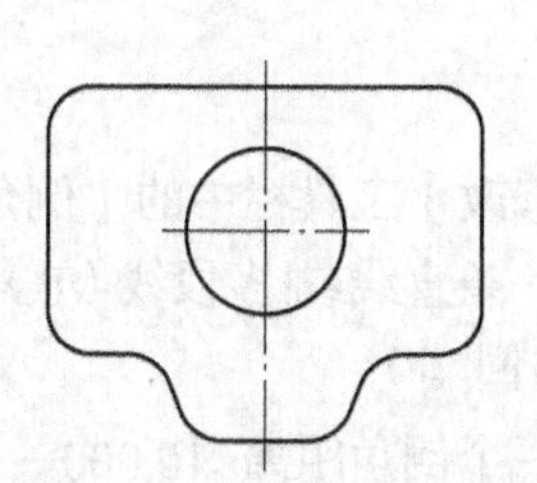
图 4-60 圆角半径为 6 的圆角

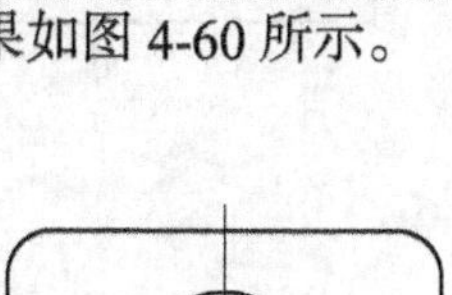

### 4.7.2 对象的倒角

**1. 命令调用**

工具栏:【修改】工具栏中的【倒角】按钮。

菜单栏:【修改】|【倒角】。

命令行:CHAMFER,回车。

**2. 例题演示**

多段线对象的倒角,操作步骤如下。

单击【修改】工具栏中的【倒角】按钮,AutoCAD 提示:

选择第一条直线或[多段线(P)/距离(D)/角度(A)/修剪(T)/方式(M)/多个(U)]:(输入“D”,回车)

指定第一个倒角距离<10.000>:(输入“6”,回车)

指定第二个倒角距离<6.000>:(输入“12”,回车)

选择第一条直线或[多段线(P)/距离(D)/角度(A)/修剪(T)/方式(M)/多个(U)]:(输入“P”,单击矩形框任意处,结果如图 4-61b 所示)

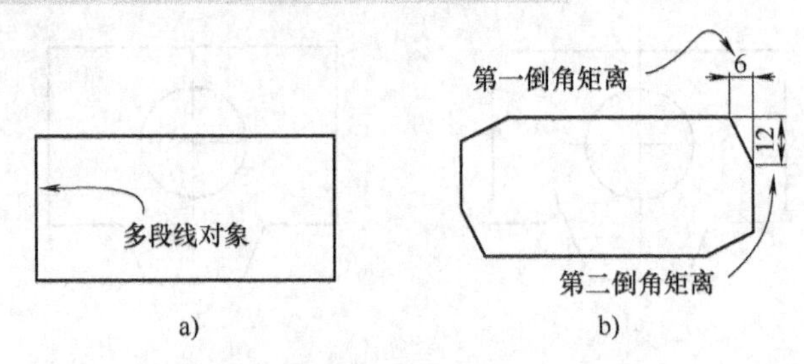


图 4-61 多段线倒角

a)倒角前 b)倒角后

非多段线倒角,如图 4-62 所示,操作步骤如下:

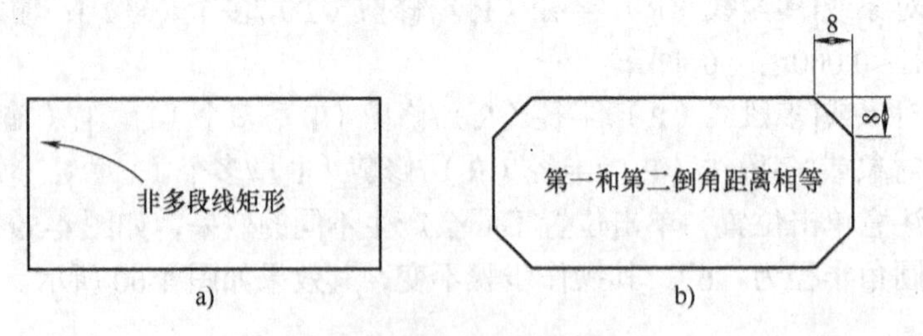


图 4-62 非多段线倒角

a)倒角前 b)倒角后

单击【修改】工具栏中的【倒角】按钮,AutoCAD 提示:

选择第一条直线或[多段线(P)/距离(D)/角度(A)/修剪(T)/方式(M)/多个(U)]:(输入“D”,回车)

指定第一个倒角距离<10.000>:(输入“8”,回车)

指定第二个倒角距离<8.000>:(输入“8”,回车)

选择第一条直线或[多段线（P）/距离（D）/角度（A）/修剪（T）/方式（M）/多个（U）]:（输入“M”，单击矩形框4个角，结果如图4-62b所示）

## 4.8 多线编辑

多线编辑（MLEDIT）命令用于编辑两个多线相交处图线形状、节点添加与删除、多线剪切与结合，但不能对多线各元素本身属性（颜色、线型、间距）进行编辑。

**1. 命令调用**

菜单栏：【修改】|【对象】|【多线】。

命令行：MLEDIT，回车。

弹出【多线编辑工具】对话框，如图4-63所示。共有12个交点形状图标，单击某个图标，即可在图形上做相应的操作。

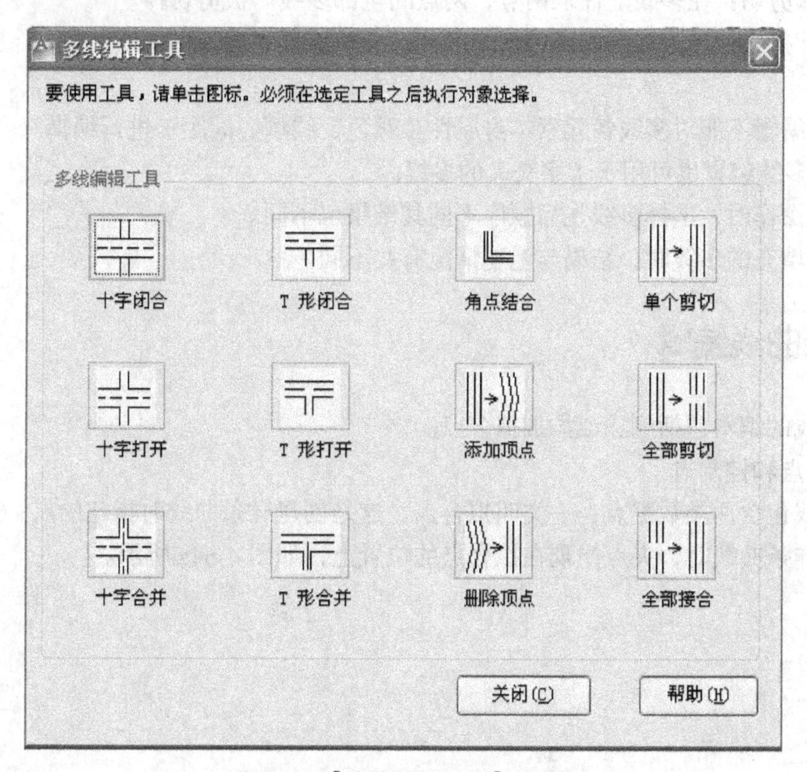


图4-63 【多线编辑工具】对话框

**2. 选项说明**

1）十字闭合：对于两个相交的多线，先选择第一个多线，再选择第二个多线，则第一个多线的相交部分消失。

2）十字打开：在两个相交的多线中，先选择第一个多线，再选择第二个多线，则第一个多线相交部分将消失，第二个多线相交部分外侧直线将消失。

3）十字合并：分别选择两个多线后，最外侧直线两两相交，重合部分消失。次外侧直线也两两相交，内部图线消失。以此类推。

4）T 形闭合：在相交的两个多线中单击第一个多线要保留的一侧，再选择第二个多线，则第一个多线的另一侧将消失，形成 T 形。

5）T 形打开：操作同上，结果第二个多线相交部分外侧直线将消失。

6）T 形合并：操作后两个多线呈 T 形，最外侧直线相交，重合部分消失，次外侧直线处两两相交，内部图线消失。以此类推。

7）角点结合：对相交的两个多线，分别选择要保留的一侧，其余部分消失，形成一个折角图形。

8）添加顶点：单击多线的任一位置，即在该点形成一个节点，虽然图形没有变化，但该点已把多线分成两段。可在该点做拉伸等操作。

9）删除顶点：单击多线上的某个顶点，该顶点消失，原折线变为直线。

10）单个剪切：在多线的一条元素上拾取两点，中间部分即被剪切掉。

11）全部剪切：在多线上任取两点，两点间全部多线即被剪切掉。

12）全部接合：单击多线断开的两个断点，即可恢复被剪断的图线。

注意：

1）多线编辑不能对多线各元素本身属性（颜色、线型、间距）进行编辑。

2）T 形多线编辑也可用于十字交叉的多线。

3）执行操作时，选择多线先后顺序不同其结果也不同。

4）编辑填充的多线时，结果与上述情况有些不同。

## 4.9 样条曲线编辑

样条曲线的编辑包括删除或添加拟合点。

**1. 拟合点和控制点**

样条曲线包含两类数据点：一类叫拟合点，这是创建样条曲线时指定的点；另一类叫控制点。选择样条曲线时，夹点出现在拟合点的位置上，如图 4-64a 所示。

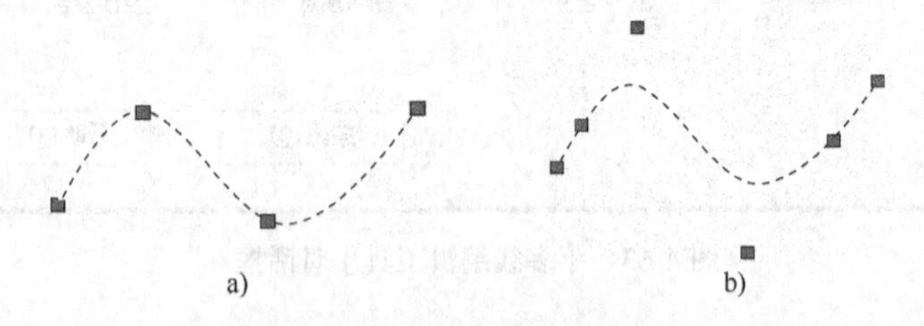


图 4-64 样条曲线数据点的显示

a）显示拟合点 b）显示控制点

选择【修改】|【对象】|【样条曲线】命令，然后再选择样条曲线，此时夹点将出现在控制点的位置上，如图 4-64b 所示。

**2. 设置拟合点的公差**

样条曲线的公差表示拟合点的拟合精度。公差越小，样条曲线与拟合点越接近，如图 4-65

所示为同一条曲【 】线设置不同公差的结果。可以看到，拟合点位置没变，样条曲线的形状改变了。

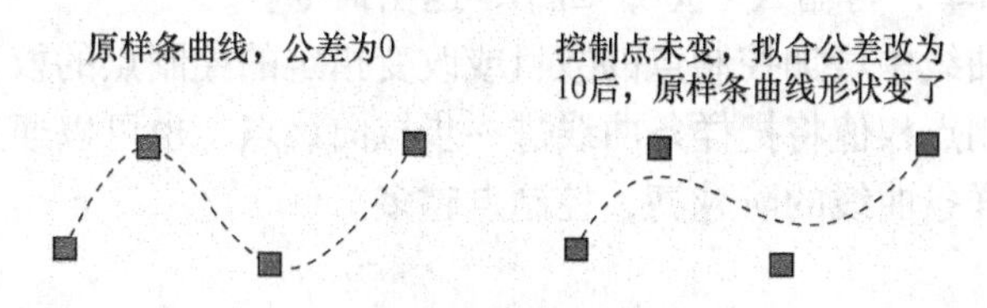


图 4-65　公差改变了样条曲线形状

设置公差的步骤如下：

1）选择【修改】|【对象】|【样条曲线】命令。

2）选择样条曲线。

3）输入“F”（拟合数据）。

4）输入“l”（公差）。

5）输入新的公差值。

6）输入“X”，回车，再输入“X”，回车，退出命令。

**3. 清除拟合点**

样条曲线的拟合点可以被彻底清除而不再存在。使样条曲线上只有控制点的操作步骤如下：

1）选择【修改】|【对象】|【样条曲线】命令。

2）选择样条曲线。

3）输入“F”（拟合数据）。

4）输入“P”（清理）。

5）输入“X”，回车，再输入“X”，回车，退出命令。

因为不再有拟合点，所以不能再设置公差，在【对象特性】窗口中也看不到拟合点了。

**4. 移动拟合点**

移动拟合点的步骤如下：

1）选择【修改】|【对象】|【样条曲线】命令。

2）选择样条曲线。

3）输入“F”（拟合数据）。

4）输入“M”（移动拟合点）。

5）重复输入“N”（下一个）选择下一个拟合点直至要移动的拟合点被亮显。

6）用鼠标移动该拟合点或输入新位置的坐标。

7）输入“X”，回车，再输入“X”，回车，退出命令。

**5. 移动控制点**

也可以移动样条曲线的“控制点”，其步骤如下：

1）选择【修改】|【对象】|【样条曲线】命令。

2）选择样条曲线。

3）输入“M”（移动顶点，即控制点）。

4）重复输入“N”（下一个）选择下一个控制点直至要移动的拟合点被亮显。

5）用鼠标移动该控制点或输入新位置的坐标。

6）输入“X”，回车，再输入“X”，回车，退出命令。

可以在一段样条曲线中增加控制点的数目或改变指定的控制点的权值，以此来控制样条曲线的精度。增加控制点权值将把样条曲线进一步拉向该点，也可以通过改变它的阶来控制样条曲线的精度——样条曲线的阶越高，控制点越多。

## 思考与练习

习题 4.1　绘制如下图形，如图 4-66 所示。

习题 4.2　绘制如下图形，如图 4-67 所示。

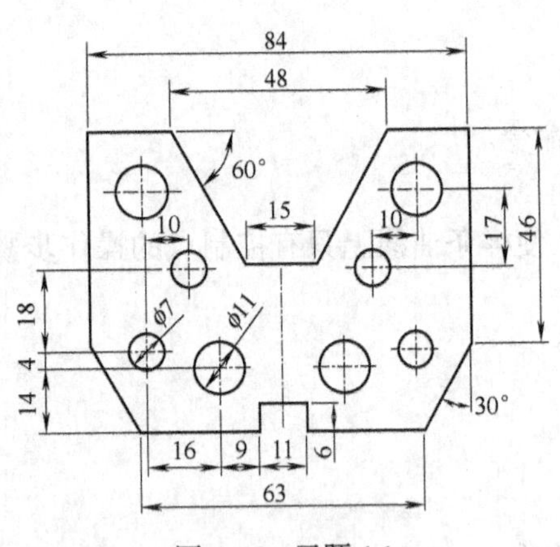


图 4-66　习题 4.1

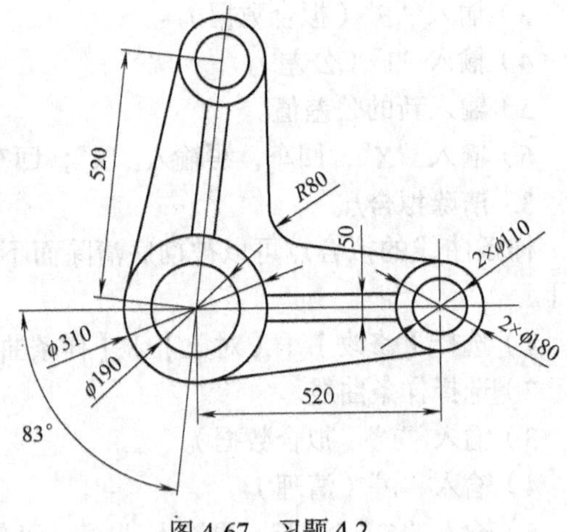


图 4-67　习题 4.2

习题 4.3　绘制如下图形，如图 4-68 所示。

习题 4.4　绘制如下图形，如图 4-69 所示。

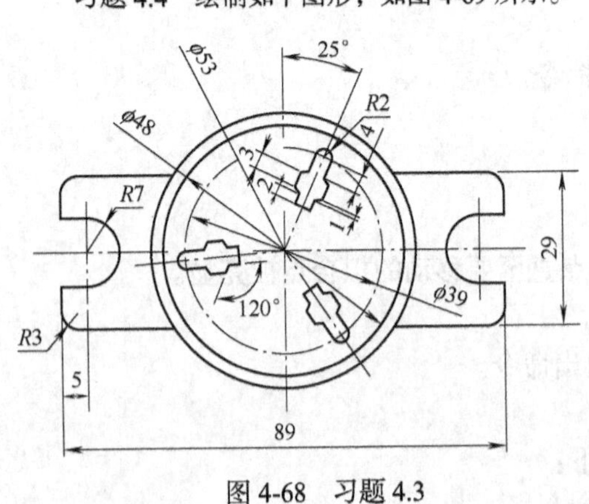


图 4-68　习题 4.3

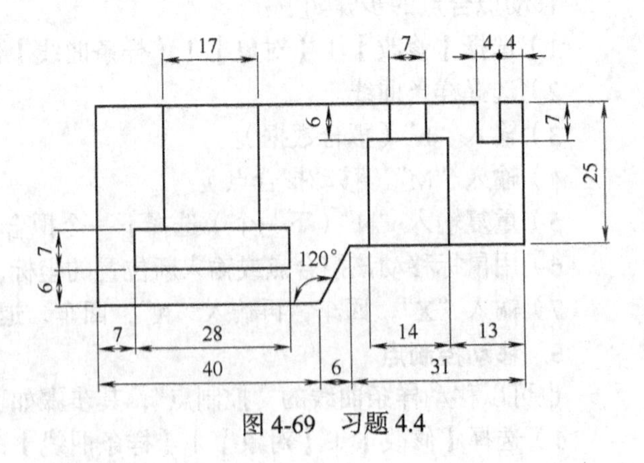


图 4-69　习题 4.4

习题 4.5　绘制如下图形，如图 4-70 所示。

习题 4.6　绘制如下图形，如图 4-71 所示。

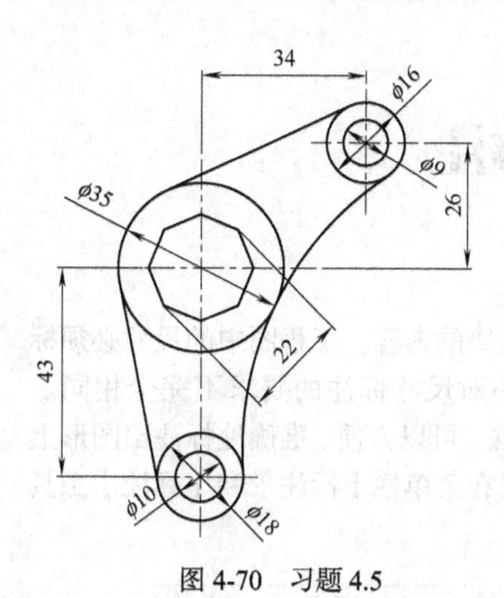


图 4-70 习题 4.5

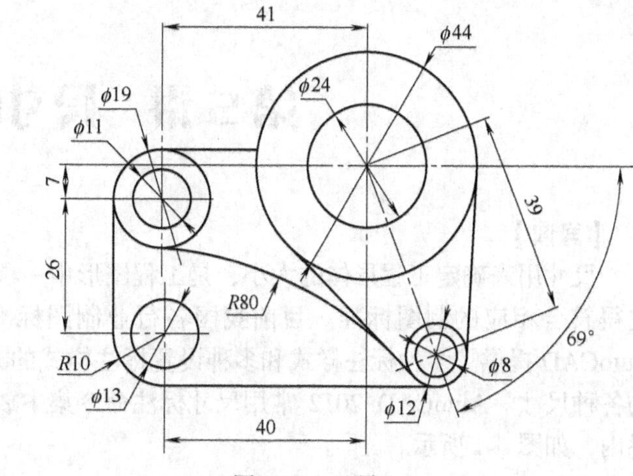


图 4-71 习题 4.6

# 第5讲　尺寸标注

【导读】

尺寸用来确定工程形体的大小，是工程图形中一项重要的内容。工程图中的尺寸必须标注得符合相应的制图标准。目前我国各行业制图标准中对尺寸标注的要求不完全相同。AutoCAD提供了多种标注样式和多种设置标注样式的方法，可以方便、准确地标注出图形上的各种尺寸。AutoCAD 2012常用尺寸标注命令集中放置在菜单栏【标注】和【标注】工具栏内，如图5-1所示。

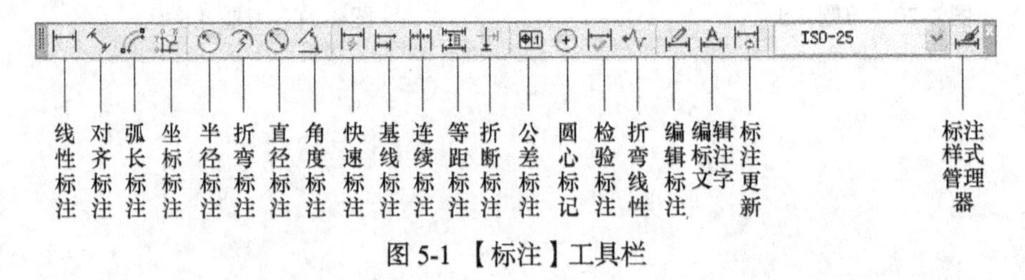


图5-1 【标注】工具栏

应知

※尺寸的组成及其尺寸标注的类型
※尺寸标注样式
※尺寸标注
※尺寸编辑

☆了解行业的尺寸标注的要求，合理、正确地设置标注样式
☆熟练掌握尺寸标注命令功能和操作要求
☆根据行业要求在图样上正确地标注尺寸

应会

# 5.1 尺寸标注样式

尺寸标注样式是用以控制尺寸标注的尺寸线、尺寸界限、尺寸文本、箭头等的外观形式的一组系统变量的集合。在尺寸标注之前必须设置尺寸标注样式控制尺寸标注的格式和外观。如果不建立尺寸样式而直接进行标注，则系统使用默认的名称为 STANDARD 的样式。AutoCAD 2012 提供了多种标注样式，用户可以根据使用要求修改标注样式，进行重新设定。

## 5.1.1 尺寸标注样式设置

**1. 命令调用**

工具栏：【标注】工具栏中的【标注样式】按钮。

菜单栏：【格式】|【标注样式】，如图 5-2 所示。

命令行：DIMSTYLE，回车。

弹出【标注样式管理器】对话框，如图 5-3 所示。

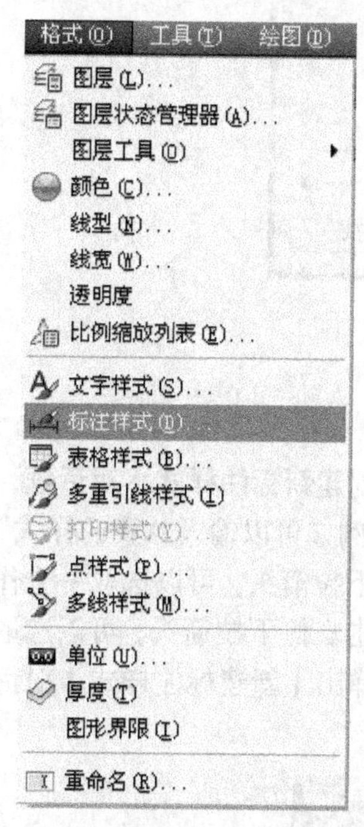


图 5-2 【格式】菜单

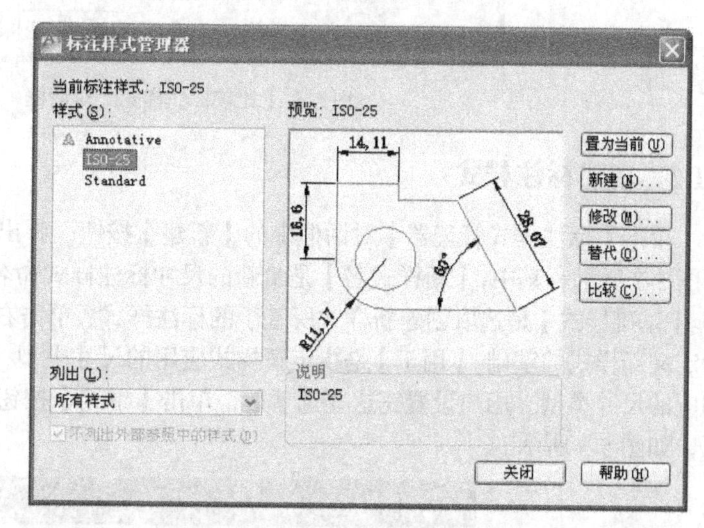


图 5-3 【标注样式管理器】对话框

利用此对话框可方便地定制和浏览尺寸标注样式，包括产生新的标注样式、修改已存在的标注样式、设置当前尺寸标注样式、样式重命名以及删除已有样式等。

**2. 选项说明**

1）【置为当前】按钮：把在【样式】列表框中选中的样式设置为当前样式。

2）【新建】按钮：定义一个新的尺寸标注样式。单击此按钮，弹出【创建新标注样式】对话框，用于指定新样式的名称或在某一样式的基础上进行修改。用户设置好这些选项并单击【继续】按钮之后，将弹出【新建标注样式】对话框用以定义新的尺寸标注样式。

3)【修改】按钮：修改一个已存在的尺寸标注样式。单击此按钮，弹出【修改标注样式】对话框，可以对所选标注样式进行修改。

4)【替代】按钮：设置临时覆盖尺寸标注样式。单击此按钮，弹出【替代当前样式】对话框，该对话框中各选项与【新建标注样式】对话框完全相同。单击【替代】按钮后，当前标注格式的替代格式将被应用到所有尺寸标注中，直到用户删除替代格式或转换到其他样式为止。

5)【比较】按钮：比较两个尺寸标注样式在参数上的区别或浏览一个尺寸标注样式的参数设置。单击此按钮，弹出【比较标注样式】对话框，如图 5-4 所示。可以把比较结果复制到剪贴板上，再粘贴到其他的应用软件上。

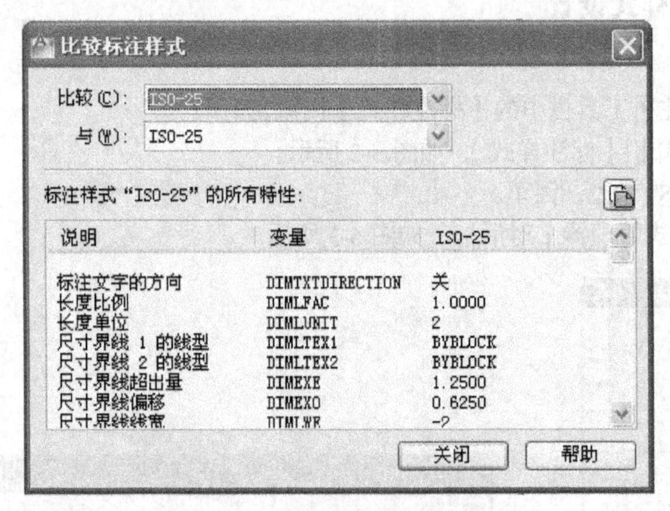


图 5-4 【比较标注样式】对话框

## 5.1.2 新建标注样式

单击【标注样式管理器】对话框中的【新建】按钮，弹出【创建新标注样式】对话框，如图 5-7 所示。其中，【新样式名】是给新的尺寸标注样式命名，例如可以输入“我的样式”等。【基础样式】是选取创建新样式所基于的标注样式，单击右侧下拉箭头，可以选取一个作为定义新样式的基础。【用于】是指定新样式应用的尺寸类型，单击右侧下拉箭头，可以选取相应的尺寸类型。用户设置完这些选项后，单击【继续】按钮，弹出【新建标注样式】对话框，如图 5-5 所示。

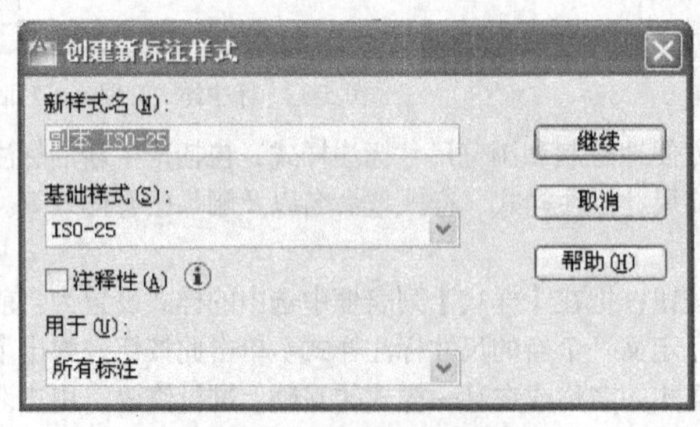


图 5-5 【创建新标注样式】对话框

## 1.【线】选项卡

在【新建标注样式】对话框中，第一个选项卡就是【线】，如图 5-6 所示，用于设置尺寸线、尺寸界线的形式和特性。

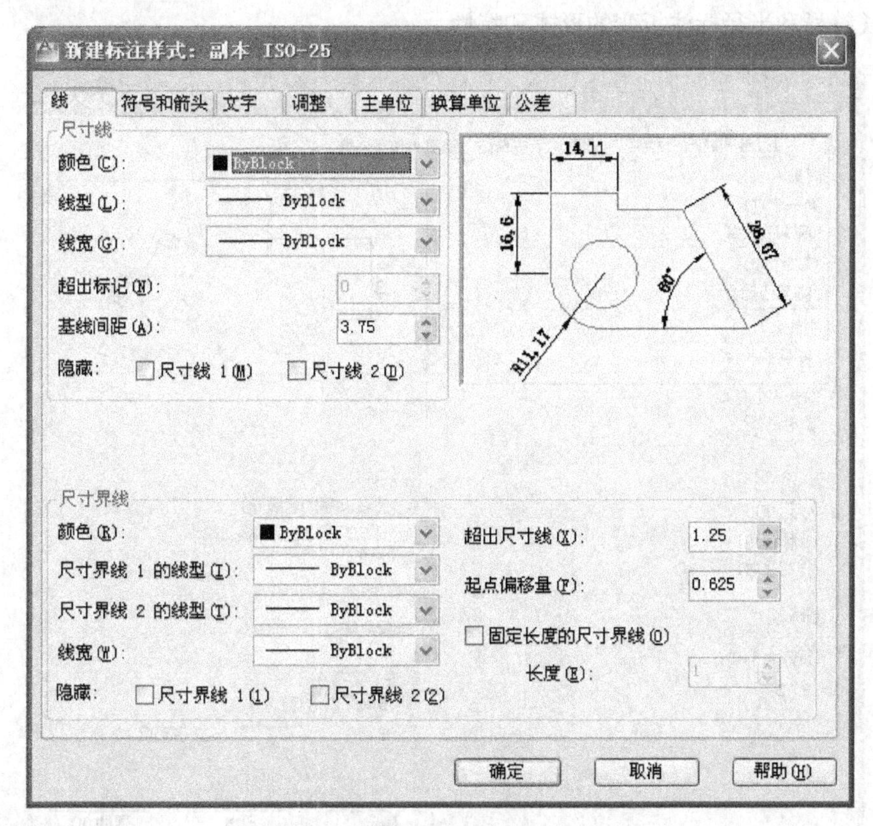


图 5-6 【新建标注样式】对话框

选项功能说明如下。

(1)【尺寸线】选项组

1)【颜色】：设置尺寸线的颜色。

2)【线宽】：设置尺寸线的线宽。

3)【超出标记】：设置尺寸线超出尺寸界线的距离。

4)【基线间距】：设置基线标注中各尺寸线间的距离。

5)【隐藏】：分别指定第 1、2 条尺寸线是否被隐藏。

(2)【尺寸界线】选项组

1)【颜色】：设置尺寸界线的颜色。

2)【线宽】：设置尺寸界线的线宽。

3)【超出尺寸线】：设置尺寸界线超出尺寸线的长度。

4)【起点偏移量】：设置尺寸界线到定义该标注原点的偏移距离。

5)【隐藏】：分别指定第 1、2 条尺寸界线是否被隐藏。

(3) 尺寸样式显示框

在【新建标注样式】对话框右上方，是一个尺寸样式显示框，该框以样例的形式显示用户设置的尺寸样式。

**2.【符号和箭头】选项卡**

单击【符号和箭头】标签，打开如图 5-7 所示的对话框。该选项卡用于设置箭头、圆心标记、弧长符号和半径标注折弯的形式和特性。

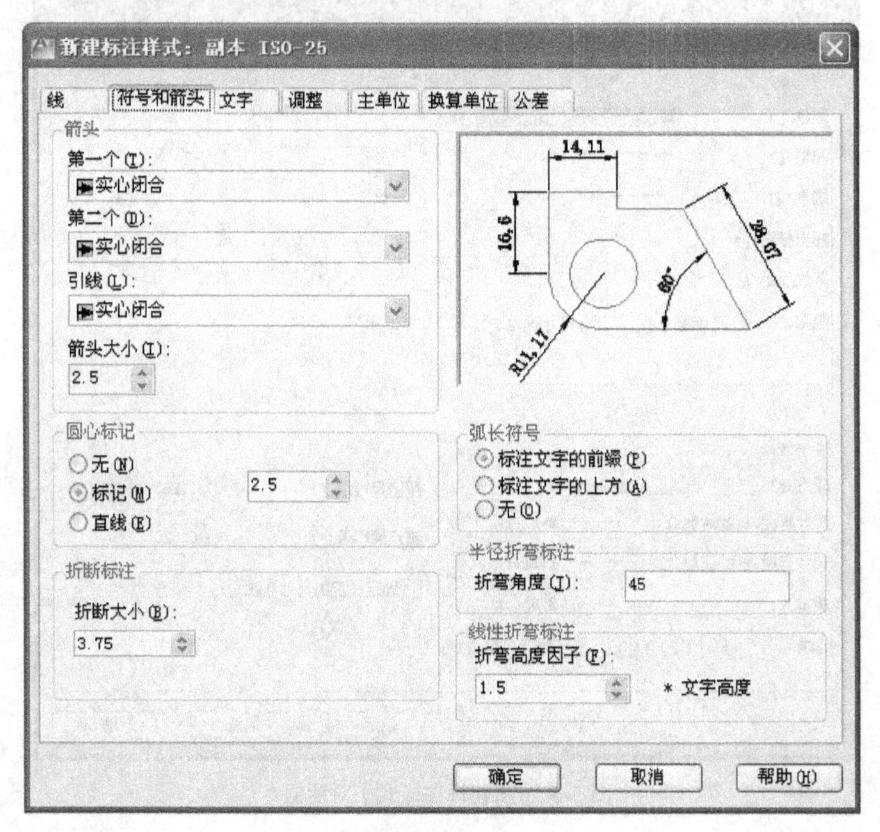


图 5-7 【符号和箭头】选项卡

选项功能说明如下。

(1)【箭头】选项组

设置标注箭头和引线的类型和大小。AutoCAD 提供了多种箭头形状，用户也可以使用自定义箭头样式。

1)【第一项】：设置第一个尺寸箭头的形式。可单击右侧的下拉箭头从下拉列表中选择，第二个箭头自动与其匹配，也可在【第二个】下拉列表框中根据需求设定。

2)【第二个】：设置第二个尺寸箭头的形式。

3)【引线】：设置引线的箭头形式。

4)【箭头大小】：设置箭头的大小。

(2)【圆心标记】选项组

设置直径标注、半径标注的圆心标记和中心线的外观，如图 5-8 所示。

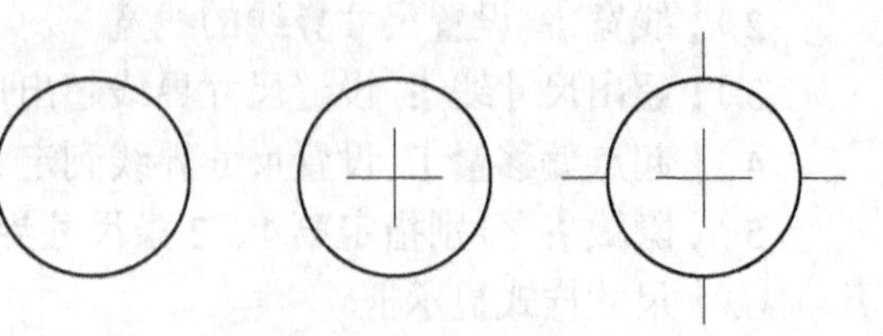

图 5-8 圆心标记

1)【无】：不设置圆心标记或中心线。

2)【标记】：设置圆心标记。

3)【直线】：设置中心线。

4)【大小】：设置圆心标记或中心线的大小。

(3)【弧长符号】选项组

设置弧长符号显示的位置。

1)【标注文字的前缀】：将弧长符号放在标注文字的前面，如图 5-9a 所示。

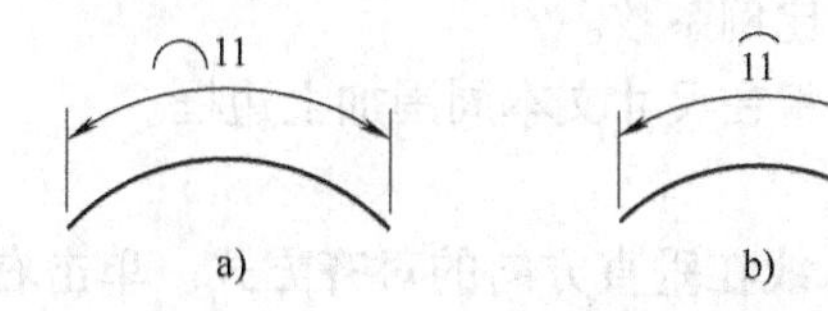


图 5-9　弧长符号示例

2)【标注文字的上方】：将弧长符号放在标注文字的上方，如图 5-9b 所示。

3)【无】：不显示弧长符号，如图 5-9c 所示。

(4)【半径标注折弯】选项组

设置标注大圆弧半径的标注指引线的折弯角度。例如选择折弯角度 45°，如图 5-10 所示。

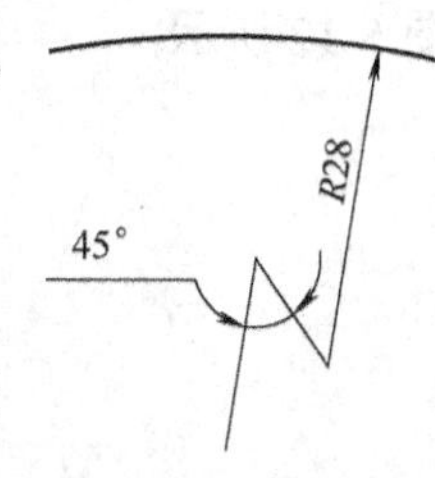


图 5-10　折弯角度

**3.【文字】选项卡**

用于设置标注文字的外观、放置的位置和文字的方向，如图 5-11 所示。

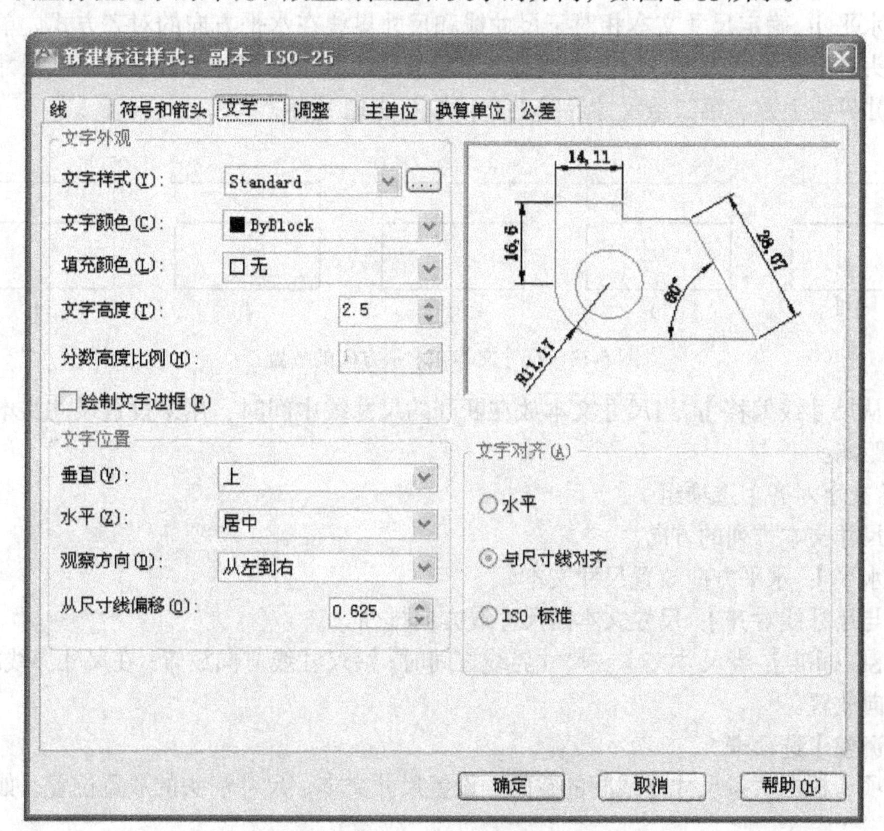


图 5-11 【文字】选项卡

（1）【文字外观】选项组

1）【文字样式】：设置当前标注文字样式。

2）【文字颜色】：设置标注文字样式的颜色。

3）【填充颜色】：设置填充颜色。

4）【文字高度】：设置尺寸文本的字高。

5）【分数高度比例】：确定尺寸文本的比例系数。

6）【绘制文字边框】：选中此复选框，将在尺寸文本周围加上边框。

（2）【文字位置】选项组

1）【垂直】：确定尺寸文本相对于尺寸线在垂直方向的对齐方式。单击右侧的下拉箭头弹出下拉列表框，可选择的对齐方式有 4 种：置中、上方、外部和 JIS（日本工业标准），如图 5-12 所示。

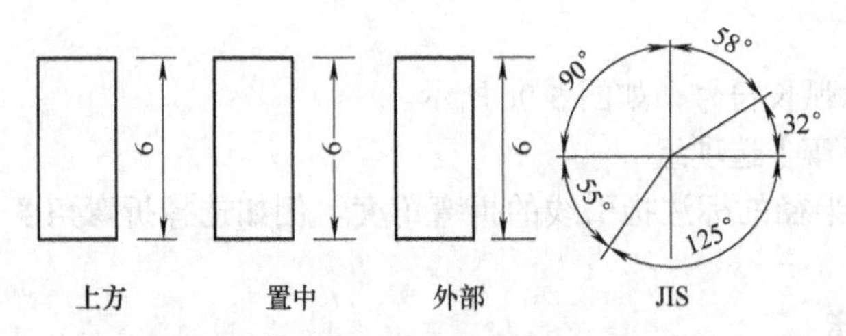


图 5-12　尺寸文本在垂直方向的放置

2）【水平】：确定尺寸文本相对于尺寸线和尺寸界线在水平方向的对齐方式。单击右侧的下拉箭头弹出下拉列表框，对齐方式有 5 种：置中、第一条尺寸界线、第二条尺寸界线、第一条尺寸界线上方、第二条尺寸界线上方，如图 5-13 所示。

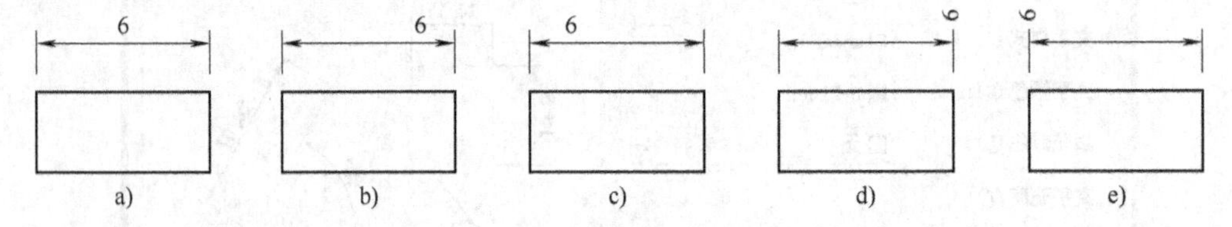


图 5-13　尺寸文本在水平方向的放置

3）【从尺寸线偏移】：当尺寸文本放在断开的尺寸线中间时，用来设置尺寸文本与尺寸线之间的距离。

（3）【文字对齐】选项组

设置尺寸文本排列的方向。

1）【水平】：水平方向放置尺寸文本。

2）【与尺寸线对齐】：尺寸文本沿尺寸线方向排列。

3）【ISO 标准】：当尺寸文本在尺寸界线之间时，沿尺寸线方向放置；在尺寸界线之外时，沿水平方向放置。

**4.【调整】选项卡**

该选项卡根据两条尺寸界线间的空间，设置尺寸文本、尺寸箭头的放置位置，如图 5-14 所示。

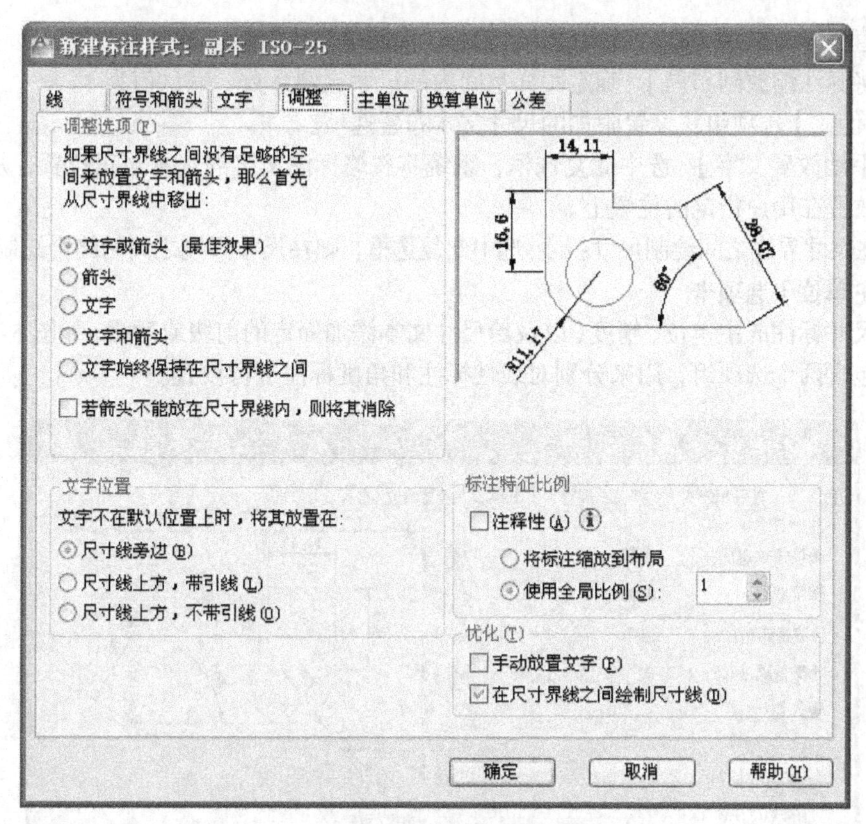


图 5-14 【调整】选项卡

（1）【调整选项】选项组

1）【文字和箭头】：选择最佳结果自动移出尺寸文本或箭头。

2）【箭头】：首先将箭头放在尺寸界线外侧。

3）【文字】：首先将尺寸文字放在尺寸界线外侧。

4）【文字和箭头】：将文字和箭头都放在尺寸界线的外侧。

5）【文字始终保持在尺寸界线之间】：总是把尺寸文本放在两条尺寸界线之间。

6）【若不能放在尺寸界线内，则消除箭头】：选中此复选框，尺寸界线之间的空间不够时省略尺寸箭头。

（2）【文字位置】选项组

用来设置尺寸文本的位置。

1）【尺寸线旁边】：选中此单选按钮，则尺寸文本放在尺寸线的旁边，如图 5-15a 所示。

2）【尺寸线上方，带引线】：把文本放在尺寸线的上方，并用引线与尺寸线相连，如图 5-15b 所示。

3）【尺寸线上方，不带引线】：把文本放在尺寸线的上方，中间无引线，如图 5-15c 所示。

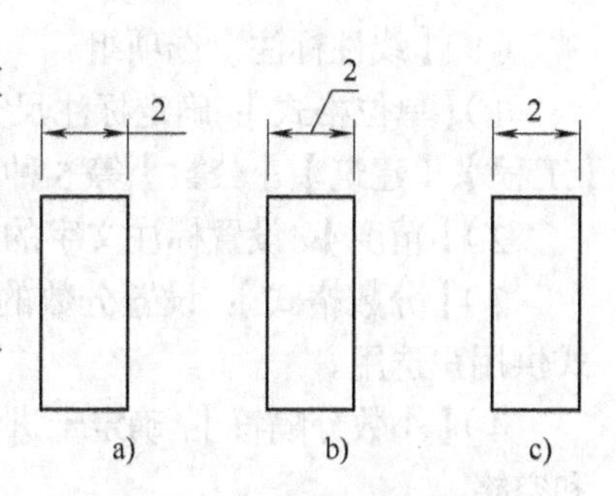


图 5-15　尺寸文本的位置

（3）【标注特征比例】选项组

1）【使用全局比例】：确定尺寸的整体比例系数，其后面的比例值将影响文字字高、箭头尺寸、偏移、间距等标注特性。

2)【将标注缩放到布局】：确定图样空间内的尺寸比例系数。默认值为 1。

(4)【优化】选项组：设置附加的尺寸文本布置选项。

1)【手动放置文字】：选中此复选框，系统将忽略标注文字的水平对正位置，从而可将标注文字放置在用户指定的位置上。

2)【在尺寸界线之间绘制尺寸线】：选中此复选框，则在尺寸界线之间始终会绘制尺寸线。

**5.【主单位】选项卡**

设置尺寸标注的主单位、精度，以及给尺寸文本添加固定的前缀或后缀，如图 5-16 所示。该选项卡包含两个选项组，用来分别对线性标注和角度标注进行设置。

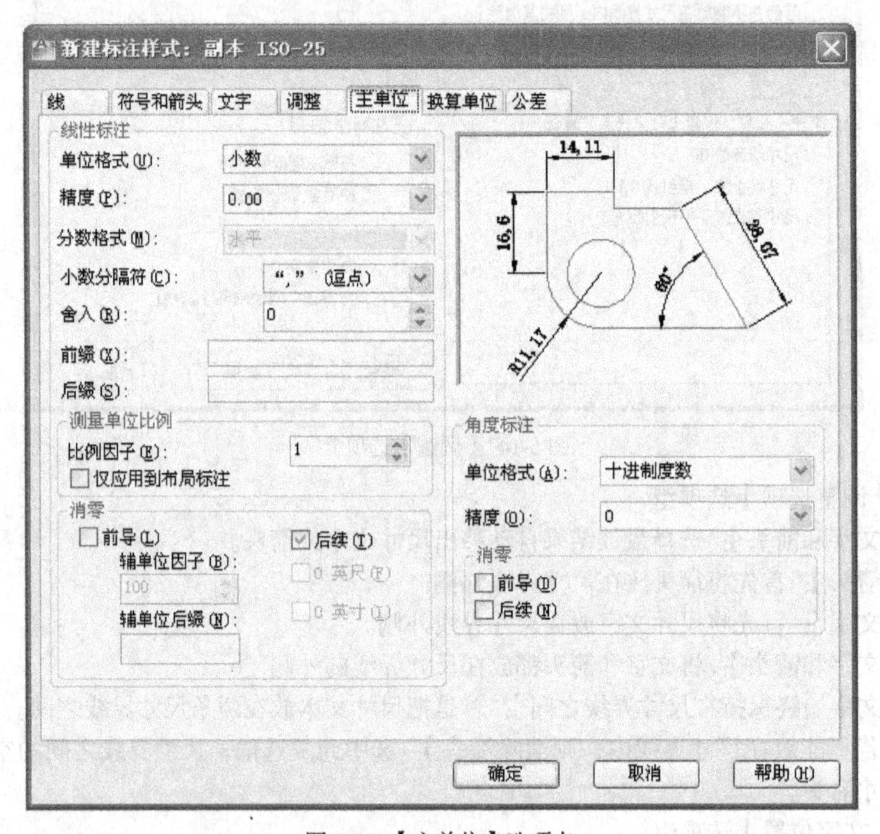


图 5-16 【主单位】选项卡

(1)【线性标注】选项组

1)【单位格式】：确定标注尺寸时使用的单位制。在下拉列表中提供了【科学】、【小数】、【工程】、【建筑】、【分数】等 5 种单位制。

2)【精度】：设置标注文字的小数位数。

3)【分数格式】：设置分数的格式。系统提供了【水平】、【对角】和【非堆叠】三种形式供用户选用。

4)【小数分隔符】：确定十进制单位的分隔符。系统提供了三种形式：点(.)、逗号(,)和空格。

5)【舍入】：设置出角度标注外的所有标注类型的尺寸测量的圆整规则。

6)【前缀】：设置标注文字的前缀。

7)【后缀】：设置标注文字的后缀。

8)【测量单位比例】区域：确定自动测量尺寸时的比例因子，其中【比例因子】设置除角度之外的尺寸测量的比例因子。如果选中【仅应用到布局标注】复选框，则设置的比例因子只适用于布局标注。

9)【消零】区域：设置是否显示尺寸标注中的【前导】、【后续】、0。

(2)【角度标注】选项组

用来设置标注角度时采用的角度单位。

1)【单位格式】：选取角度单位采用的单位制。

2)【精度】：设置角度标注的小数位数。

3)【消零】区域：设置是否显示角度标注的【前导】和【后续】。

**6.【换算单位】选项卡**

该选项卡用于对替换单位进行设置，如图5-17所示。

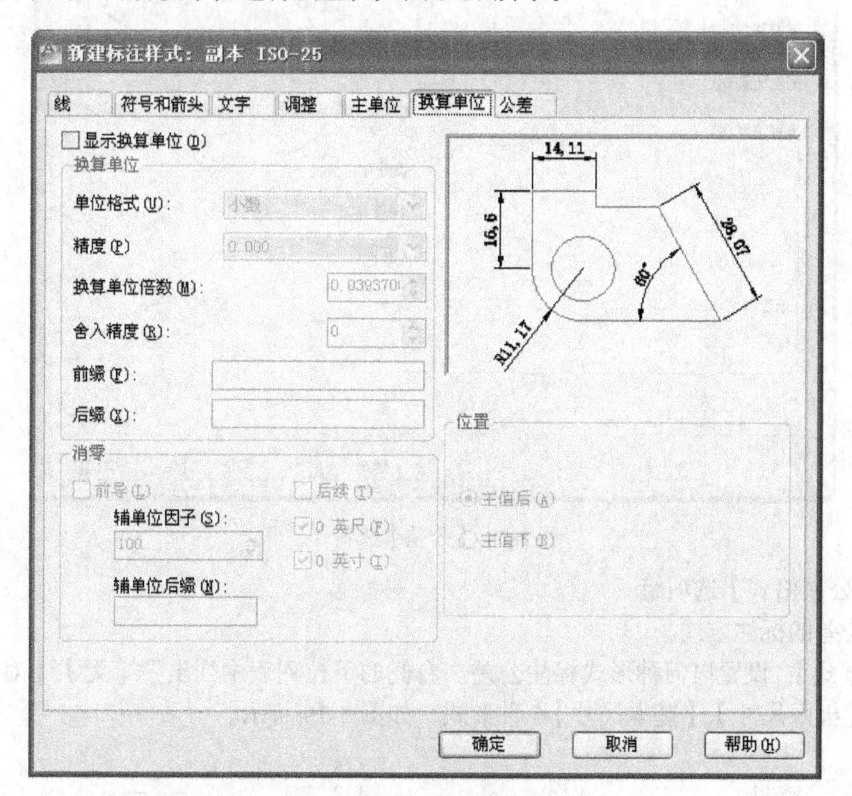


图5-17 【换算单位】选项卡

(1)【显示换算单位】复选框

选中此复选框显示换算单位，否则不显示换算单位。

(2)【换算单位】选项组

用于设置【单位格式】、【精度】、【换算单位乘数】、【舍入精度】、【前缀】、【后缀】。

(3)【消零】选项组

设置是否省略尺寸标注中的0。

(4)【位置】选项组

设置替换单位尺寸标注的位置。

1)【主值后】：把替换单位尺寸标注放在主单位标注的后边。

2)【主值下】：把替换单位尺寸标注放在主单位标注的下边。

**7.【公差】选项卡**

该选项卡用来确定标注公差的方式，如图 5-18 所示。

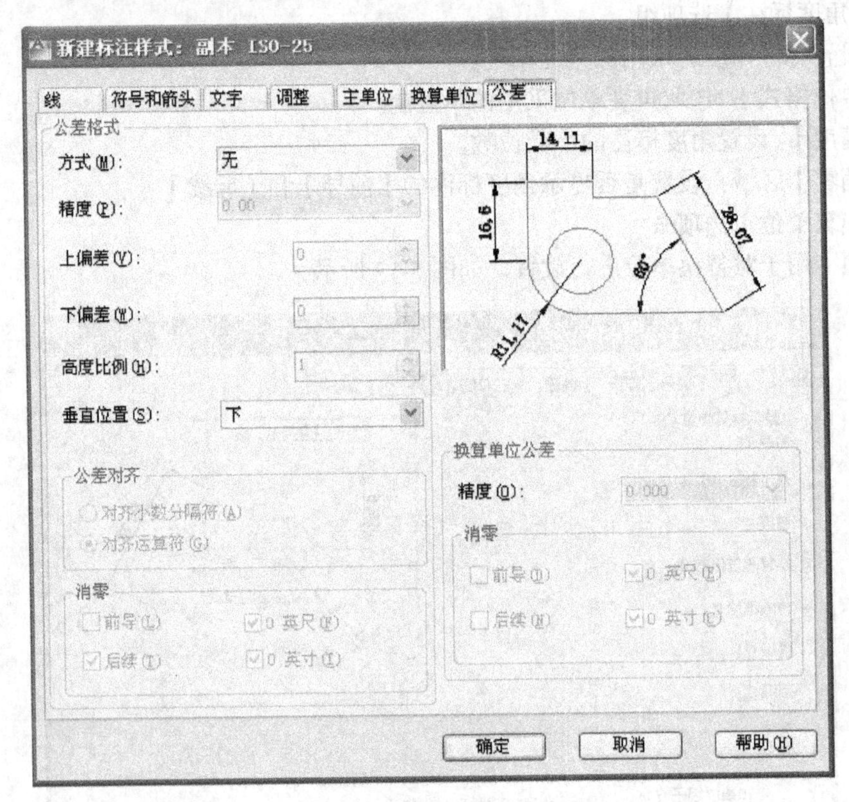


图 5-18 【公差】选项卡

(1)【公差格式】选项组

设置公差的标注方式。

1)【方式】：设置以何种形式标注公差。右侧的下拉列表中列出了【无】、【对称】、【极限偏差】、【极限尺寸】、【基本尺寸】5 种形式，如图 5-19 所示。

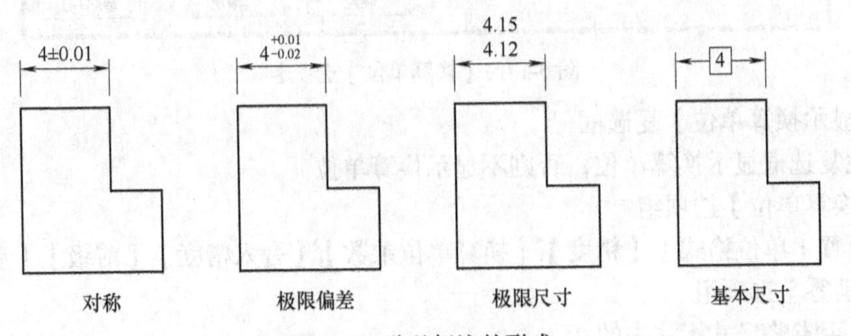


图 5-19 公差标注的形式

2)【精度】: 设置公差标注的精度。

3)【上偏差】: 设置尺寸的上偏差。系统自动在上偏差前加"+"号。

4)【下偏差】: 设置尺寸的下偏差。系统自动在下偏差前加"-"号。

5)【高度比例】: 设置公差文本的高度比例，即公差文本的高度与一般尺寸文本高度之比。

6)【垂直位置】: 控制"对称"和"极限偏差"形式的公差标注文本的对齐方式。有【上】、【中】、【下】三种对齐方式，分别如图5-20所示。

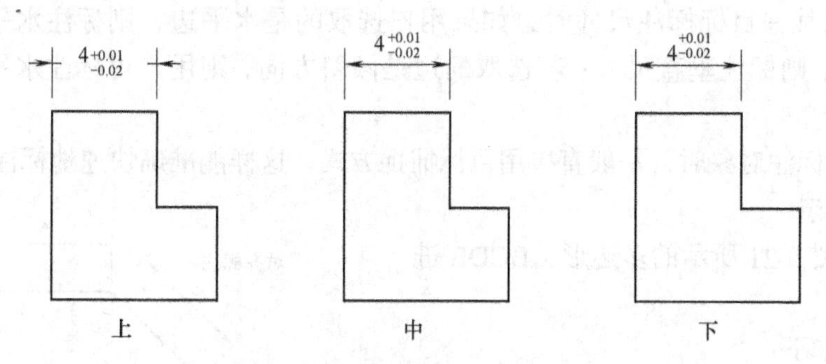


图5-20　公差文本的对齐方式

(2)【消零】选项组

设置是否省略公差标注中的0。

(3)【换算单位公差】选项组

对有公差标注的替换单位进行设置。

## 5.2　尺寸标注

AutoCAD 2006提供了方便快捷的尺寸标注方法，可通过执行命令实现，也可利用菜单和工具图标来实现。本节重点介绍如何对各种类型的尺寸进行标注。

### 5.2.1　线性标注

线性标注命令可用于水平、垂直或旋转的尺寸标注。

**1. 命令调用**

工具栏:【标注】工具栏中的【线性标注】按钮。

菜单栏:【标注】|【线性】。

命令行: DIMLINEAR (DIMLIN)，回车。AutoCAD提示:

指定第一条尺寸界线原点或<选择对象>:(使用目标捕捉方式准确拾取第一条尺寸界线起点)

指定第二条尺寸界线原点:(拾取第二条尺寸界线的起点)

指定尺寸线位置或[多行文字(M)/文字(T)/角度(A)/水平(H)/垂直(V)/旋转(R)]:(指定尺寸线的位置，系统会自动测量出两条尺寸界线起始点间的相应距离)

**2. 选项说明**

1) 多行文字: 用多行文本编辑器确定尺寸文本。

2）文字：在命令提示行下输入或编辑尺寸文本。

3）角度：确定尺寸文本的旋转角度。

4）水平：确定标注水平尺寸。

5）垂直：确定标注垂直尺寸。

6）旋转：确定尺寸线的旋转角度。

注意事项：

1）在选取某一目标标注尺寸时，如果用户选取的是水平边，则标注水平尺寸；若选取的是垂直边，则标注垂直尺寸；若选取的边是倾斜方向，则用户可标注水平尺寸或垂直尺寸。

2）在选择标注对象时，一般直接用目标捕捉方式，这样能准确快速地标注尺寸。

**3. 例题演示**

要求对如图 5-21 所示的多边形 ABCDE 进行尺寸标注。

操作步骤如下：

单击【标注】工具栏上的【线性标注】按钮或选择【标注】|【线性】命令或在命令行输入“DIMLINEAR”，回车，AutoCAD 提示：

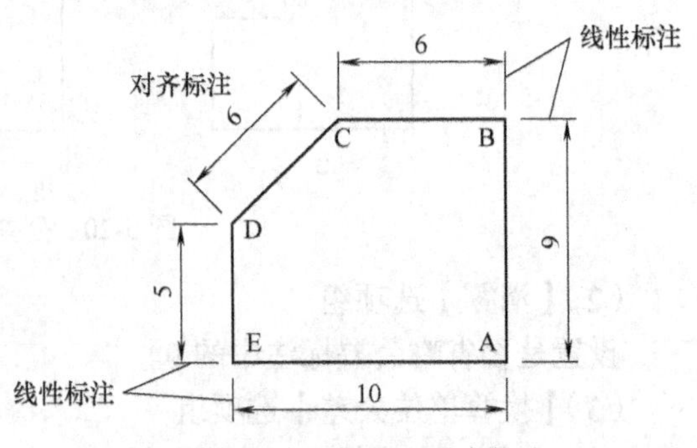


图 5-21 线性标注和对齐标注

指定第一条尺寸界线原点或<选择对象>：（选择 A 点）

指定第二条尺寸界线原点时：（选择 B 点）

指定尺寸线位置或[多行文字（M）/文字（T）/角度（A）/水平（H）/垂直（V）/旋转（R）]：（拾取一点，确定尺寸线位置）

按照此操作，完成其他尺寸的线性标注。

## 5.2.2 对齐标注

对齐标注常用于对斜线和斜面进行尺寸标注。

**1. 命令调用**

工具栏：【标注】工具栏中的【对齐标注】按钮。

菜单栏：【标注】|【对齐】。

命令行：DIMALIGNED，回车。

**2. 例题演示**

用 DIMALIGNED 命令标注如图 5-23 所示图形中 CD 段的尺寸。操作步骤如下：

单击【标注】工具栏上的【对齐标注】按钮，或选择【标注】|【对齐】命令，或在命令行输入“DIMALIGNED”，回车，AutoCAD 提示：

指定第一条尺寸界线原点或<选择对象>：（选择 C 点）

指定第二条尺寸界线原点：（选择 D 点）

指定尺寸线位置或[多行文字（M）/文字（T）/角度（A）：（拾取一点，确定尺寸线位置，完成标注）

### 5.2.3 弧长标注

用于标注圆弧的长度和多段线弧线段的长度。

**1. 命令调用**

工具栏:【标注】工具栏中的【弧长标注】按钮。

菜单栏:【标注】|【弧长】。

命令行：DIMARC，回车。

**2. 例题演示**

用 DIMARC 命令标注圆弧线段的长度操作步骤如下。

单击工具栏上的按钮，或选择【标注】|【弧长】命令，或在命令行输入“DIMARC”命令，回车，AutoCAD 提示：

指定弧长标注位置或[多行文字（M）/文字（T）/角度（A）/部分（P）/引线（L）]:（指定尺寸线的位置）。

结果如图 5-22 所示。

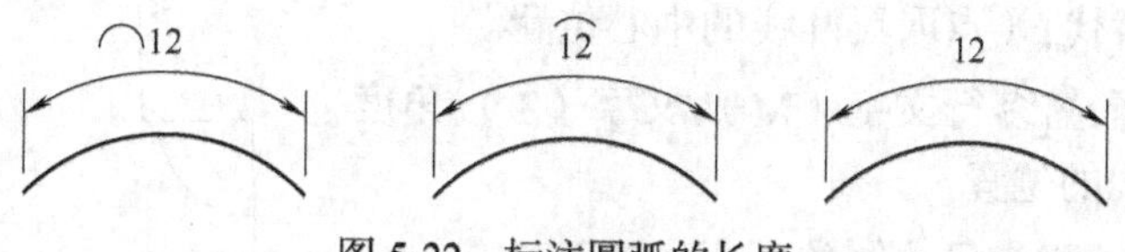


图 5-22 标注圆弧的长度

可以选取“多行文字（M）/文字（T）/角度（A）”中的一项，来确定尺寸文本的旋转角度；若选取【部分】选项，可以标注圆弧的某一部分弧长；若选取【引线】选项，可以用引线标注出圆弧的长度，如图 5-23 所示。

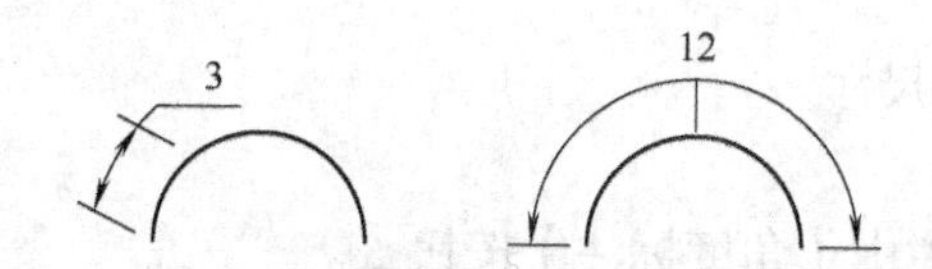


图 5-23 标注部分圆弧长度和引线标注圆弧的长度

### 5.2.4 半径/直径标注

此功能用于标注圆或圆弧的半径/直径尺寸。

**1. 命令调用**

工具栏:【标注】工具栏中的【半径标注】按钮（【直径标注】按钮）。

菜单栏:【标注】|【半径】或【直径】。

命令行：DIMRADIUS 或 DIMDIAMETER，回车。

**2. 例题演示**

用半径标注和直径标注命令标注如图 5-24 所示的图形中的圆和圆弧。

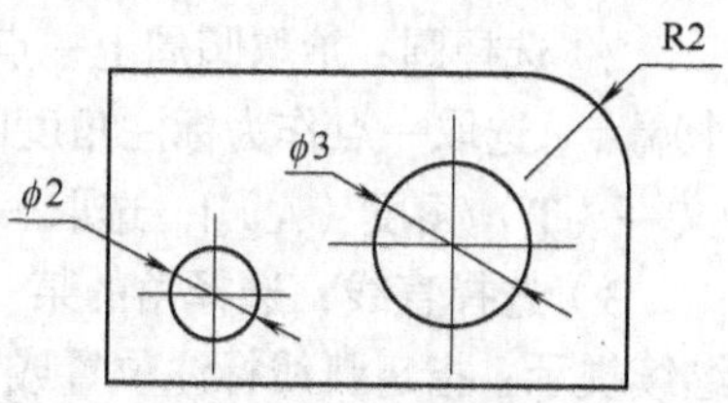


图 5-24 半径和直径标注例题

操作步骤如下：

单击工具栏上的按钮（），或选择【标注】|【半径】

或【直径】命令，或在命令行输入“DIMRADIUS”（DIMDIAMETER）命令，回车。AutoCAD 提示：

选择圆弧或圆：（选取圆弧或圆）

指定弧长标注位置或［多行文字（M）/文字（T）/角度（A）]:（选择一点确定尺寸线的位置）

### 5.2.5 折弯半径标注

用来标注圆心未知的大圆弧的半径。

**1. 命令调用**

工具栏：【标注】工具栏中的【折弯标注】按钮。

菜单栏：【标注】|【折弯】。

命令行：DIMJOGGED，回车。

**2. 例题演示**

选择【标注】|【折弯】命令，AutoCAD 提示：

选择圆弧或圆：（选取要标注的圆弧）

指定中心位置替代：（点取尺寸线的中心位置）

指定尺寸线位置或[多行文字（M）/文字（T）/角度（A）]:（指定尺寸线的位置）

指定折弯位置：（指定尺寸线的折弯位置）

折弯角度可以在【新建标注样式】对话框的【符号和箭头】选项卡中设定，如图 5-25 所示。

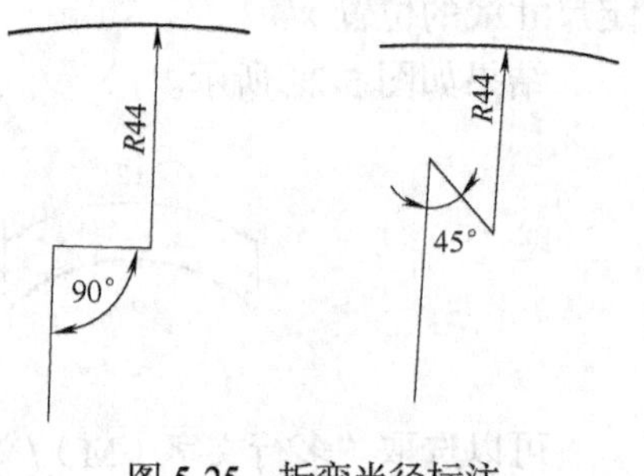


图 5-25 折弯半径标注

### 5.2.6 角度标注

此功能用于标注角度型尺寸。

**1. 命令调用**

工具栏：【标注】工具栏中【角度标注】按钮。

菜单栏：【标注】|【角度】。

命令行：DIMANGULAR，回车。AutoCAD 提示：

选择圆弧、圆、直线或<指定顶点>:（选择圆弧、圆、角的两边或回车后选择三点标注角度）

**2. 选项说明**

1）选择圆弧：AutoCAD 标注该圆弧的中心角，系统继续提示：指定弧线标注位置或[多行文字（M）/文字（T）/角度（A）]。选择一点确定尺寸线的位置或选择某一选项完成标注。

2）选择圆：拾取圆周上一点作为要标注角度圆弧的起点，系统继续提示：指定角的第 2 个端点，选取一点作为标注角度圆弧的终点，继续提示：指定弧线标注位置或[多行文字（M）/文字（T）/角度（A）]，选取一点确定尺寸线的位置或选择某一选项完成标注。

3）选择直线：选择角的某一边，系统继续提示：选择第 2 条直线，选择角的另一边，继续提示：指定弧线标注位置或[多行文字（M）/文字（T）/角度（A）]，选择一点确定尺寸线的位置或选择某一选项完成标注。

标注示例如图 5-26 所示。

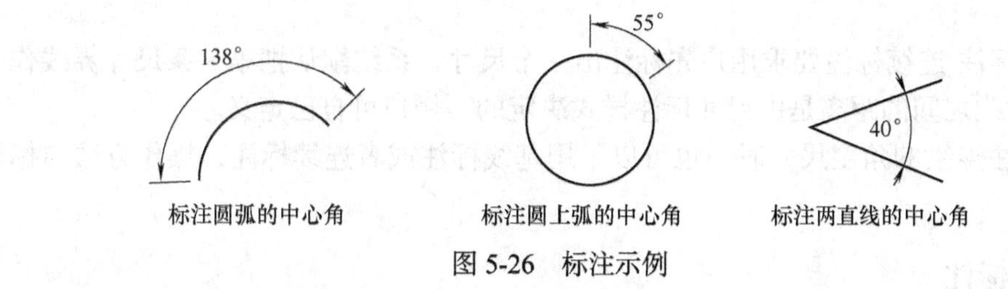


图 5-26 标注示例

## 5.2.7 基线标注/连续标注

基线标注用于以第一尺寸界线为基线标注图形的几个尺寸，各尺寸线从同一尺寸界线处引出。连续标注用于在同一尺寸线水平或垂直方向连续标注尺寸，相邻两尺寸线共用同一尺寸界线。

**1. 命令调用**

工具栏:【标注】工具栏中的【基线标注】按钮（【连续标注】按钮）。

菜单栏:【标注】|【基线】或【连续】。

命令行: DIMBASELINE 或 DIMCONTINUE，回车。

**2. 例题演示**

用基线标注命令标注如图 5-27 所示图形水平方向的尺寸和用连续标注命令标注垂直方向尺寸。

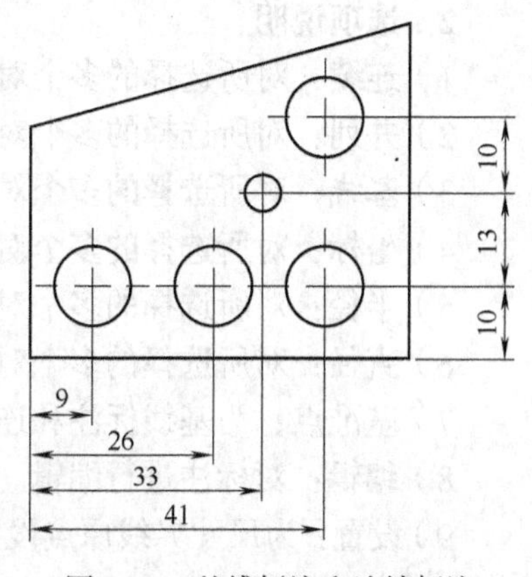


图 5-27 基线标注和连续标注

水平方向基线标注操作步骤如下。

用线性标注按钮标注，第一条尺寸界线起点为 A，第二条尺寸界线终点为第一个小圆圆心，显示标注尺寸为 9，完成第一段尺寸标注。

单击基线标注按钮，命令行提示：

指定第二条尺寸界线原点或[放弃（U）/选择（S）]:（捕捉第二个小圆圆心，显示标注尺寸 26）

指定第二条尺寸界线原点或[放弃（U）/选择（S）]:（捕捉第三个小圆圆心，显示标注尺寸 33）

指定第二条尺寸界线原点或[放弃（U）/选择（S）]:（捕捉第四个小圆圆心，显示标注尺寸 41）

再回车，结束基线标注

垂直方向连续标注操作步骤如下。

用线性标注按钮标注，显示标注尺寸为 10，如图 5-27 所示，完成第一段尺寸标注。

单击连续标注按钮，命令行提示：

指定第二条尺寸界线原点或[放弃（U）/选择（S）]:（选择中间小直径圆的圆心，显示标注尺寸 13）

指定第二条尺寸界线原点或[放弃（U）/选择（S）]:（选择右上角圆的圆心，显示标注尺寸 10）

再回车，结束连续标注

注意：

1）基线标注/连续标注要求用户先标注出一个尺寸，系统默认把第一条尺寸界线作为基准。相邻尺寸线之间的距离是由尺寸标注样式决定的，用户可自己定义。

2）在标注连续的角度尺寸时，也可以采用基线标注或者连续标注，操作方法与标注线性尺寸相同。

### 5.2.8 快速标注

快速标注命令采用基线、连续标注方式对所选中的图形进行一次性标注。

**1. 命令调用**

工具栏：【标注】工具栏中的【快速标注】按钮。

菜单栏：【标注】|【快速】。

命令行：QDIM，回车。AutoCAD 提示：

选择要标注的几何图形：（选择要标注的几何图形，回车结束选择）

指定尺寸线位置或[连续（C）/并列（S）/基线（B）/坐标（O）/半径（R）/直径（D）/基准点（P）/编辑（E）/设置（T）]:（指定尺寸线的位置或选取选项）

**2. 选项说明**

1）连续：对所选择的多个对象快速生成连续标注。

2）并列：对所选择的多个对象快速生成尺寸标注。

3）基线：对所选择的多个对象快速生成基线标注。

4）坐标：对所选择的多个对象快速生成坐标标注。

5）半径：对所选择的多个对象标注半径。

6）直径：对所选择的多个对象标注直径。

7）基准点：为基线标注和连续标注确定一个新的基准点。

8）编辑：对标注进行编辑。

9）设置：为尺寸界线原点设置默认的捕捉对象（端点或交点）。

使用快速标注命令，系统自动查找所选图形内的端点并作为尺寸界线的端点进行标注，用户可根据需要增加或减少这些端点（在选择【编辑】后出现的命令行中选择增加或者减少）。标注示例如图 5-28 所示。

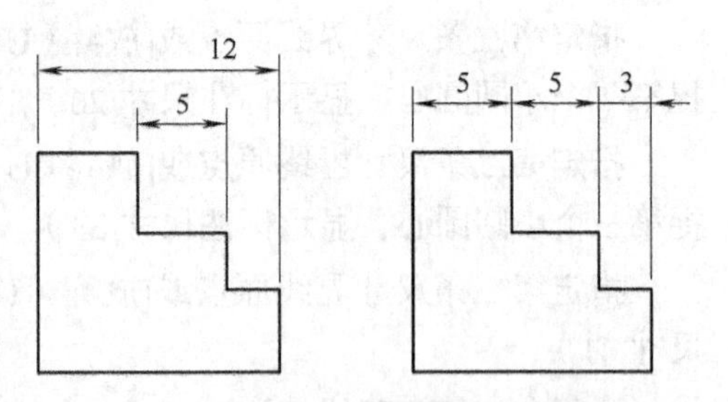


图 5-28 快速标注（连续标注/并列标注）

### 5.2.9 公差标注

AutoCAD 提供了标注形位公差的功能。形位公差用于控制零件的实际尺寸与零件理想尺寸之间的允许差值，它的标注包括指引线、特征符号、公差值、附加符号和基准代号，如图 5-29 所示。

**1. 命令调用**

工具栏：【标注】工具栏中的【公差标注】按钮。

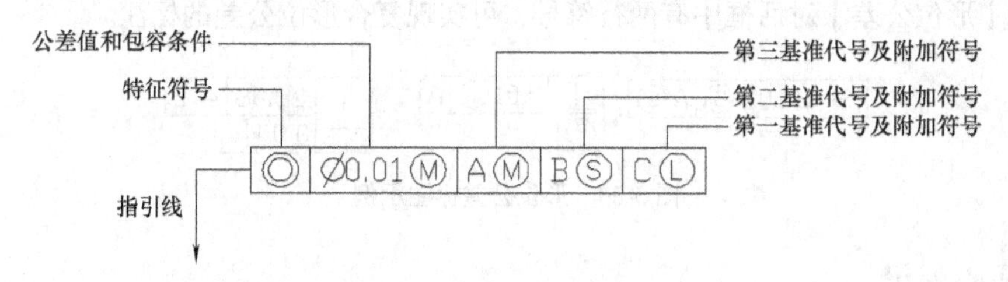


图 5-29 形位公差标注

下拉菜单：【标注】|【公差】。

命令行：TOLERANCE，回车。

**2. 选项说明**

1）单击【公差标注】按钮后，出现如图 5-30 所示的对话框。单击【符号】选项组中的黑色方框，打开如图 5-30 所示的对话框。

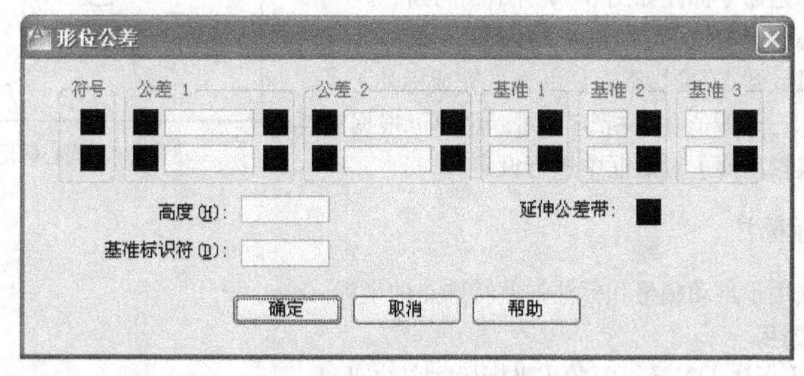


图 5-30 【形位公差】对话框

2）在【形位公差】对话框中单击【公差 1】或【公差 2】选项组中左边的黑色方框，选择直径符号；中间文本框用于输入具体的公差值；单击右边黑色方框将打开如图 5-31 所示的【特征符号】对话框。

3）在【形位公差】对话框中，可在【基准 1】、【基准 2】或【基准 3】选项组的白色文本框输入具体的代号，单击右边黑色方框将打开如图 5-32 所示的【附加符号】对话框。

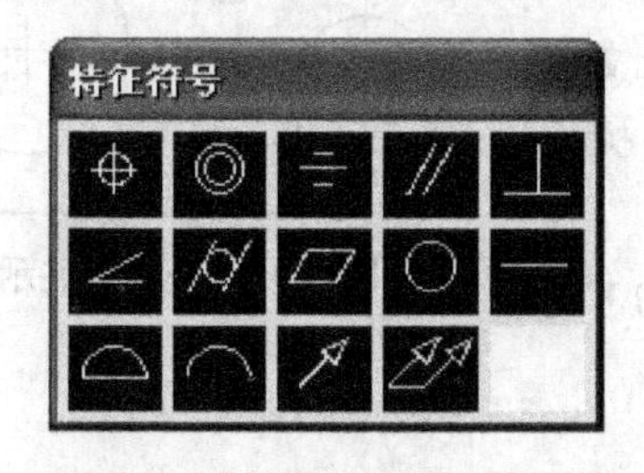


图 5-31 【特征符号】对话框

图 5-32 【附加符号】对话框

4）【形位公差】对话框中的【高度】文本框确定标注形位公差的高度。单击【延伸公差带】的黑色框则在复合公差带的后面加一个复合公差符号，如图 5-33 所示。单击【基准 1】标识符将产生一个标识符号，通常用字母表示。

注意:【形位公差】对话框中有两行符号，可实现复合形位公差的标注。

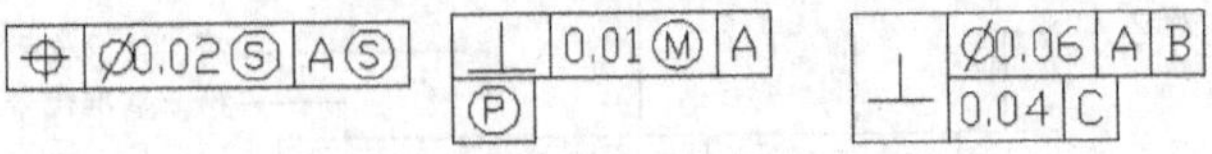

⌖ | Ø0.02Ⓢ | AⓈ　　⊥ | 0.01Ⓜ | A / Ⓟ　　⊥ | Ø0.06 | A | B / 0.04 | C

图 5-33　形位公差标注示例

### 5.2.10　圆心标记

**1. 命令调用**

工具栏:【标注】工具栏中的【圆心标记】按钮⊙。

菜单栏:【标注】|【圆心标记】。

命令行：DIMCENTER，回车。

**2. 例题演示**

用圆心标记命令标注如图 5-34 所示圆的圆心。

单击圆心标记按钮⊙，AutoCAD 提示：

选择圆弧或圆:（选择圆上任一点，完成标注）

图中所示三个圆心中心标记不同，用户可根据需要在【标准样式管理器】对话框中进行设定。

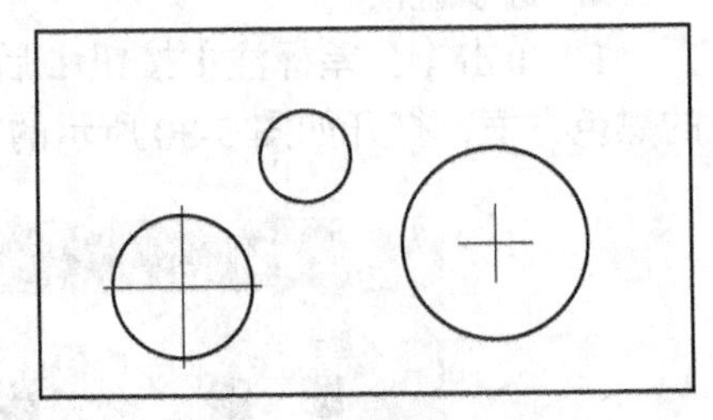

图 5-34　圆心标记示例

### 5.2.11　坐标标注

坐标标注用于自动测量和标注一些特殊点的坐标。

**1. 命令调用**

工具栏:【标注】工具栏中的【坐标标注】按钮。

菜单栏:【标注】|【坐标】。

命令行：DIMORDINATE，回车。

**2. 例题演示**

标注如图 5-35 所示的三个圆心的坐标尺寸。

单击坐标标注按钮，AutoCAD 提示：

指定点坐标:（捕捉一个圆心）

指定引线端点或［X 基准（X）/基准（Y）/多行文字（M）/文字（T）/角度（A）]:（拾取一点完成坐标标注）

如果拾取点与圆心在一条水平线上,则标注圆心的 Y 坐标；若在一条垂直线上，则标注圆心的 X 坐标。

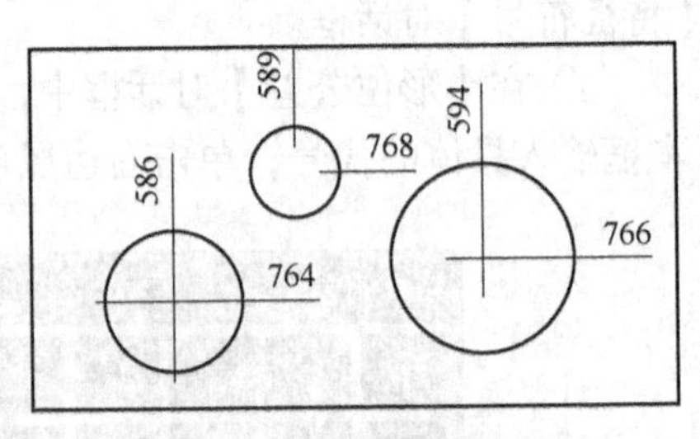


图 5-35　坐标标注示例

## 5.3　尺寸编辑

AutoCAD 允许对已经创建好的尺寸进行编辑修改,修改尺寸文本的内容、位置、角度等，还可以对尺寸界线进行编辑修改。

### 5.3.1 用编辑标注命令编辑尺寸标注

**1. 命令调用**

工具栏:【标注】工具栏中的【编辑标注】按钮。

菜单栏:【标注】|【对齐文字】|【默认】。

命令行：DIMEDIT，回车。AutoCAD 提示：

输入标注编辑类型[默认（H）/新建（N）/旋转（R）/倾斜（O）]<默认>:（回车）

选择对象:（拾取对象后，回车）

**2. 选项说明**

（1）默认

此选项指按尺寸标注样式中默认的设置和方向放置尺寸文本，如图 5-36a 所示。选择此项后，系统提示选择对象:（选择要编辑的尺寸标注）。

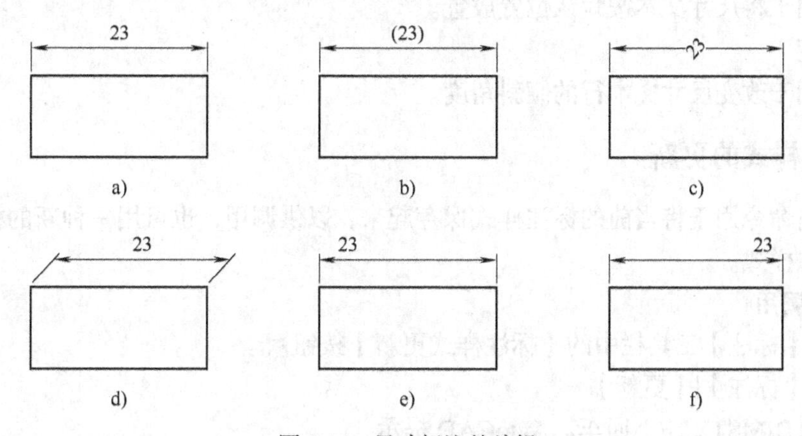


图 5-36 尺寸标注的编辑

（2）新建

选择此项后，系统打开多行文字编辑器，可对尺寸文本进行修改，如图 5-36b 所示。

（3）旋转

此选项指改变尺寸文本的倾斜角度。尺寸文本的中心点不变，使文本沿给定的方向倾斜排列，如图 5-36c 所示。

（4）倾斜

此选项指修改尺寸界线，使其倾斜一定角度，如图 5-36d 所示。

注意：在对尺寸标注进行修改时，如果修改对象内容相同，则用户可选择多个对象一次性完成修改。

### 5.3.2 用编辑标注文字命令编辑尺寸标注

**1. 命令调用**

工具栏:【标注】工具栏中的【编辑标注文字】按钮。

菜单栏:【标注】|【对齐文字】(除默认外的其他命令)。

命令行：DIMTEDIT，回车。AutoCAD 提示：

选择标注：（选取一个尺寸标注）

指定标注文字的新位置或[左（L）/右（R）/中心（C）/默认（H）/角度（A）]：（选择一项，回车）

**2. 选项说明**

（1）指定标注文字的新位置

此选项用于更新尺寸文本的位置。

（2）左（右）

此选项用于是尺寸文本沿尺寸线左（右）对齐，如图 5-36e 和图 5-36f 所示。

（3）中心

此选项用于将尺寸文本放在尺寸线的中间位置，如图 5-36a 所示。

（4）默认

此选项用于将尺寸文本按默认位置放置。

（5）角度

此选项用于改变尺寸文本行的倾斜角度。

### 5.3.3 标注样式的更新

标注更新命令用于将当前的标注样式保存起来，以供调用，也可用一种新的标注样式更换当前的标注样式。

**1. 命令调用**

工具栏：【标注】工具栏中的【标注样式更新】按钮。

菜单栏：【标注】|【更新】。

命令行：DIMSTYLE，回车。AutoCAD 提示：

输入尺寸样式选项[保存（S）/恢复（R）/状态（ST）/变量（V）/应用（A）/？]<恢复>：（输入参数）

**2. 选项说明**

（1）保存

选择此项后系统提示：输入新标注样式名或[？]，输入新标注样式名后，系统按新样式名存储当前标注样式。如果选择“？”，则系统打开命令行文本窗口，提示：输入要列出的标注样式<*>，输入后系统列出指定的标注样式。

（2）恢复

选择此项后系统提示：输入标注样式名、“？”或<选择标注>，输入已定义过的标注样式名称，则可用此标注样式更换当前的标注样式。

（3）状态

选择此项后系统切换到命令行文本窗口，并详细显示当前标注样式的变量设置情况。

（4）变量

选择此项后，命令行提示选择一个标注样式，选择后系统打开文本窗口，窗口中显示了所选样式的设置数据。

（5）应用

选择此项后，系统将该对象的标注样式应用到当前标注样式。

（6）“？”

选择此项后，在命令行输入要列出的标注样式或“*”号，系统列出指定的标注样式。

### 5.3.4 尺寸关联

尺寸关联指所标注尺寸与被标注对象有关联关系，即如果尺寸按自动测量的关联标注，那么改变标注对象的大小后，相应的标注尺寸也随之改变。

**1. 命令调用**

菜单栏：【标注】|【重新关联标注】。

命令行：DIMREASSOCIATE，回车。AutoCAD 提示：

选择对象：（选择一个对象）

指定第一个尺寸界线原点或选择对象（S）<下一个>：（拾取第一点）

指定第二个尺寸界线原点<下一个>：（拾取第二个点）

**2. 选项说明**

（1）指定第一个尺寸界线原点

选择一点后系统提示：指定第二个尺寸界线原点<下一个>：，选择第二点后结束命令。

（2）对象

系统提示：选择关联实体，选择后结束命令。

（3）下一个

默认状态下系统用一个蓝色方框提示第一点，【下一个】选项用于指定下一个点。

### 5.3.5 特性命令

**1. 命令调用**

菜单栏：【修改】|【特性】。

命令行：PROPERTIES，回车。

弹出【特性】窗口，如图 5-37 所示。

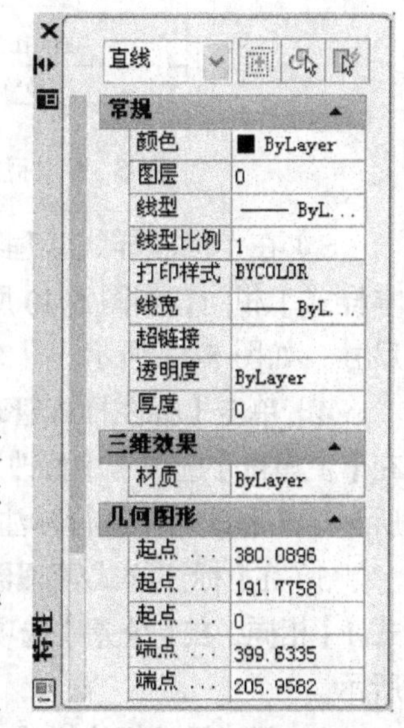


图 5-37 【特性】窗口

**2. 选项说明**

1）【其他】选项组：说明当前的标注样式。

2）【直线和箭头】选项组：包括【箭头 1（2）】、【箭头大小】、【尺寸线线宽】、【尺寸界线线宽】等，可根据需要设置。

3）【文字】选项组：包括【分数类型】、【尺寸标注类型】、【文字颜色】、【文字高度】、【文字偏移】、【文字位置】等，可根据需要设置。

4）【调整】选项组：包括【尺寸线位置】、【尺寸文本】和【箭头的放置位置】等。

5）【主单位】选项组：包括【小数分隔符】、【标注前缀】、【后缀】、【标注舍入】、【标注单位】等。

6)【换算单位】选项组：与【主单位】选项组基本相同。

7)【公差】选项组：包括【显示公差】、【公差上下偏差】、【公差放置位置】、【消零】等。

## 5.4 实例解析

尺寸标注是工程图样的重要组成部分，是零件加工和装配的依据，不同的行业标注尺寸的方式有所不同，在对尺寸标注之前，应先了解行业的尺寸标注的要求，设置相应的尺寸标注的样式，再进行标注。

下面就尺寸标注的实例讲解尺寸标注的过程。

对如图 5-38 所示的图形标注尺寸。

操作步骤如下。

1）设置尺寸标注样式，包括文字大小（颜色）、箭头、尺寸线、尺寸界线、精度等的设置，新建标注样式名称为“基本样式”，设置精度为 0。

2）应用基本样式，单击线性标注按钮先进行线性尺寸的标注，重复使用该命令得到如图 5-39 所示的图形。

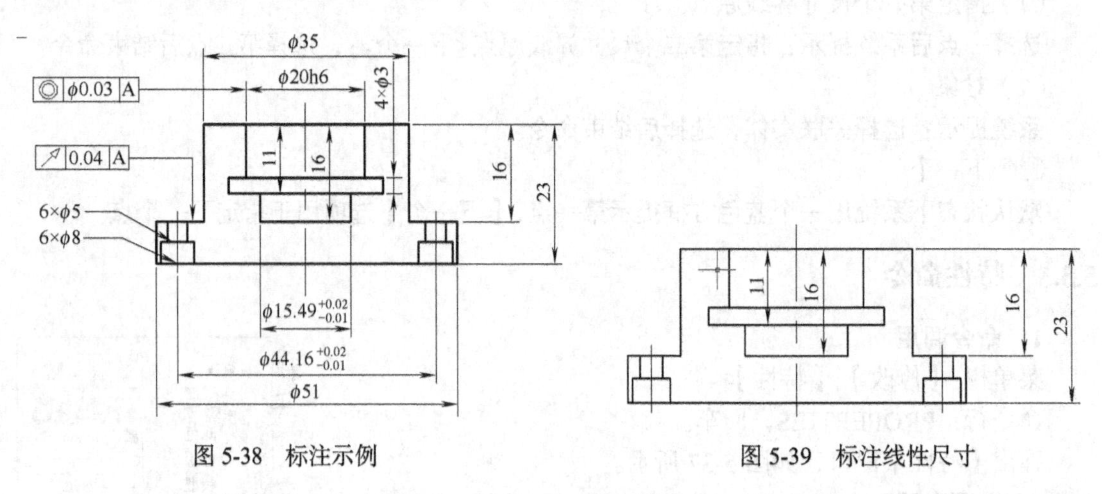


图 5-38　标注示例　　　图 5-39　标注线性尺寸

3）在【标注样式管理器】对话框中新建尺寸标注样式【样式 1】，其他参数设置与【基本样式】相同，如图 5-40 所示修改【主单位】选项卡。设置为当前，标注非圆图形中的直径尺寸，如图 5-41 所示。

4）单击【标注样式管理器】对话框中的【替代】按钮，打开【替代当前样式】对话框，在【主单位】选项卡中修改如图 5-42 所示。单击【确定】后产生一个样式替代标注，如图 5-43 所示，按照此操作进行标注，得到如图 5-44 所示图形。

5）在【标注样式管理器】对话框中新建尺寸标注样式【公差样式】，其他参数设置与【样式 1】相同，在【公差】选项卡中修改如图 5-45 所示。置为当前，标注带公差尺寸，如图 5-46 所示。

6）新建尺寸标注样式【样式 2】，其他参数设置与【基本样式】相同，在【主单位】选项卡中加直径符号的前缀“%%c”，在【调整】选项卡中选中【手动放置文字】选项，置为当前，命令行提示选择时选择“M”多行文本编辑，添加“3-”，实现标注“3-$\phi$64”尺寸，如图 5-47 所示。

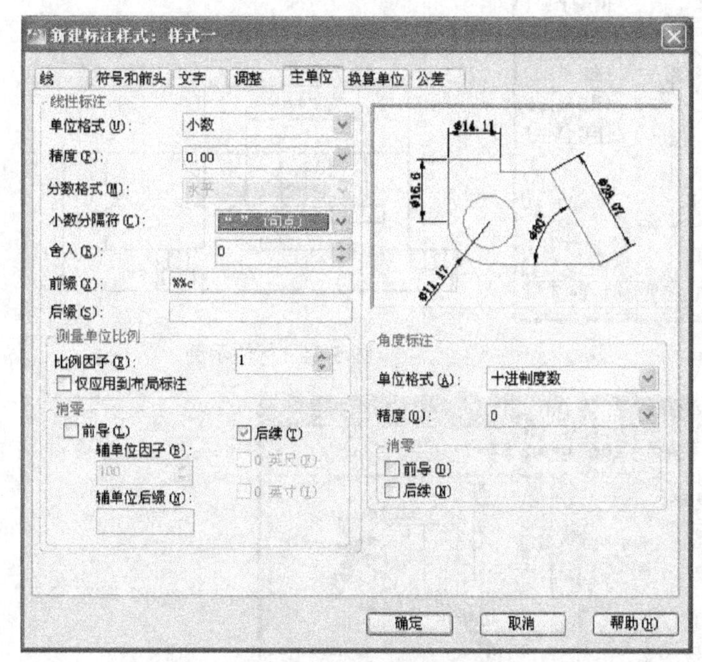


图 5-40　修改【主单位】选项卡参数

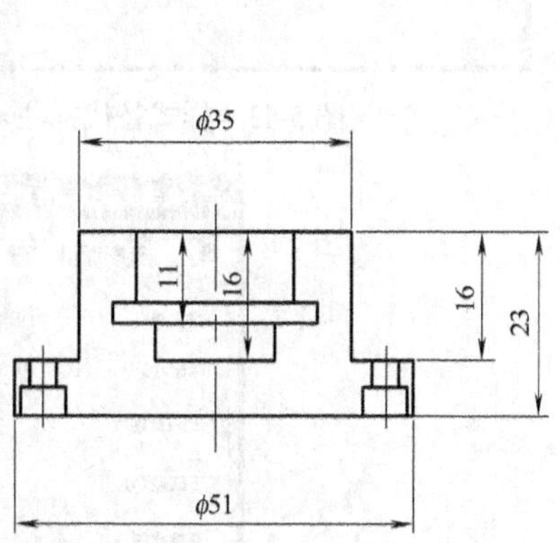


图 5-41　标注非圆线性尺寸

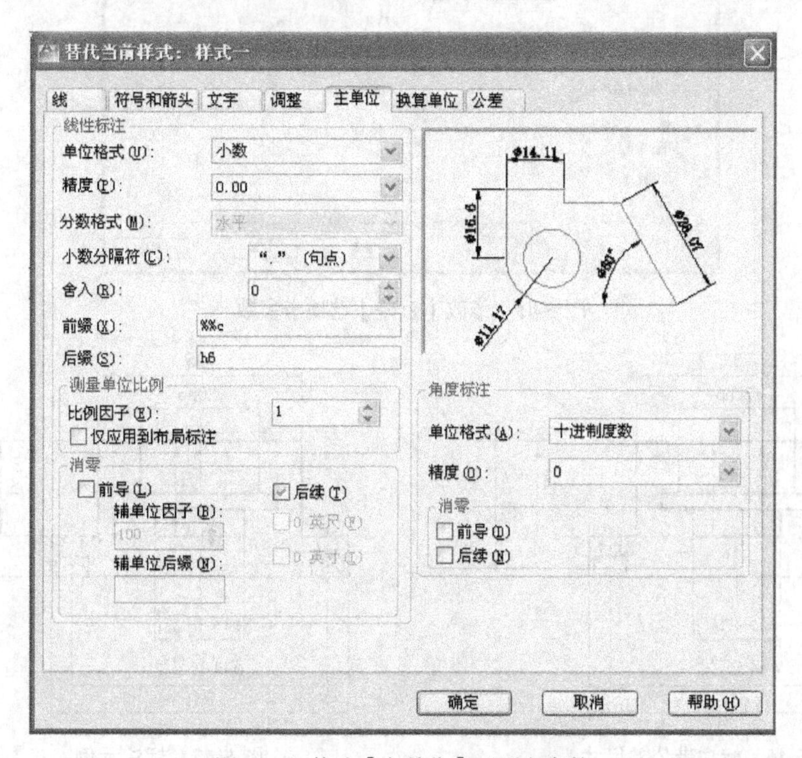


图 5-42　修改【主单位】选项卡参数

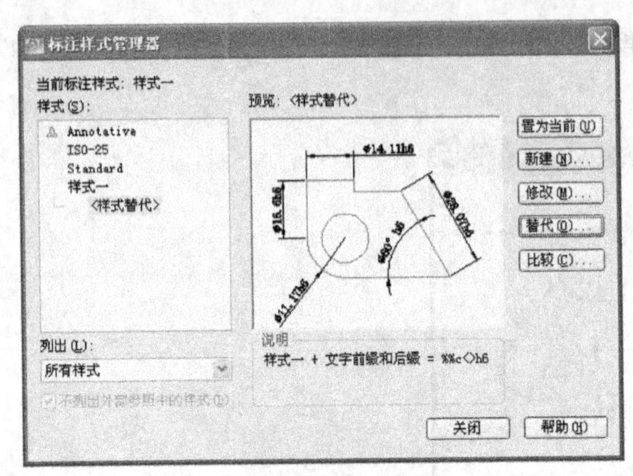


图 5-43　样式替代标注

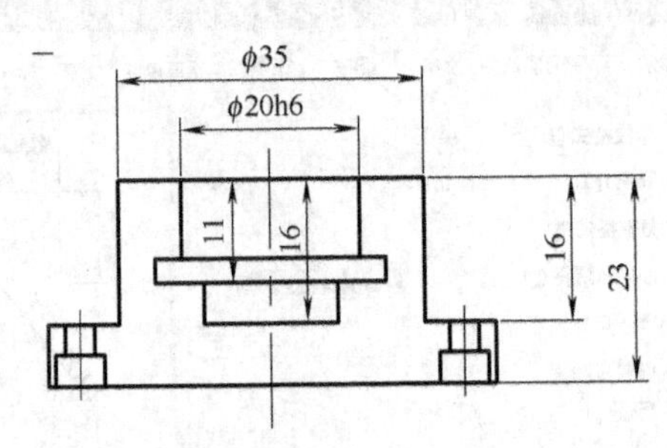


图 5-44　标注示例

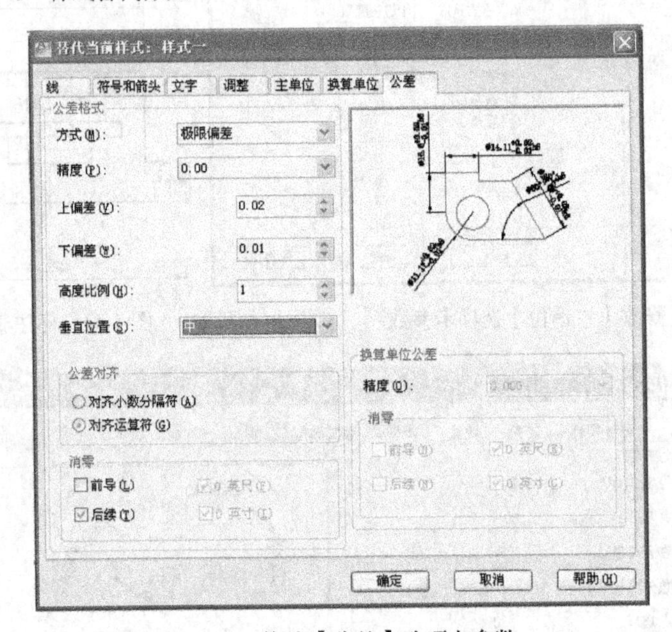


图 5-45　修改【公差】选项卡参数

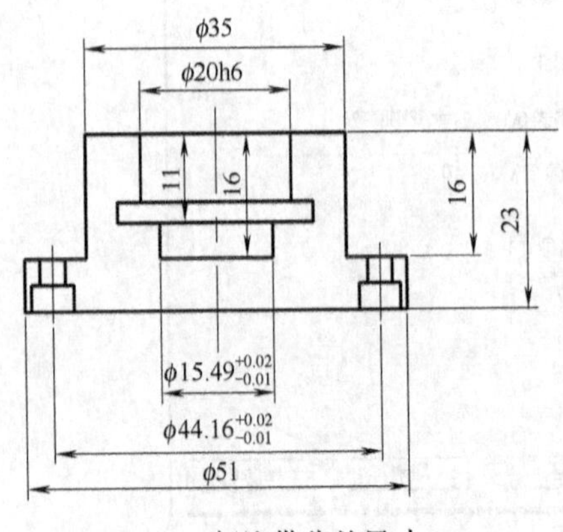


图 5-46　标注带公差尺寸

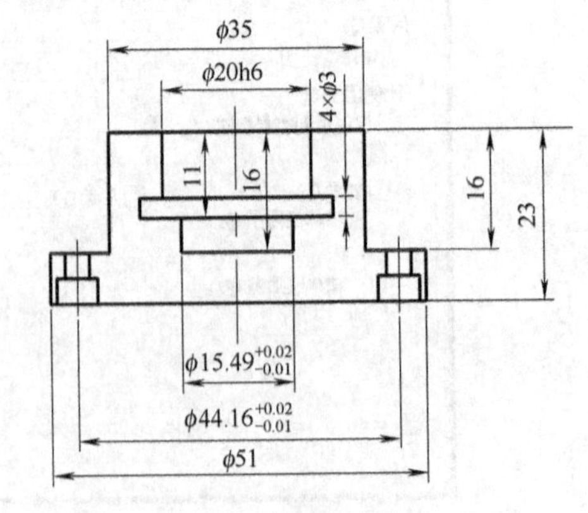


图 5-47　标注示例

7）引线及公差标注。单击【引线标注】按钮，命令行提示时选择“S”，回车，在【注释】选项卡中选中【公差】选项，单击【确定】后指定指引线的位置，输入相应的公差选项，实现如图 5-38 所示的图形。

## 思考与练习

习题 5.1　尺寸标注有哪些要素？尺寸标注有几种？它们各有何特点？

习题 5.2　如何设置尺寸标注样式？

习题 5.3　什么是快速标注尺寸？如何操作？

习题 5.4　尺寸标注常用的编辑方法有哪些？

习题 5.5　标注图 5-48 所示图形的尺寸。

习题 5.6　绘制并标注图 5-49 所示图形的尺寸。

习题 5.7　绘制并标注图 5-50 所示图形的尺寸。

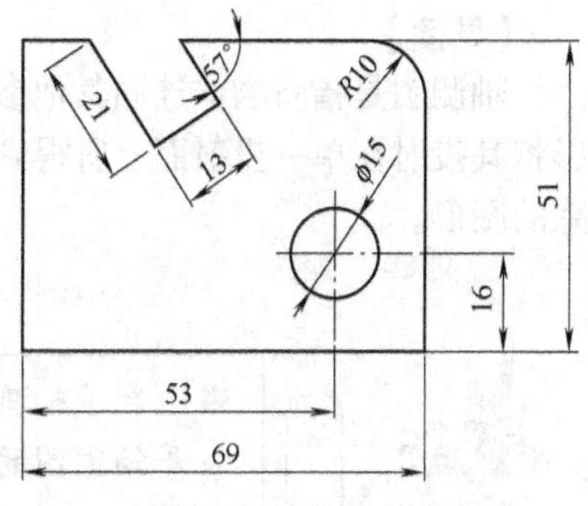


图 5-48　习题 5.5

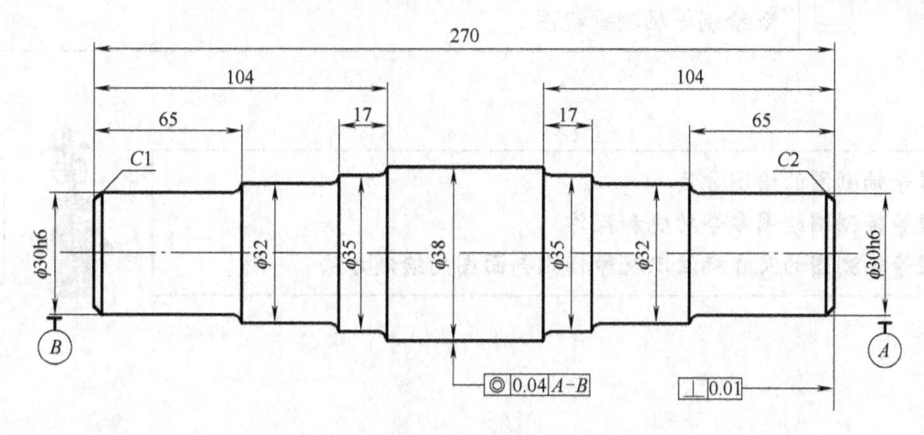


图 5-49　习题 5.6

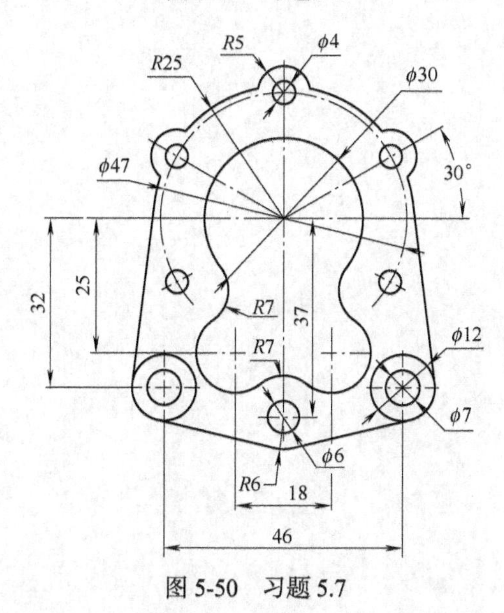


图 5-50　习题 5.7

# 第6讲 等轴测图

【导读】

轴测图是指将物体连同其他参考直角坐标系，沿不平行于任一坐标面的方向，用平行投影将其投射在单一投射面上所得到的，能同时反映物体长、宽、高三个方向尺度的富有立体感的图形。

应知

※绘制等轴测图前的准备

※等轴测图的几种绘制方法

※等轴测图的尺寸标注

※绘制等轴测剖视图

应会

☆掌握等轴测图的绘图方法

☆掌握等轴测图绘图命令功能和操作

☆掌握等轴测图的尺寸标注以及等轴测剖面图的绘制方法

## 6.1 绘制等轴测图前的准备

在前面学习到的零件图都是正投影图，正投影图的优点是度量性好和制图方便，缺点是直观性差。在实际工程制图中，除了广泛采用正投影图外，有时也需要直观性好、又可以进行度量的图形来表达物体，其中最常用的就是等轴测图，如图 6-1 所示。

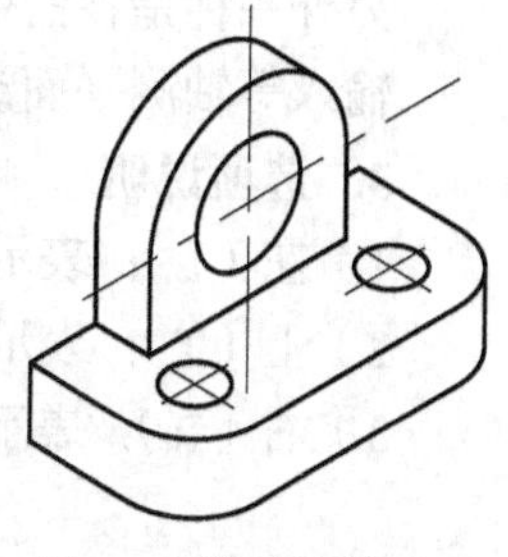

图 6-1 常见等轴测图

轴测图是将物体和空间坐标系一起按照一定的方向，用平行投影的方法投影到一个轴测面上所得到的图形，虽然是平面图，但是它能够反映一定的三维特性。我们常用的轴测图都是等轴测图，其特点就是三个轴之间的夹角都是 120° 。使用 AutoCAD 软件绘制等轴测图之前，需要设置等轴测图绘制环境。

**1. 设置等轴测栅格和捕捉**

选择【工具】|【绘图设置】命令，打开【绘图设置】对话框，如图 6-2 所示，然后单击【捕捉和栅格】标签，在选项卡中选中【启用捕捉】和【启用栅格】复选框，打开捕捉和显示栅格点。根据绘制图形尺寸的实际情况设置【捕捉 Y 轴间距】和【栅格 Y 轴间距】。在【捕捉类型和样式】选项组中，选中【栅格捕捉】和【等轴测捕捉】单选按钮，最后单击【确定】按钮确认。

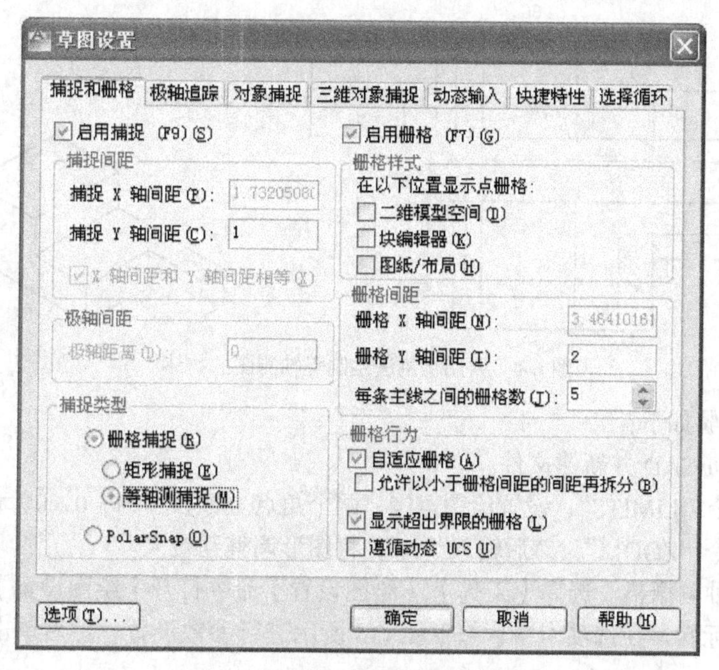


图 6-2 设置【捕捉和栅格】选项卡

通过状态栏上的【捕捉】按钮或者按 F9 键可以切换捕捉的开和关；通过状态栏上的【栅格】按钮或者按 F7 键可以切换栅格的开和关。

**2. 确定等轴测图平面**

等轴测图要在同一个平面上表示三个空间平面，分别为左平面（Left）、右平面（Right）

和上平面（Top），如图 6-3 所示。每一个平面的栅格方向不同，绘制不同的平面时要进行切换。切换的方式有两种：一种是使用 F5 键，每按一次 F5 键，栅格和鼠标指针就在左平面、右平面和上平面之间进行切换。

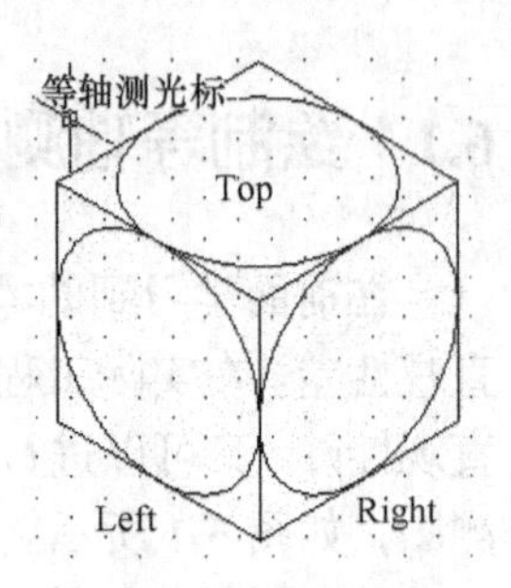

图 6-3 等轴测平面

另外一种是在命令行输入“ISOPLANE”，回车，AutoCAD 提示：

输入等轴测平面设置[左（L）/上（T）/右（R）]<上>：（选择选项）

**3．选项说明**

1）左（L）：表示左平面。

2）上（T）：表示上平面。

3）右（R）：表示右平面。

## 6.2 绘制等轴测图的方法

### 6.2.1 切割法绘制等轴测图

切割法就是先把物体的主要形状画出来，再根据形状分析的方法，一块一块地切割，最后得到物体的形状。下面就采用切割法绘制图 6-4 所示的物体。

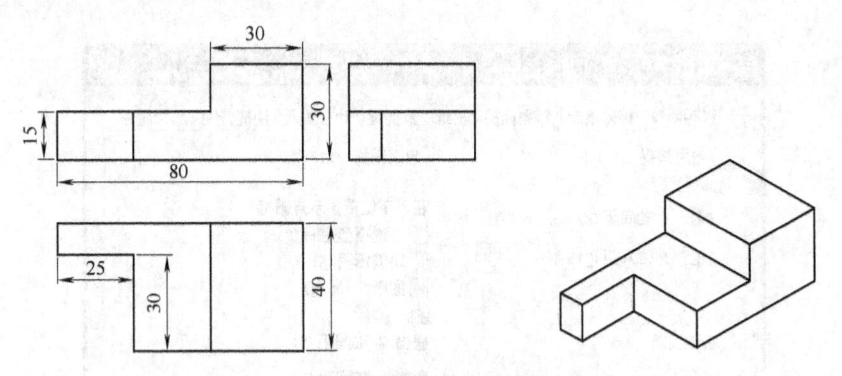

图 6-4 要用切割法绘制等轴测图的物体

具体操作步骤如下：

1）启动 AutoCAD 并新建文件。

2）输入命令“LIMITS”，设置绘图范围，两个角点坐标分别为（0，0）和（160，100）。

3）输入命令“ZOOM”，然后输入“A”，将图形调整到最大。

4）设置等轴测栅格。选择【工具】|【绘图设置】命令打开【绘图设置】对话框，单击【捕捉和栅格】标签，在选项卡中，按照图 6-5 所示进行参数设置，然后单击【确定】按钮确认。

5）开始绘制图形。首先使用 LINE 命令，通过捕捉栅格点绘制长 80、宽 40 和高 30 的大长方形，如图 6-6 所示。

6）使用 LINE 命令绘制长 50、宽 40 和高 15 的小长方形，如图 6-7 所示。

7）使用 TRIM 命令修剪线段，相当于将小长方形从大长方形中切割掉，如图 6-8 所示。

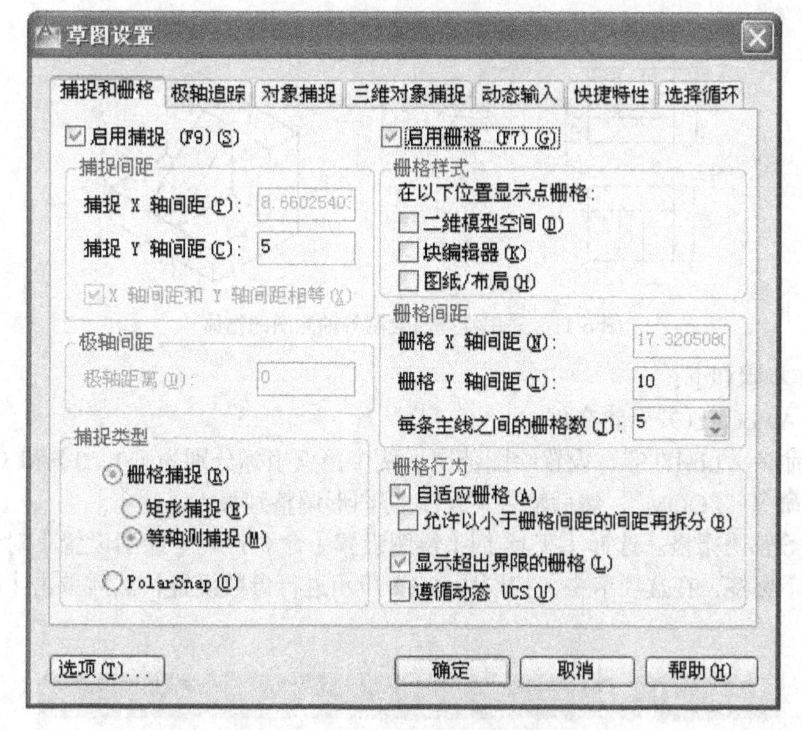


图 6-5　设置等轴测捕捉和栅格

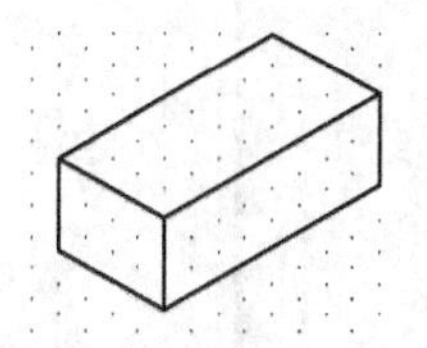

图 6-6　绘制大长方形

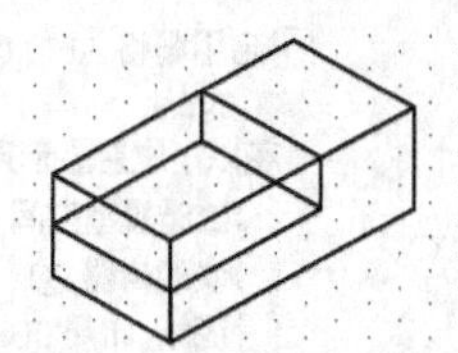

图 6-7　绘制小长方形

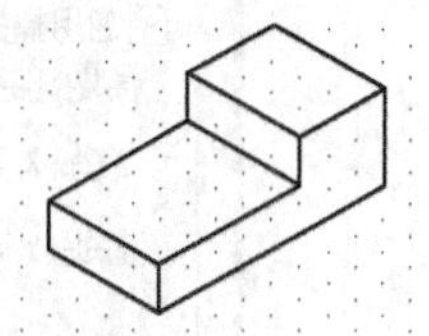

图 6-8　修剪线段

8）使用 LINE 命令绘制长 25、宽 30 和高 15 的小长方形，如图 6-9 所示。

9）单击状态栏上的【捕捉】和【栅格】按钮关闭捕捉和栅格。使用 TRIM 命令修剪线段，结果如图 6-10 所示。

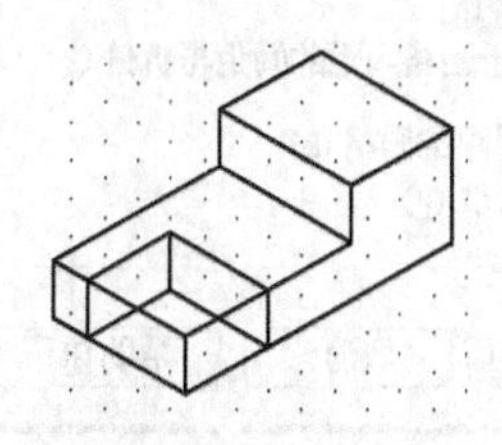

图 6-9　绘制小长方形

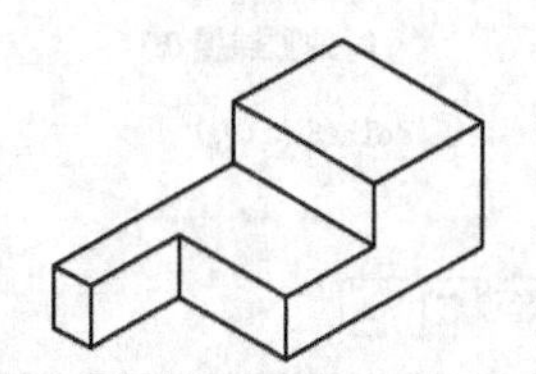

图 6-10　修剪线段

## 6.2.2　堆叠法绘制等轴测图

堆叠法就是先把物体分成几个简单的组成部分，像搭积木一样将各部分的轴测图按照对应的位置堆叠起来，从而得到物体的整体形状。下面就采用堆叠法绘制如图 6-11 所示的物体。

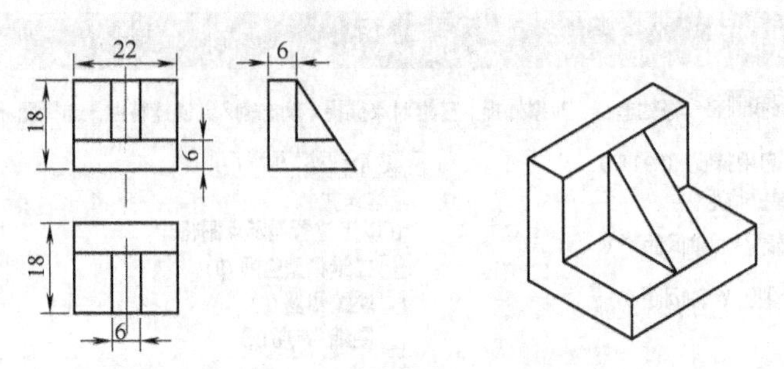


图 6-11 采用堆叠法绘制等轴测图的物体

具体操作步骤如下：

1）启动 AutoCAD 并新建文件。

2）输入命令“LIMITS”，设置绘图范围，两个角点坐标分别为（0，0）和（50，50）。

3）输入命令“ZOOM”，然后输入“A”，将图形调整到最大。

4）设置等轴测栅格。选择【工具】|【绘图设置】命令打开【绘图设置】对话框，单击【捕捉和栅格】标签，在选项卡中，按照图 6-12 所示进行参数设置，然后单击【确定】按钮确认。

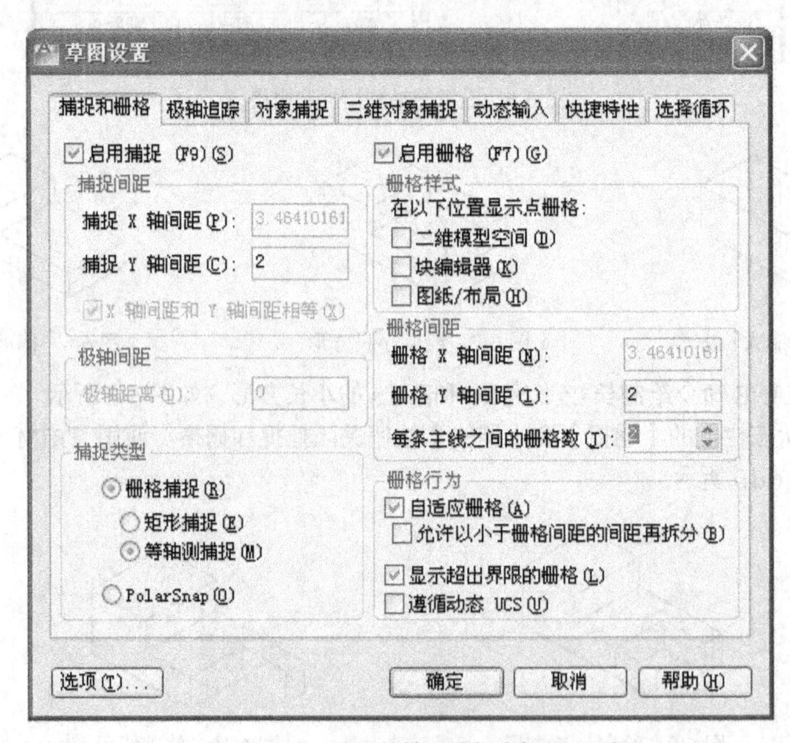


图 6-12 设置等轴测捕捉和栅格

5）开始绘制图形。使用命令 LINE，通过捕捉栅格点，绘制长 22、宽 18 和高 6 的大长方体，如图 6-13 所示。

6）在大长方体上，使用 LINE 命令绘制长 22、宽 6 和高 12 的小长方体，如图 6-14 所示。

7）使用 TRIM 命令修剪线段，相当于将小长方体和大长方体合并，如图 6-15 所示。

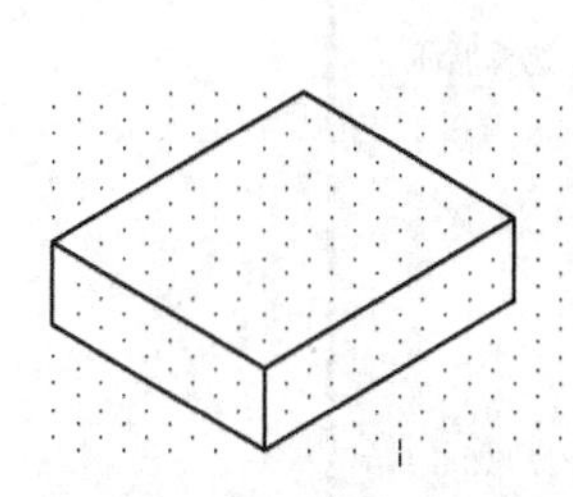

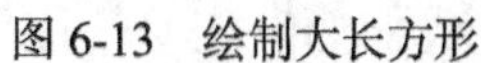

图 6-13　绘制大长方形

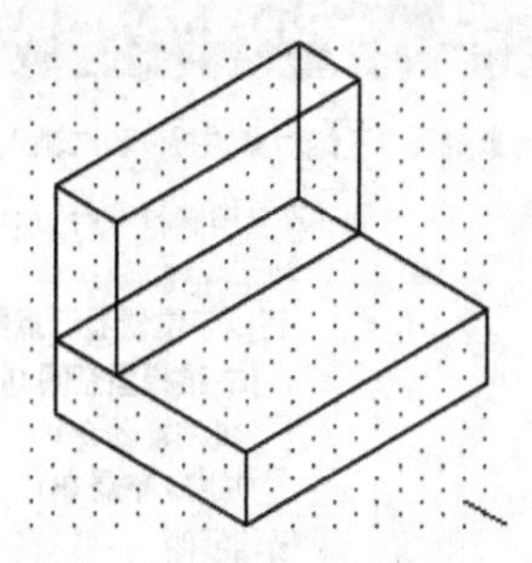

图 6-14　绘制小长方形

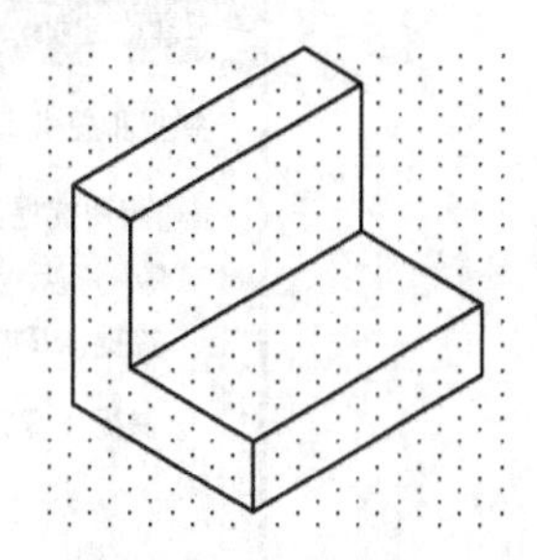

图 6-15　修剪线段

8）使用 LINE 命令绘制斜板，如图 6-16 所示。

9）单击状态栏上的【捕捉】和【栅格】按钮关闭捕捉和栅格。使用 TRIM 命令和 ERASE 命令修剪和删除不可见的线段，结果如图 6-17 所示。

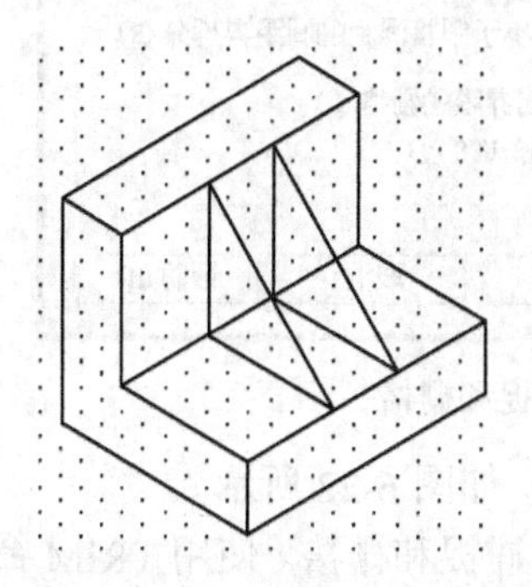

图 6-16　绘制小长方形

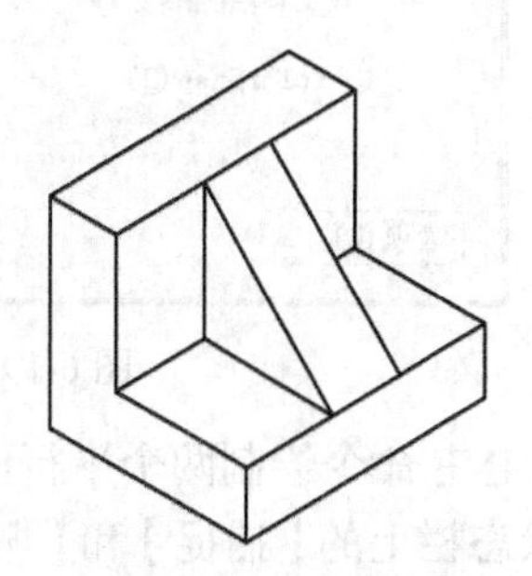

图 6-17　修剪线段

### 6.2.3　平移法绘制等轴测图

平移法就是绘制得到物体的一个面，然后通过复制、平移得到物体的另一个面，最后在两个面之间绘制连线从而得到物体的等轴测图。下面就采用平移法绘制如图 6-18 所示的物体。

具体操作步骤如下：

1）启动 AutoCAD 2012 并新建文件。

2）输入命令 LIMITS，设置绘图范围，两个角点坐标分别为（0，0）和（50，50）。

3）输入命令 ZOOM，然后输入“A”，将图形调整到最大。

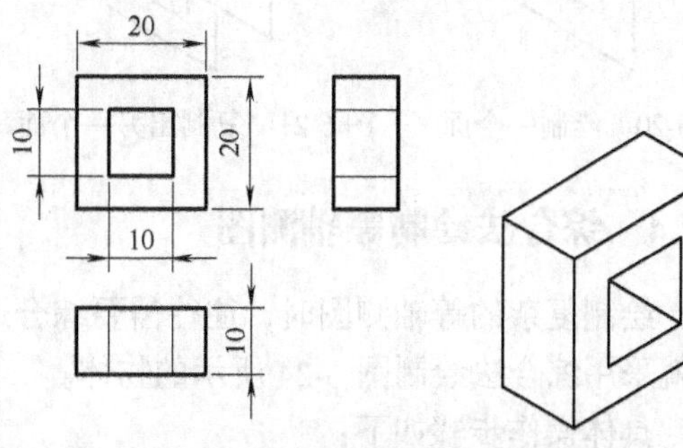


图 6-18　采用平移法绘制等轴测图的物体

4）设置等轴测栅格。选择【工具】|【绘图设置】命令打开【绘图设置】对话框，单击【捕捉和栅格】标签，在选项卡中，按照图 6-19 所示进行参数设置，然后单击【确定】按钮确认。

5）开始绘制图形。使用 LINE 命令，通过捕捉栅格点，绘制物体的一个面，如图 6-20 所示。

6）选中刚才绘制的图形，然后右击，在弹出的快捷菜单中选择【带基点复制】命令，然后捕捉图形下方的点作为基点再将复制的面粘贴到指定位置，结果如图 6-21 所示。

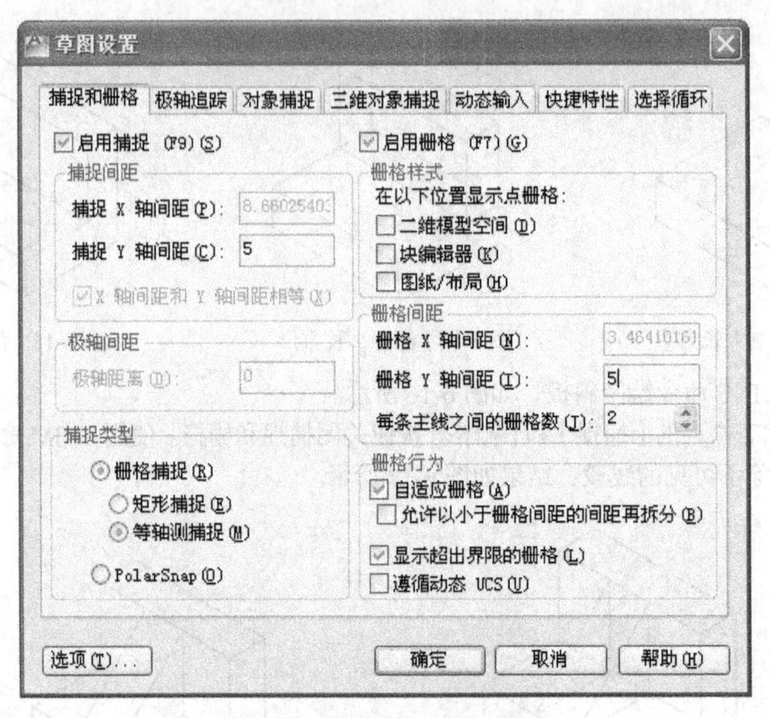


图 6-19　设置等轴测捕捉和栅格

7）使用 LINE 命令绘制两个平行面之间的连线，如图 6-22 所示。

8）单击状态栏上的【捕捉】和【栅格】按钮关闭捕捉和栅格。使用 TRIM 命令和 ERASE 命令修剪和删除不可见的线段，结果如图 6-23 所示。

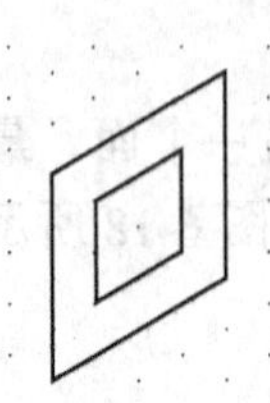

图 6-20　绘制一个面

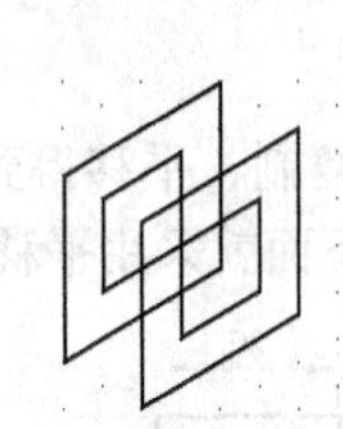

图 6-21　复制出另一个面

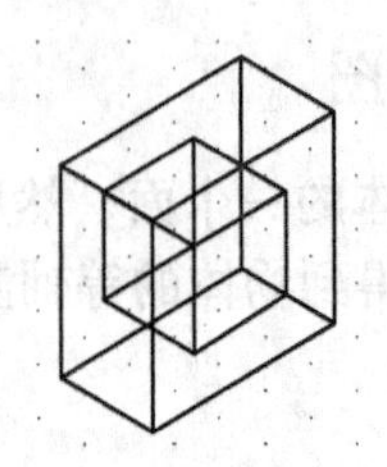

图 6-22　绘制连线

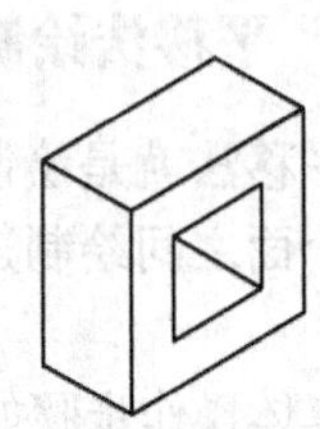

图 6-23　修剪和删除多余的线

## 6.2.4　综合法绘制等轴测图

绘制复杂的等轴测图时，往往需要综合运用前面所讲解的三种绘制方法——综合法。下面就采用综合法绘制图 6-24 所示的物体。

具体操作步骤如下：

1）启动 AutoCAD 2012 并新建文件。

2）输入命令“LIMITS”，设置绘图范围，两个角点坐标分别为（0，0）和（160，100）。

3）输入命令“ZOOM”，然后输入“A”，将图形调整到最大。

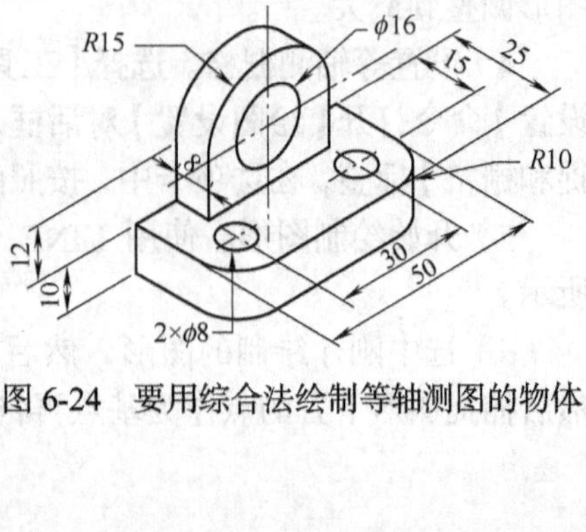

4）输入命令“LAYER”，将弹出【图层特性管理

图 6-24　要用综合法绘制等轴测图的物体

器】对话框，设置好图层，如图 6-25 所示，然后单击【确定】按钮。

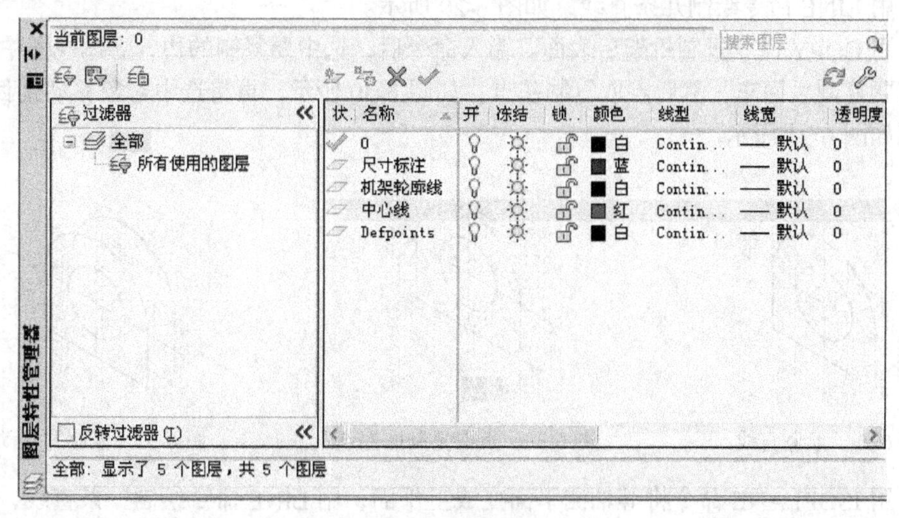


图 6-25 设置图层

5）设置等轴测栅格。选择【工具】|【绘图设置】命令打开【绘图设置】对话框，然后打开【捕捉和栅格】选项卡，设置栅格 Y 间距为“2”，设置捕捉 Y 间距为“1”。在【捕捉类型和样式】选项组中，选中【栅格捕捉】单选按钮并选中【等轴测捕捉】单选按钮，然后单击【确定】按钮确认。

6）确定等轴测平面。输入命令“ISOPLANE”，回车，系统提示和具体操作如下。

当前等轴测平面：左

输入等轴测平面设置[左（L）/上（T）/右（R）]<上>输入“R”，回车

当前等轴测面：右

作图平面就变成了右平面了。

7）绘制中心线。将图层【中心线】设置为当前图层，用 LINE 命令在图形窗口的中间偏上的地方绘制两条中心线，如图 6-26 所示。

8）将图层【机架轮廓线】设置为当前层，下面绘制一个等轴测椭圆。输入命令“ELLIPSE”，回车，系统提示：

指定椭圆轴的端点或[圆弧（A）/中心点（C）/等轴测圆（I）]：输入“I”，回车

指定等轴测圆的圆心：（捕捉中心线的交点为圆心）

指定等轴测圆的半径或[直径（D）]：输入“8”，回车

9）类似于上面的操作，绘制半径为 15 的等轴测椭圆，结果如图 6-27 所示。

10）用 TRIM 命令减去大椭圆的下半部分，如图 6-28 所示。

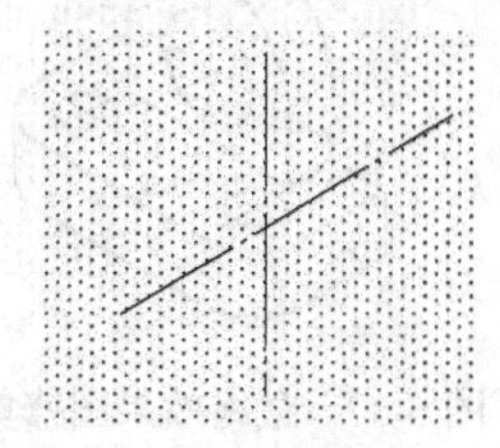

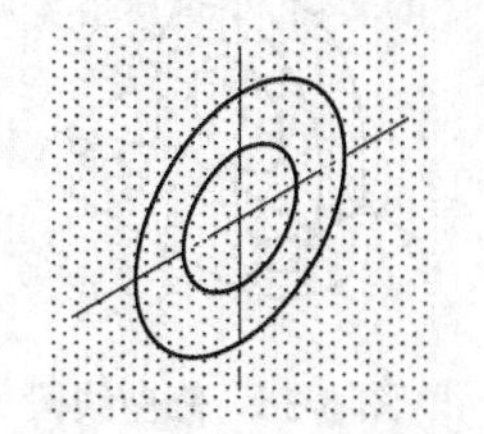

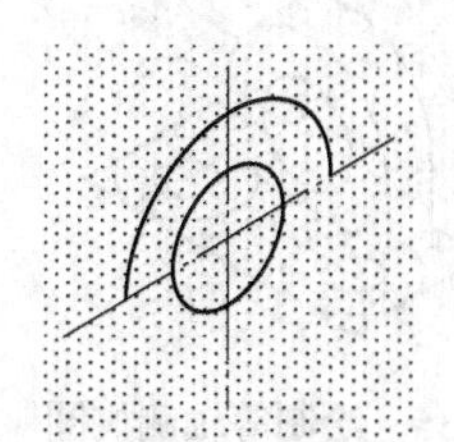

图 6-26 绘制中心线　图 6-27 绘制等轴测椭圆　图 6-28 修剪线段

11）用 LINE 命令绘制几条直线，如图 6-29 所示。

12）用 COPY 命令复制机架后表面。输入命令后，选中要复制的边，立体视图中不可见的边不需要复制。回车，然后点取复制基点，如图 6-30 所示，再将选中对象移动到目标点。最后效果如图 6-31 所示。

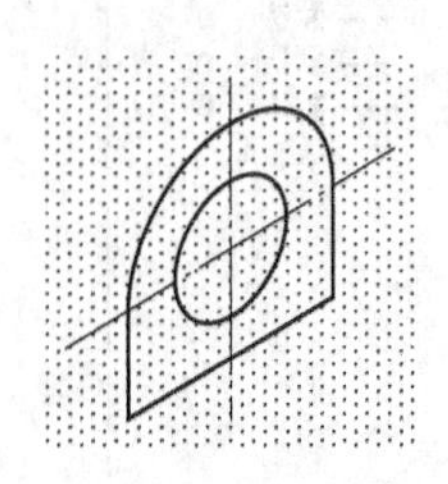

图 6-29 绘制直线

图 6-30 点取复制捕捉点

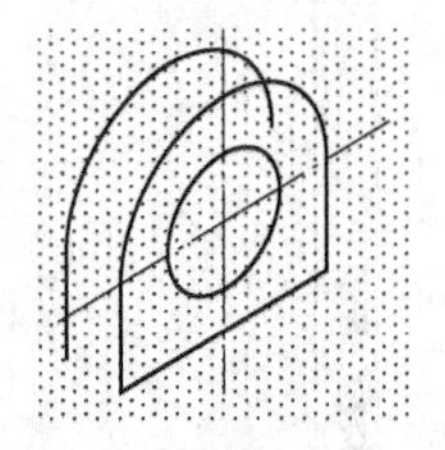

图 6-31 复制并移动

13）用 ISOPLANE 命令将等轴测平面变成上平面，用 LINE 命令绘制一条直线，连接底面的端点，再用 LINE 命令绘制一条直线连接两条弧线的象限点，如图 6-32 所示。

14）关闭对象捕捉。用 LINE 命令绘制几条直线，如图 6-33 所示。

15）将图层【中心线】设置为当前层，用 LINE 命令绘制 4 条中心线，结果如图 6-34 所示。

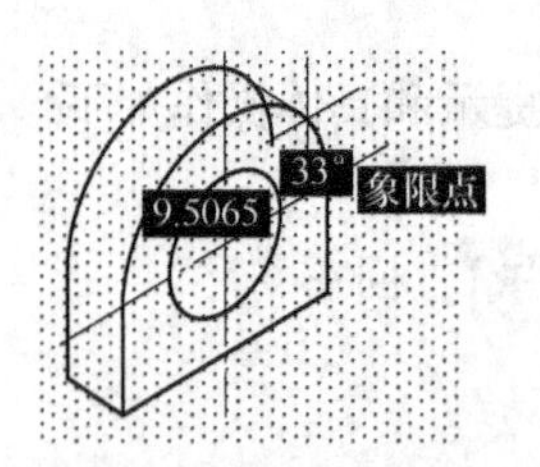


图 6-32 连接底面端点和象限点

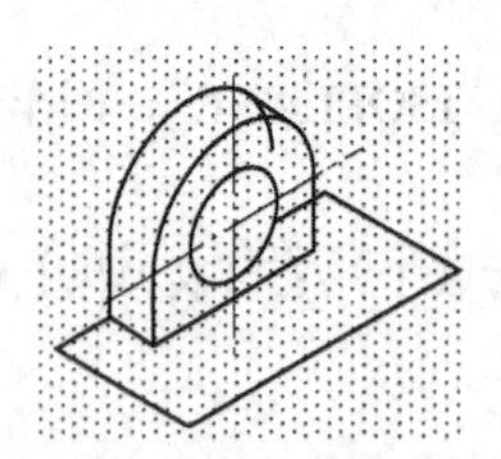

图 6-33 绘制直线

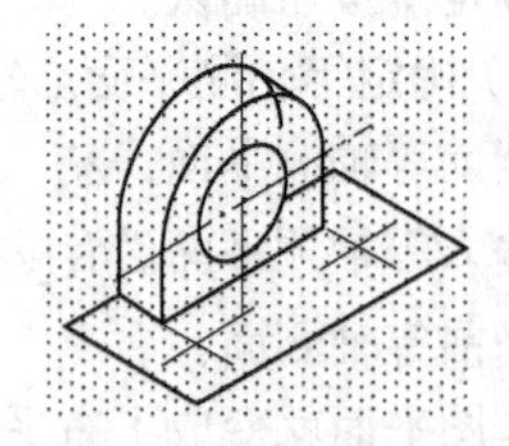

图 6-34 绘制中心线

16）打开对象捕捉，用 ELLIPSE 命令绘制 4 个等轴测椭圆，里面两个设置半径为 4，外面 2 个设置半径为 10，结果如图 6-35 所示。

17）用 TRIM 命令修剪多余的线，结果如图 6-36 所示。

18）用 COPY 命令复制机架底面，并向下移动 4 个栅格。

19）结合 ISOPLANE 命令变换等轴测平面，用 LINE 命令连接两直线。然后用 TRIM 命令剪去多余的线，结果如图 6-37 所示。

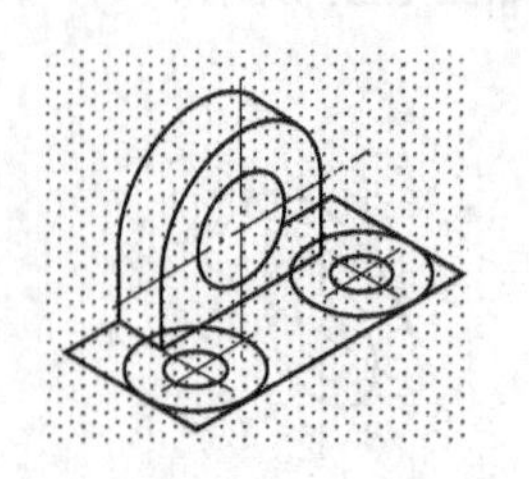

图 6-35 绘制等轴测椭圆

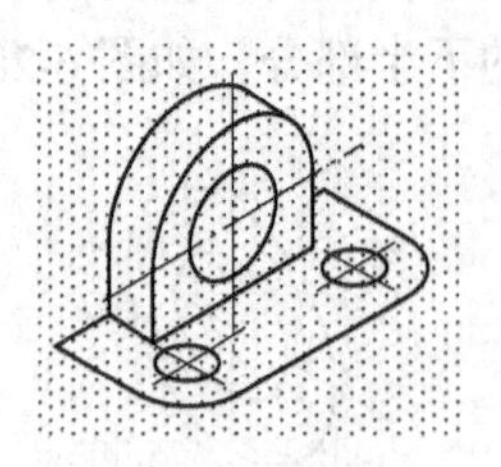

图 6-36 修剪线段

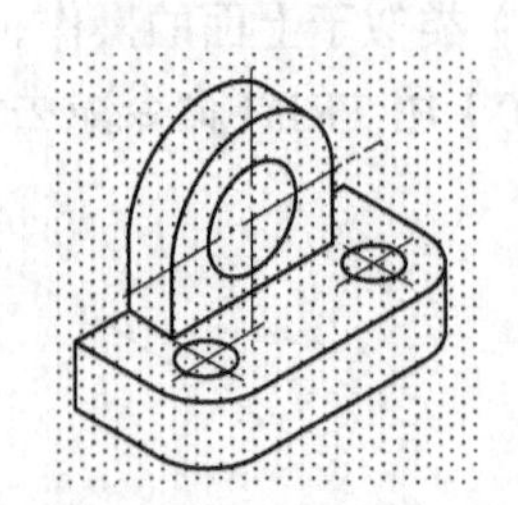

图 6-37 最终效果图修剪线段

## 6.3 等轴测图的尺寸标注

等轴测图的特点就是直观，但是度量性较差。为了弥补这个缺陷，一般需要进行尺寸标注。等轴测图的尺寸标注方法与普通的尺寸标注有很大的区别。通常不能直接使用线性标注命令标注长度、宽度或者高度，也不能使用半径或者直径标注命令标注半径或者直径，因为此时的图形是倾斜的。我们可以采用对齐标注命令 DIMALIGNED 来标注长、宽、高，采用引线标注命令 QLEADER 来标注直径或者半径。标注完尺寸以后还需要将尺寸标注倾斜，以使之与图形具有同样的立体效果。

下面就以 6.2 节中绘制的图 6-24 所示物体为例来介绍等轴测图的尺寸标注方法。

具体操作步骤如下：

1）打开 6.2 节中绘制的如图 6-24 所示物体等轴测图文件。

2）选择【标注】|【样式】命令，弹出【标注样式管理器】对话框，单击【修改】按钮，进入【修改标注样式】对话框。打开【符号和箭头】选项卡，设置箭头大小为 1.8，如图 6-38 所示。打开【文字】选项卡，在【文字外观】选项组中设置【文字高度】为 4；在【文字位置】选项组中设置【垂直】为 JIS，设置【水平】为【置中】；在【文字对齐】选项组中选中【与尺寸对齐】单选按钮，如图 6-39 所示。

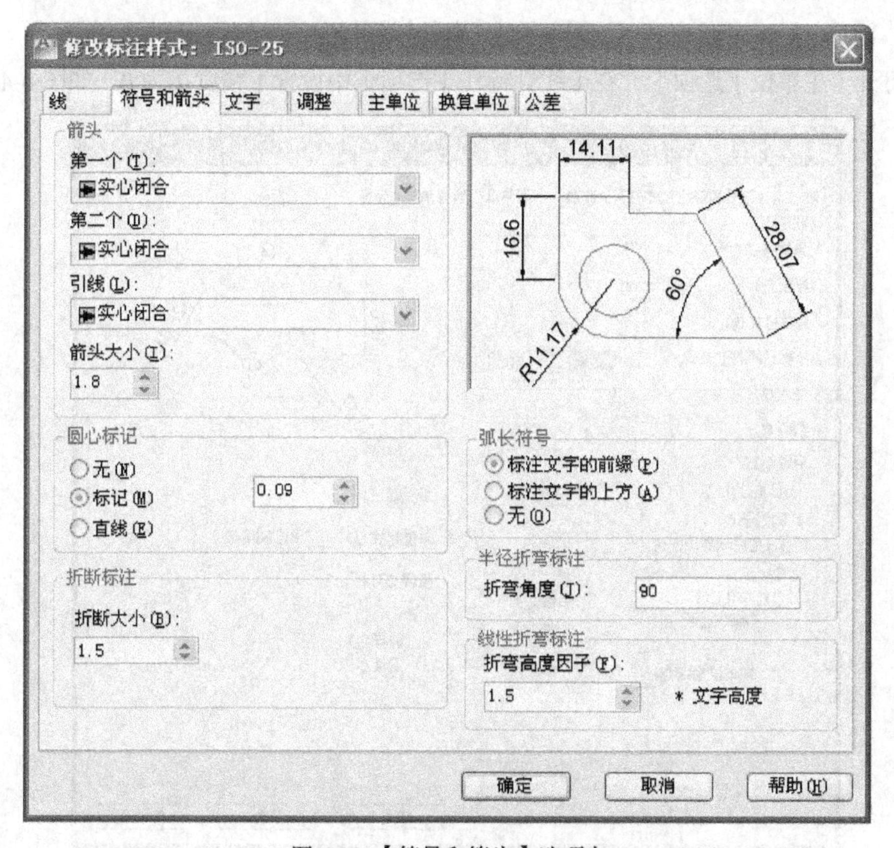


图 6-38 【符号和箭头】选项卡

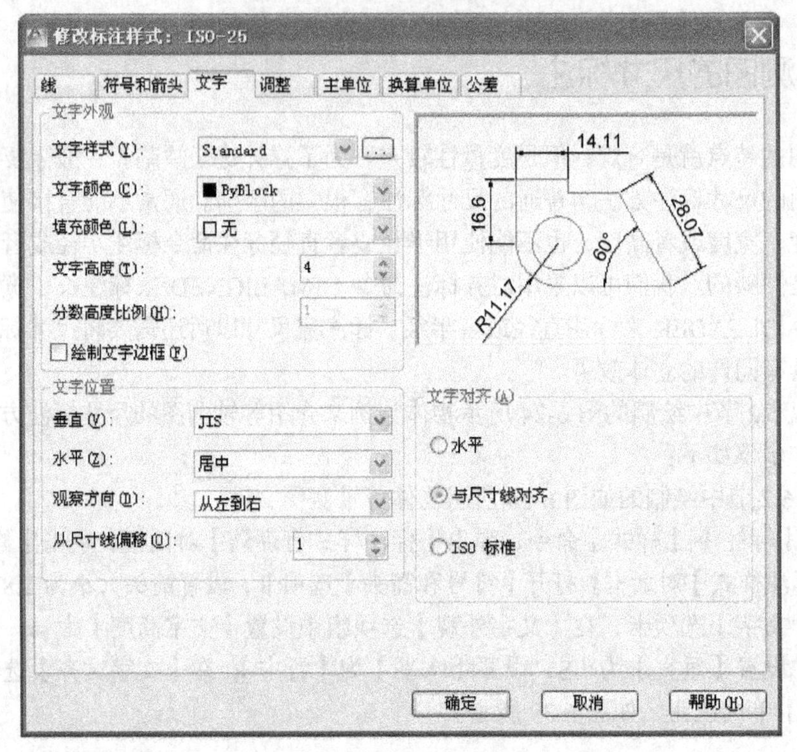


图 6-39　【文字】选项卡

3）打开【主单位】选项卡，在【线性标注】选项组中设置【精度】为 0，如图 6-40 所示。

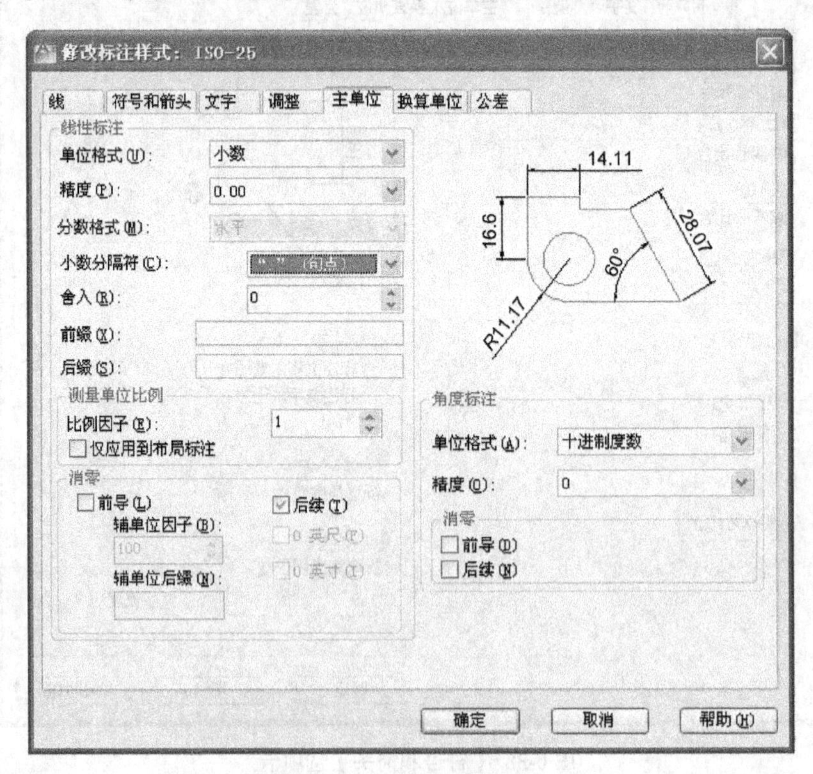


图 6-40　【主单位】选项卡

4）将图层【尺寸标注】设置为当前图层，输入命令“DIMALIGNED”，捕捉两条尺寸界线的起点，然后移动鼠标，拖动尺寸线到合适的位置单击。结果如图 6-41 所示。

5）用命令 DIMALIGNED 标出其他的尺寸。结果如图 6-42 所示。

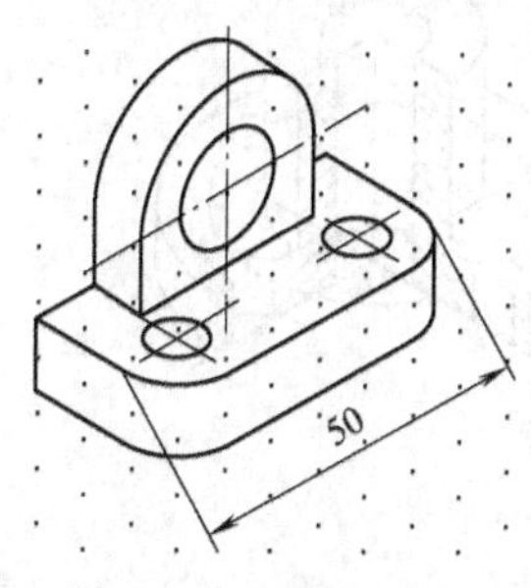


图 6-41 标注尺寸

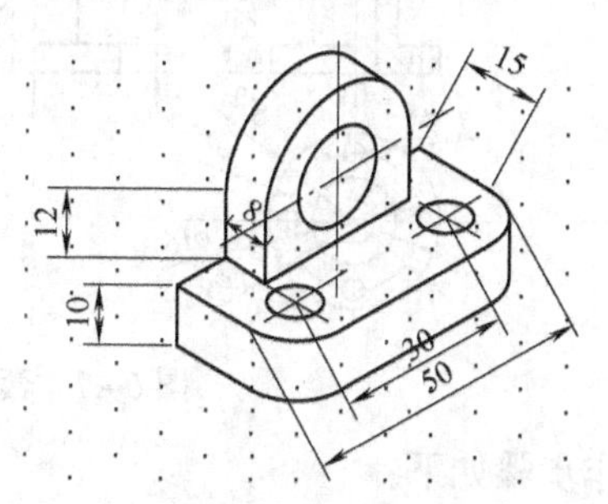


图 6-42 标注尺寸

6）用 LINE 命令绘制一条辅助线，用命令 DIMALIGNED 标出尺寸 25，如图 6-43 所示。

7）下面将尺寸线倾斜一定角度，输入命令“DIMEDIT”，选择“倾斜（O）”进行倾斜。默认倾斜角度：水平方向为 0°，逆时针方向为正方向。例如，选择两个尺寸，如图 6-44 虚线所示，回车，输入倾斜角度为“–30”。最后尺寸线如图 6-45 所示。

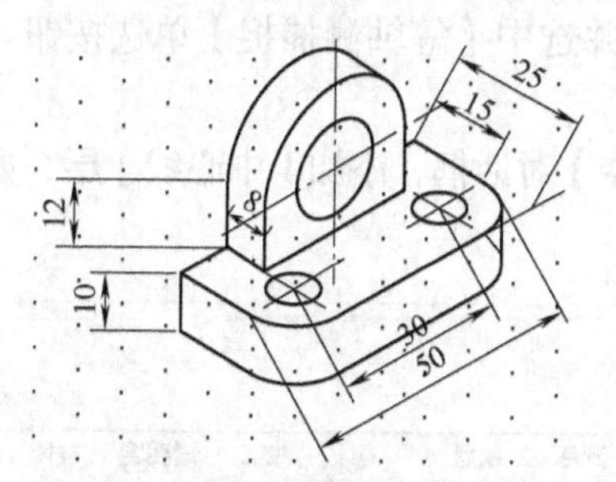


图 6-43 绘制辅助线并标注尺寸

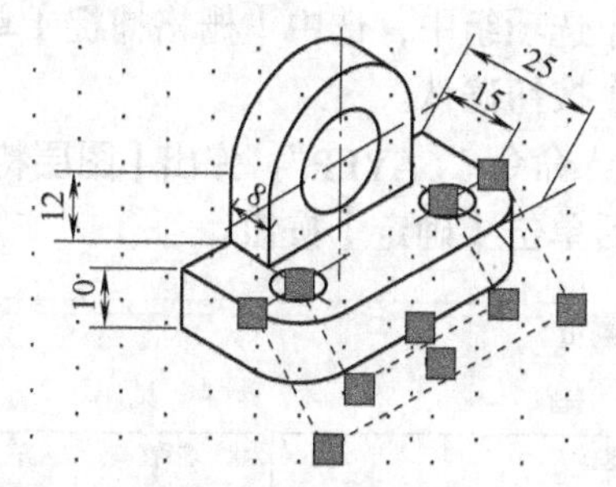


图 6-44 选中尺寸

8）类似地，倾斜其余尺寸，结果如图 6-46 所示。

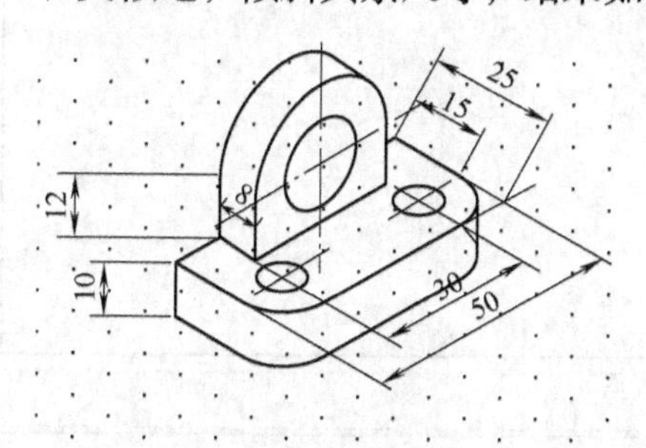


图 6-45 将尺寸界线倾斜到一定角度

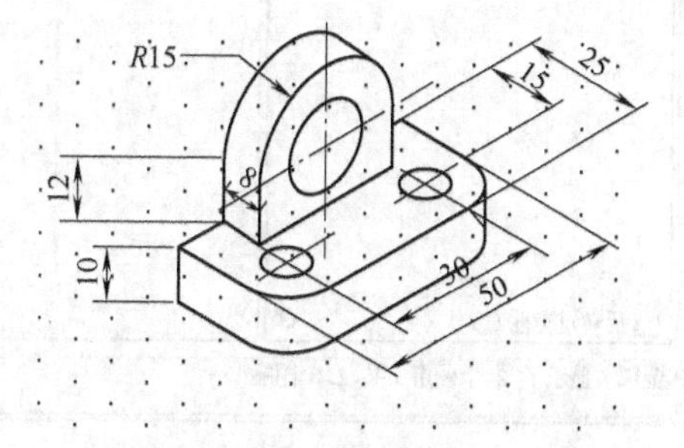


图 6-46 将尺寸倾斜到一定角度

9）最后用 QLEADER 命令，标注直径和半径。最终结果如图 6-24 所示。

## 6.4 绘制等轴测剖视图

为了表示零件的内部结构，在等轴测图上也常常进行剖视。但是为了保持外形的清晰，所以不论零件是否对称，剖视常常是切掉零件的 1/4。下面就绘制如图 6-47 所示套筒的等轴测剖视图。

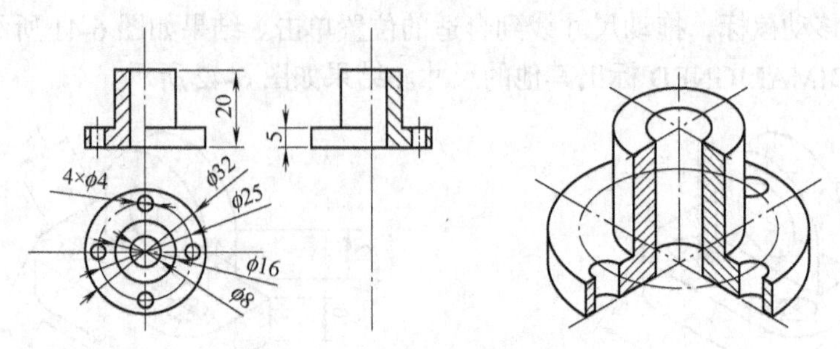


图 6-47 套筒等轴测剖视图

具体操作步骤如下：

1）启动 AutoCAD 2012 并新建文件。

2）输入命令“LIMITS”，设置绘图范围，两个角点坐标分别为（0，0）和（50，50）。

3）输入命令“ZOOM”，然后输入“A”，将图形调整到最大。

4）设置等轴测栅格。选择【工具】|【绘图设置】命令打开【绘图设置】对话框，然后打开【捕捉和栅格】选项卡，设置栅格 Y 间距为“1”，设置捕捉 Y 间距为“1”。在【捕捉类型和样式】选项组中，选中【栅格捕捉】单选按钮并选中【等轴测捕捉】单选按钮。然后单击【确定】按钮确认。

5）输入命令“LAYER”，弹出【图层特性管理器】对话框，添加【中心线】层，如图 6-48 所示。然后单击【确定】按钮。

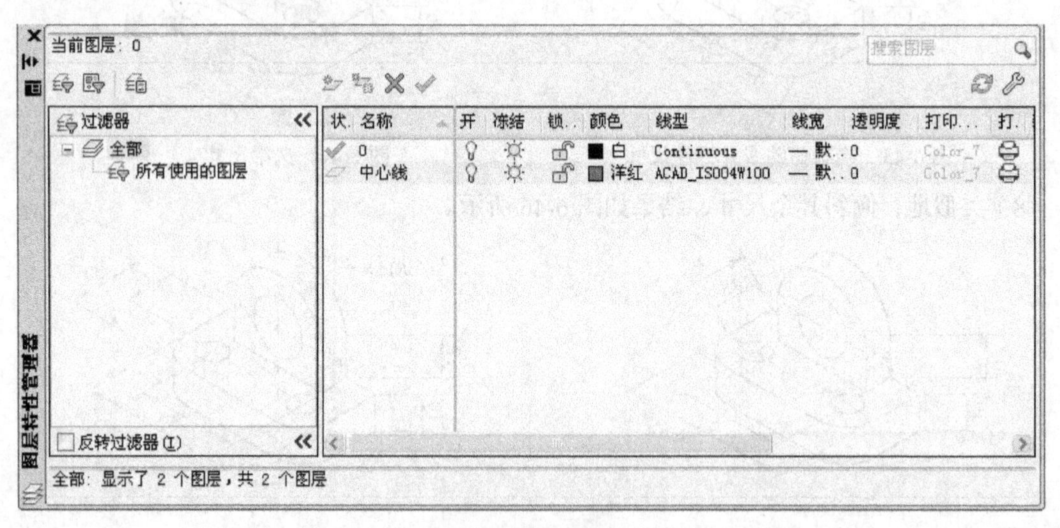


图 6-48 设置图层

6）绘制套筒的等轴测图。设置图层【中心线】为当前层。使用 LINE 命令绘制辅助中心线，其中交叉线之间的距离为 20 个栅格。通过【特性】窗口将中心线线型比例设置为 0.2，结果如图 6-49 所示。

7）绘制底板。将图层“0”设置为当前层。使用 F5 键将等轴测面设置为上平面，按照给定尺寸绘制如图 6-50 所示的等轴测椭圆。

8）按需要复制上面的等轴测椭圆到相应的位置，结果如图 6-51 所示。

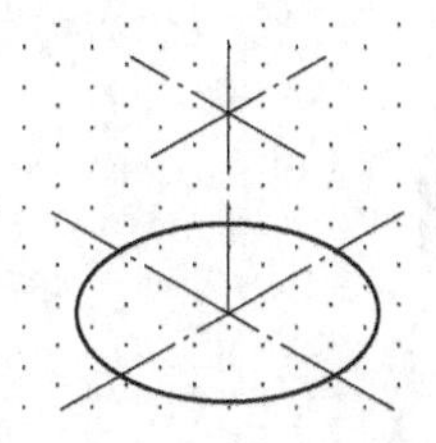
图 6-49 绘制中心线

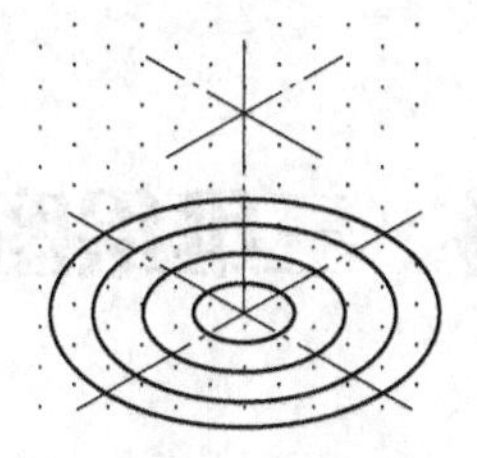
图 6-50 绘制底板

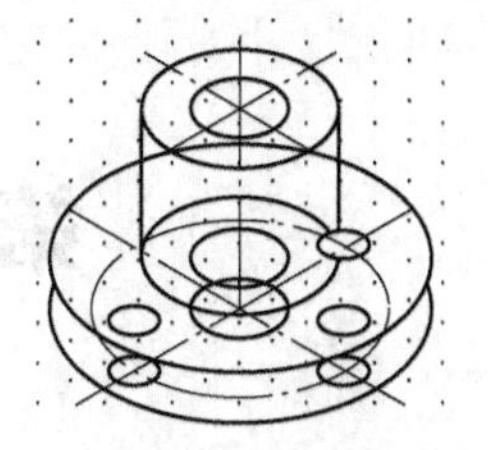
图 6-51 复制等轴测圆

9）使用 LINE 连接几条直线，结果如图 6-52 所示。

10）使用 TRIM 修剪掉多余的线段，并关闭【栅格】和【捕捉】。结果如图 6-53 所示。

11）填充剖面线。选择【绘图】|【图案填充】命令，打开【图案填充和渐变色】对话框，设置【角度和比例】分别为“15”和“0.25”，单击【添加：拾取点】按钮，回到绘图窗口中，选中左边的剖面，然后回车，单击【确定】按钮；设置【角度和比例】分别为−105 和 0.25，单击【添加：拾取点】按钮，回到绘图窗口中，选中右边的剖面，然后回车，单击【确定】按钮。结果如图 6-54 所示。

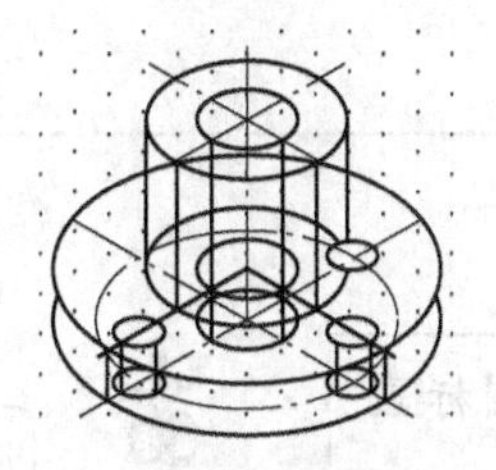
图 6-52 绘制直线

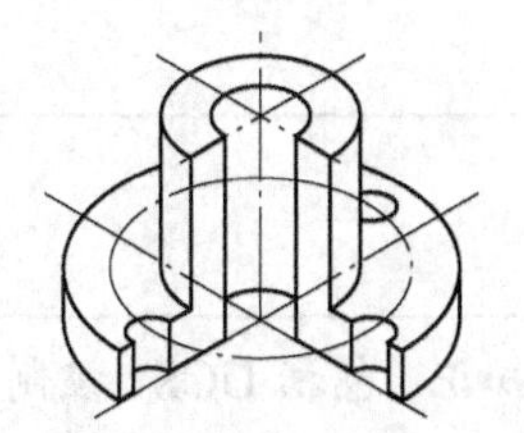
图 6-53 修剪和删除多余线条

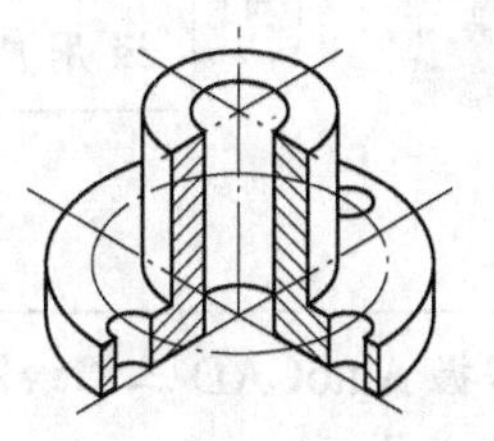
图 6-54 填充剖面线

## 思考与练习

习题 6.1 分别使用切割法、堆叠法、平移法绘制图 6-55 所示的等轴测图，并按照如图 6-55 所示的尺寸给等轴测图标注尺寸。

习题 6.2 使用综合法绘制如图 6-56 所示图形的等轴测图。

习题 6.3 绘制如图 6-56 所示的等轴测剖面图。

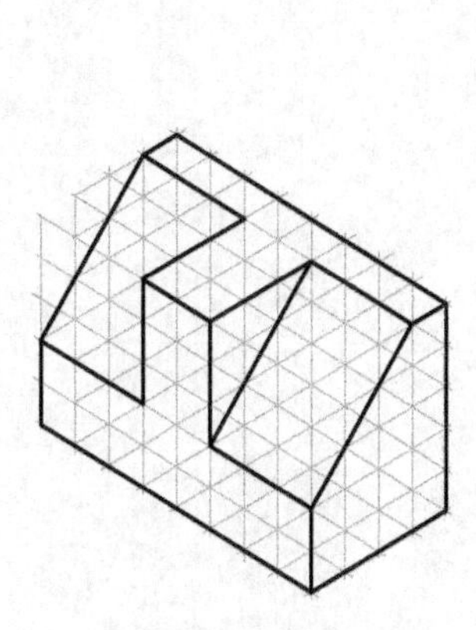
图 6-55 习题 6.1

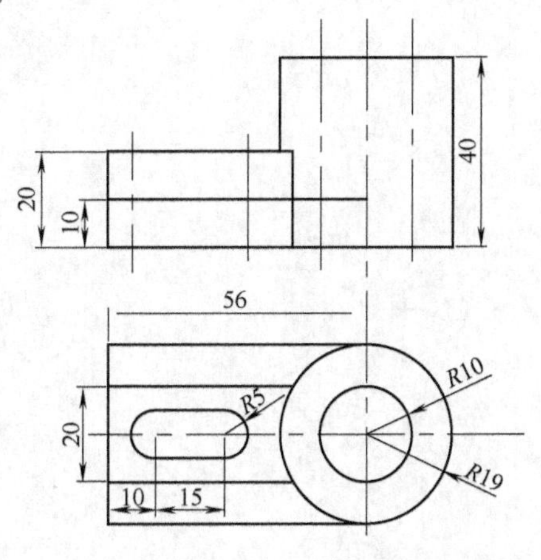

图 6-56 习题 6.2

# 第 7 讲　三维绘图基础

【导读】

本章主要讲述了 AutoCAD 三维绘图的基础知识，介绍了 AutoCAD 的三维空间、三维坐标系和各种三维坐标形式，并详细讲述如何使用 UCS。此外，还介绍了如何在 AutoCAD 中设置三维视图与模型视口。

应知

※ AutoCAD 的三维空间
※ 模型空间和图样空间
※ 三维视图
※ 用户坐标系

☆ 掌握 AutoCAD 三维绘图的基础知识，包括 UCS、控制坐标系图标显示方式
☆ 模型空间与图样空间转换
☆ 会设置多视口和三维视图形式

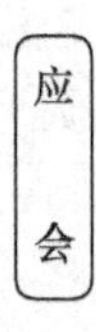

应会

# 7.1 AutoCAD 的三维空间

AutoCAD 的图形空间是一个三维空间，可以在 AutoCAD 三维空间中的任意位置创建三维模型。使用三维坐标系对 AutoCAD 的三维空间进行度量，也可以使用多种形式的三维坐标格式表达模型所在的空间位置。

## 7.1.1 三维坐标系

AutoCAD 的三维坐标系由三个通过同一点且彼此垂直的坐标轴组成，这三个坐标轴分别称为 X 轴、Y 轴和 Z 轴，交点为坐标系的原点，也就是各个坐标轴的坐标零点。要在 AutoCAD 的三维空间中表示任意一点的位置可以由三维坐标轴上的坐标（x，y，z）唯一确定。

在 AutoCAD 中默认的坐标系称为世界坐标系（World Coordinate System，WCS），它在屏幕上显示的坐标系图标如图 7-1 所示。其中三个轴的正向遵守右手定则，即已知 X 轴和 Y 轴的正方向，就可确定 Z 轴的正方向。如图 7-2a 所示，伸开右手，拇指和食指分别指向 X 轴和 Y 轴的正方向，弯曲中指与食指垂直，中指所指示的方向即为 Z 轴的正方向。右手定则还可确定某个轴的正旋转方向，如图 7-2b 所示，右手握住轴，同时拇指指向轴的正方向，四指弯曲的方向即是轴的正旋转方向。

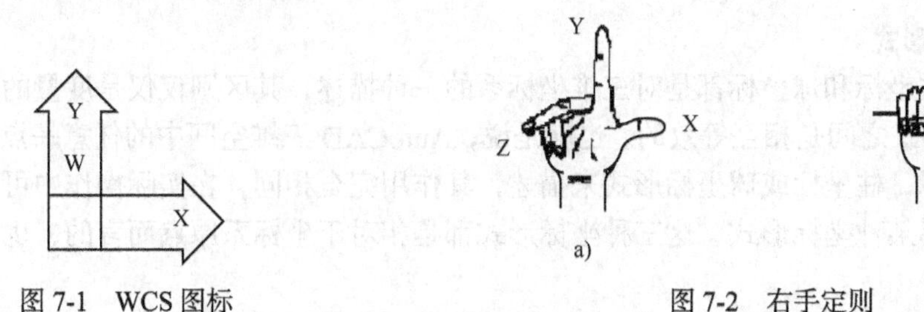


图 7-1　WCS 图标　　图 7-2　右手定则

## 7.1.2 三维坐标形式

进行三维绘制时，常常需要使用精确的坐标值确定三维坐标点。在 AutoCAD 中可使用多种形式的三维坐标，包括直角坐标、柱坐标、球坐标，以及这几种坐标类型的相对坐标形式。

**1. 直角坐标形式**

AutoCAD 三维空间中的任意一点都可以用直角坐标（x，y，z）形式表示，其中 x、y 和 z 分别表示该点在三维坐标系中 X 轴、Y 轴和 Z 轴上的坐标值。例如，点（6，7，8）表示一个沿 X 轴正方向 6 个单位、沿 Y 轴正方向 7 个单位、沿 Z 轴正方向 8 个单位的点，该点在坐标系中的位置如图 7-3 所示。

**2. 柱坐标形式**

柱坐标用（*L*<*a*，*z*）的形式表示，其中 *L* 表示该点在 XOY 平面上的投影到原点的距离，*a* 表示该点在 XOY 平面上的投影和原点之间的连线与 X 轴的夹角，*z* 为该点在 *Z* 轴上的坐标。例如，点 *P*（8<30，4）的位置如图 7-4 所示。

**3. 球坐标形式**

球坐标用（*L*<*a*<*b*）的形式表示，其中 *L* 表示该点到原点的距离，*a* 表示该点与原点的

连线在 XOY 平面上的投影与 X 轴之间的夹角，*b* 表示该点与原点的连线与 XOY 平面的夹角。例如，点 *P*（6<30<20）的位置如图 7-5 所示。

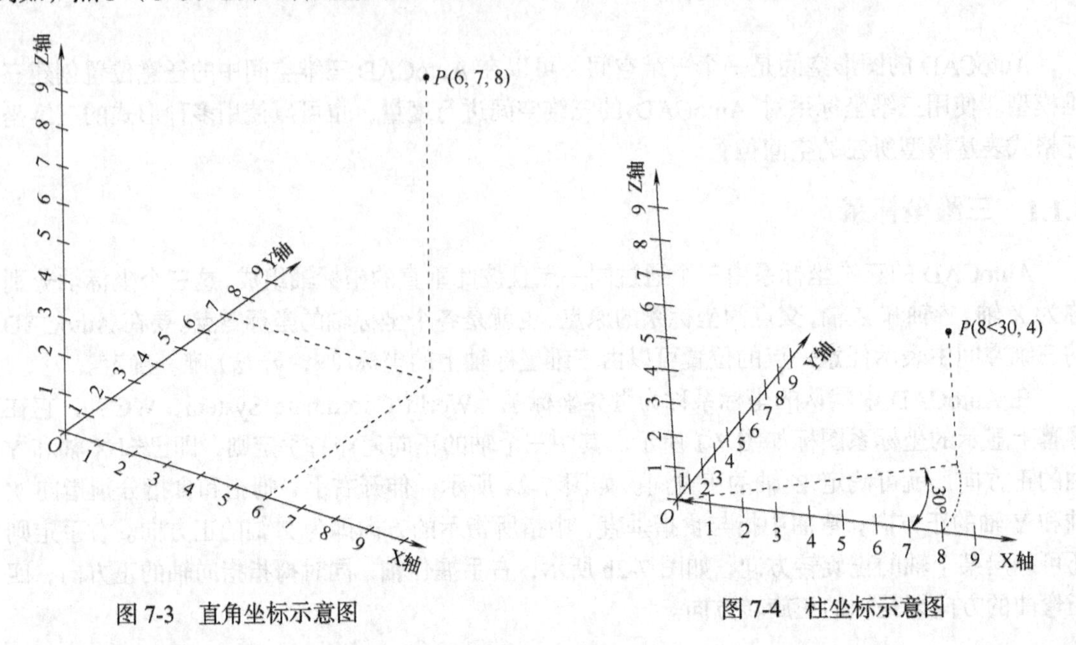


图 7-3 直角坐标示意图

图 7-4 柱坐标示意图

**4. 相对坐标形式**

直角坐标、柱坐标和球坐标都是对三维坐标系的一种描述，其区别仅仅是度量的形式不同。这三种坐标形式之间是相互等效的。也就是说，AutoCAD 三维空间中的任意一点，可以分别使用直角坐标、柱坐标或球坐标形式来描述，其作用完全相同，在实际操作中可以根据具体情况任意选择某种坐标形式。这三种坐标形式都是相对于坐标系原点而言的，也可以称为绝对坐标。

此外，AutoCAD 还可以使用相对坐标形式，所谓相对坐标，是在连续指定两个点的位置时，第二点以第一点为基点所得到的相对坐标形式。相对坐标可以用直角坐标、柱坐标、球坐标表示，只要在坐标前加“@”符号。例如，某条直线起点的绝对坐标为（6，4，5），终点的绝对坐标为（8，6，7），则终点相对于起点的相对坐标为（@2，2，2），如图 7-6 所示。

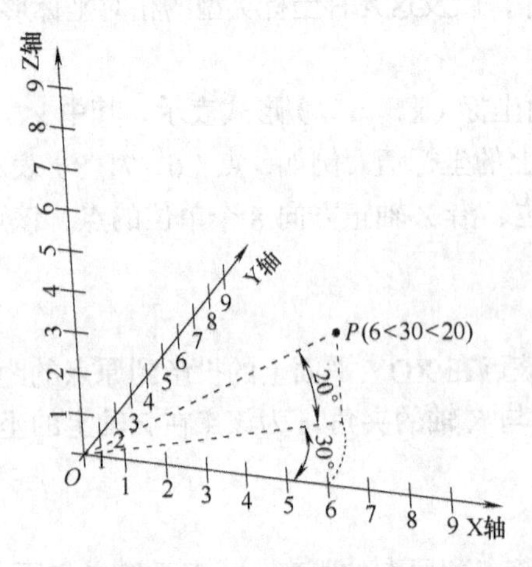


图 7-5 球坐标形式

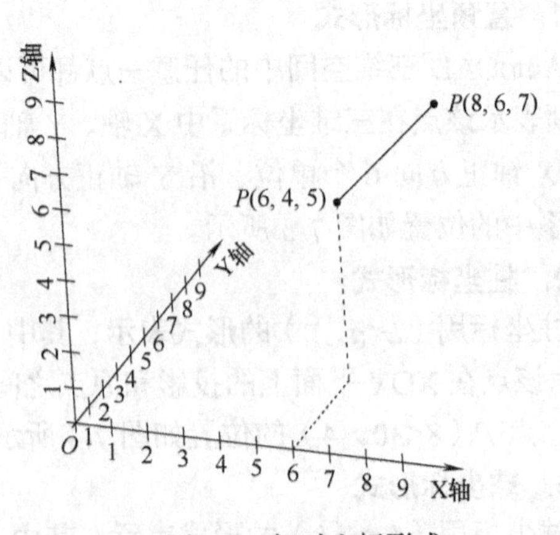


图 7-6 相对坐标形式

## 7.2 模型空间和图样空间

模型空间和图样空间是 AutoCAD 中最重要的内容之一，两者与三维绘图、实体造型、多视口和视点设置有着密切的关系。

### 7.2.1 模型空间和图样空间介绍

AutoCAD 提供两种工作空间：模型空间和图样空间。模型空间是指可以在其中建立二维和三维模型的三维空间，即一种造型工作环境。在这个空间中可以使用 AutoCAD 的全部绘图、编辑、显示等命令。图样空间是一个二维空间，类似于用户绘图时的绘图样。把模型空间中的二维和三维模型投影到图样空间，也可在图样空间绘制模型的各个视图，并在图中标注尺寸和文字。

在模型空间绘制二维和三维图形时，可以采用多视口显示，但这只是为了图形的观察和绘图方便，并且多视口中只有一个视口处于激活状态（成为当前视口）。在输出图形时每次只能将当前视口中的图形绘出，而不能同时绘出各视口中的图形。因此，在模型空间中完成不了空间模型与其视图的直接转换，而图样空间恰好解决了这个问题。图样空间也具有多视口功能，每一视口与视口内的图形有直接的关系，如果删除了某个视口边框，则其内部的图形也同时消失。在图样空间中，采用多视口的主要目的是便于进行图样的合理布局。用户可以在多视口中布置表达模型的几个视图，在视图中写字，整张图形完成后就可以用打印机一次全部输出。

### 7.2.2 模型空间和图样空间的切换

在 AutoCAD 中，模型空间与图样空间的切换可通过绘图区下部的切换按钮来实现。单击【模型】按钮，即可进入模型空间；单击【布局】按钮，即可进入图样空间。AutoCAD 在默认状态下，将进入模型空间。

在绘图工作中，要进入图样空间尚需要进行一些布局方面的设置，具体操作如下。

1）右击【布局 1】标签，从弹出的快捷菜单中选择【页面设置管理器】命令，打开【页面设置管理器】对话框；单击其中的【修改】按钮，打开【页面设置布局 1】对话框。

2）在【页面设置-布局 1】对话框中，可以进行图样大小、打印范围、打印比例等方面的设置。

状态行最右边的按钮【模型／图样】可用于在图样空间和浮动模型空间之间进行切换。当该按钮显示“图样”字样时，单击它可进入浮动模型空间；当该按钮显示“模型”字样时，单击它可进入图样空间。

## 7.3 三维视图

计算机上显示的三维模型是在不同视点方向上观察到的投影视图。可以通过指定视点来得到三维视图。根据视点位置的不同，可以把投影视图分为标准视图、等轴测视图和任意视图。

### 7.3.1 选择预置三维视图

AutoCAD 提供了 6 种正交视图和 4 种等轴测视图，可以根据这些标准视图的名称直接调用，无须自行定义。

**1. 命令调用**

工具栏：【视图】工具栏中的各种按钮如图 7-7 所示。

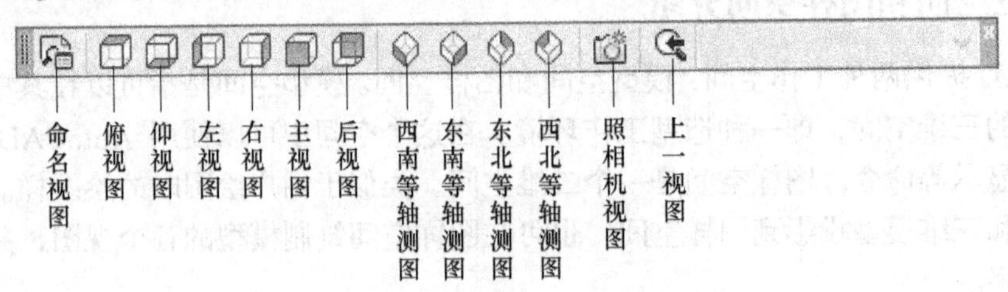


图 7-7 【视图】工具栏

菜单栏：【视图】|【三维视图】|【俯视】等子菜单，如图 7-8 所示。

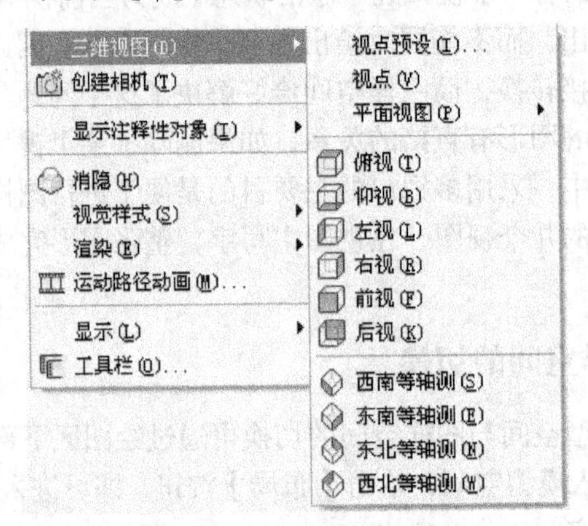


图 7-8 【三维视图】子菜单

命令行：VIEW，回车，打开【视图】对话框，如图 7-9 所示。

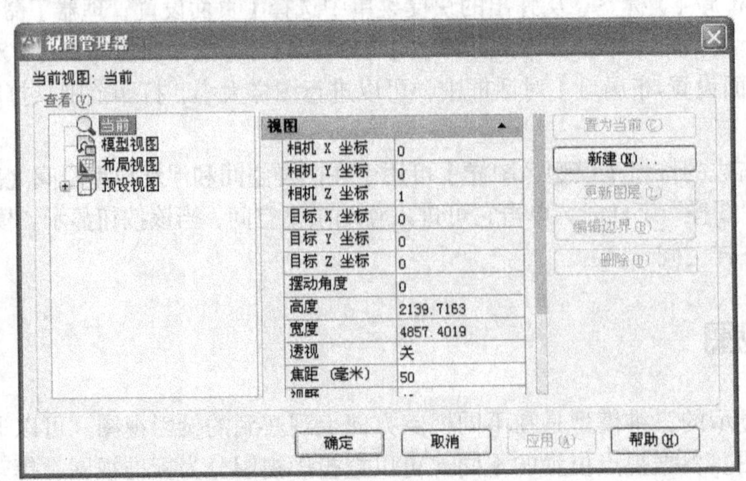


图 7-9 【视图】对话框

**2. 标准视图与等轴测图的观察方向**

用一个立方体代表三维空间的三维模型，各视图与等轴测图的观察方向如图 7-10 所示。

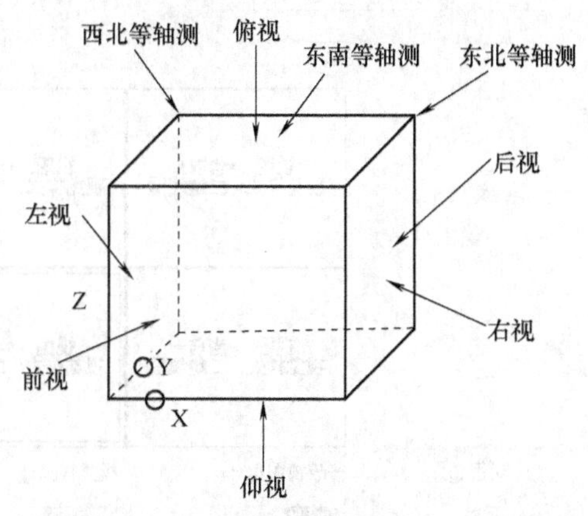


图 7-10 标准视图与等轴测图的观察方向

### 7.3.2 设置多视口与视点

视口是 AutoCAD 在屏幕上用于显示图形的区域，通常是把整个绘图区作为一个视口。观察和绘制图形都是在视口中进行的。绘制三维图形时，常常要把一个绘图区域分割成为几个视口，在各个视口中设置不同的视点，可以更加全面地观察物体。

**1. 命令调用**

工具栏:【视口】工具栏中的图标按钮如图 7-11 所示。

菜单栏:【视图】|【视口】|【新建视口】等子菜单，如图 7-12 所示。

图 7-11 【视口】工具栏

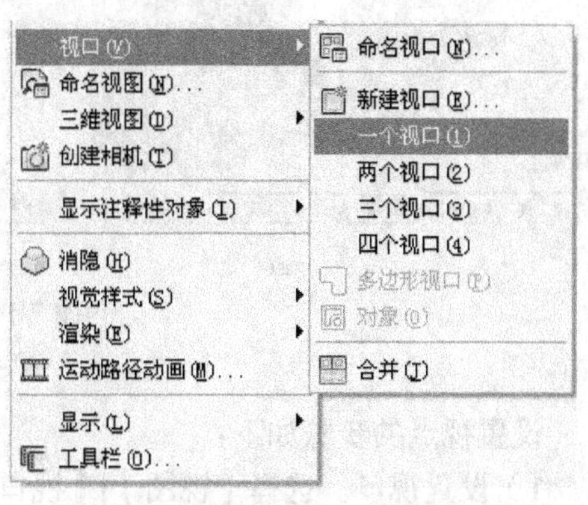


图 7-12 【视口】子菜单

命令行：VPORTS，回车。

当启动【视口】命令后，打开【视口】对话框，如图 7-13 所示。

对话框的【标准视口】列表框中列出了可供选择的各种视口名称，单击任一种，【预览】框中便显示该种视口的布置形式。【新名称】文本框用于给所选定的视口命名。当选定所需视口类型后，单击【确定】按钮即可完成视口的设置。

**2. 设置视口中的视点**

假设已有三维图如图 7-14a 所示。

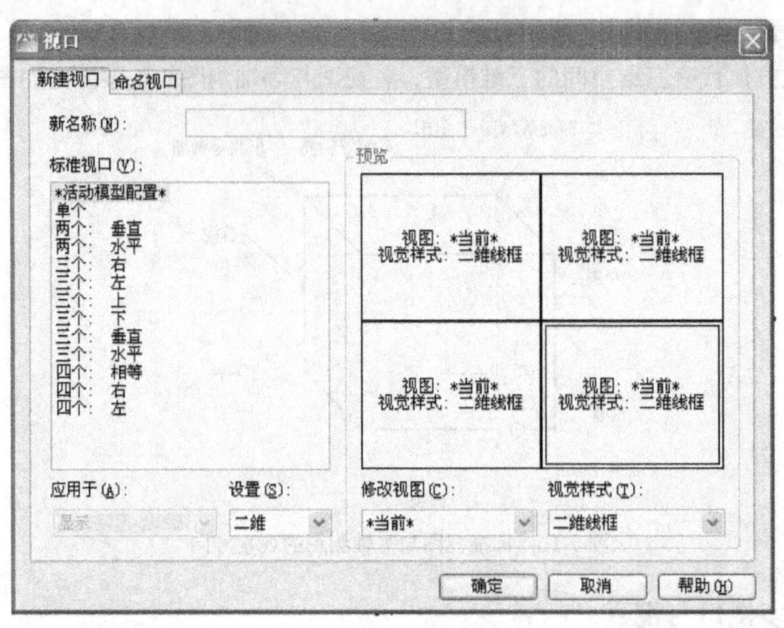


图 7-13 【视口】对话框

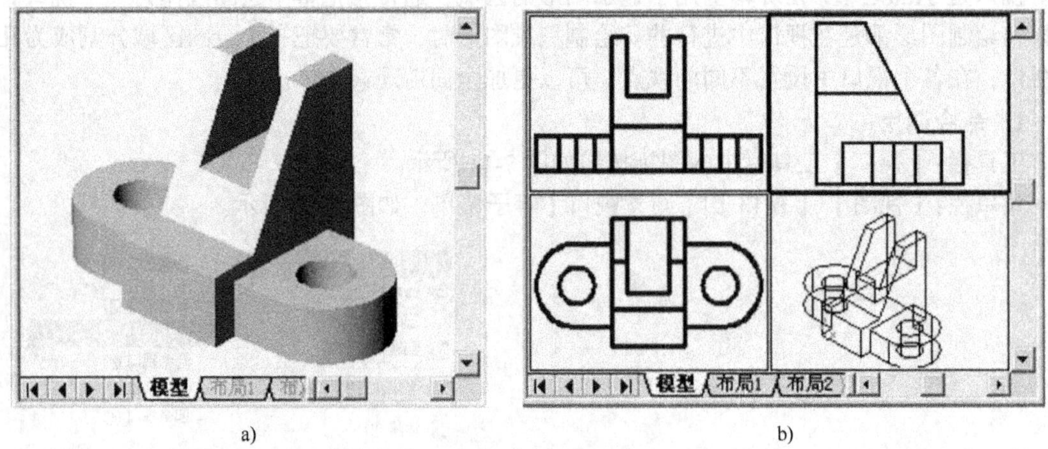


a)　　　　b)

图 7-14　设置视口与视点

a）单视口　b）多视口

设置视点的步骤如下：

1）设置视口。选择【视图】|【视口】|【四个视口】命令，将绘图区分成 4 个视口。

2）单击左上角视口，使其成为活动视口。然后单击【视图】工具栏中的【主视图】按钮，则左上角视口显示物体的正面图。

3）单击右上角视口，使其成为当前视口。然后单击【视图】工具栏中的【左视图】按钮，则右上角视口显示物体的左侧面图。

4）单击左下角视口，使其成为当前视口。然后单击【视图】工具栏中的【俯视图】按钮，则左下角视口显示物体的平面图。

5）右下角视口仍然为等轴测图，无须改变视点。设置视点后，各视口显示的图形如图 7-14b 所示。

### 7.3.3 三维动态观察器（3DORBIT）

三维动态观察器是一组用于观察三维图形的基本工具。通过其中的按钮可以方便地从任意角度观察所创建的三维图形，甚至任意控制图形的自动旋转。【三维导航】工具栏如图 7-15 所示。

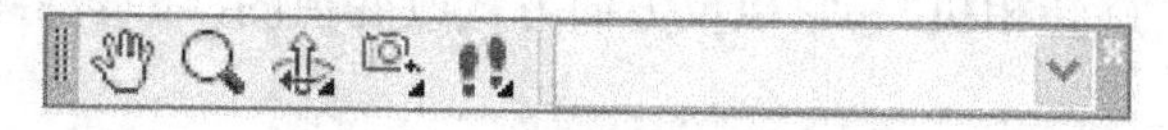

图 7-15 【三维导航】工具栏

工具栏：【三维导航】工具栏中的【三维动态观察】按钮。

菜单栏：【视图】|【动态观察】。

命令行：3DORBIT，回车。

此时在图形的外围显示一个转盘（被小圆平分为 4 部分的一个大圆球）。视图的旋转方式由鼠标的位置决定，共有 4 种情况，其鼠标指针外观如图 7-16 所示。

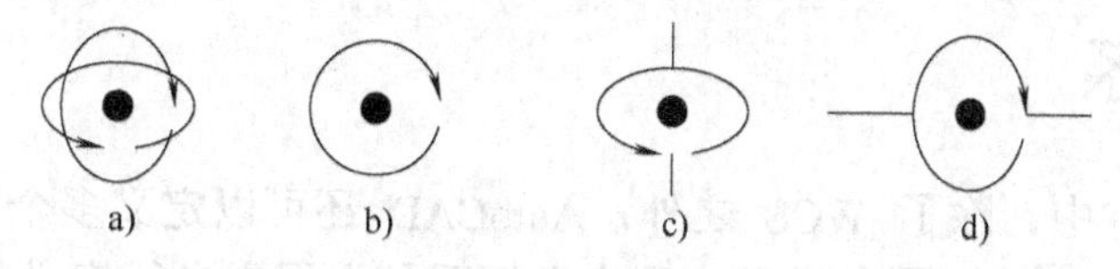


图 7-16 4 种旋转方式

1）旋转对象：将鼠标指针移到转盘内部，形状显示为两条曲线环绕的球状，如图 7-16a 所示，此时单击并在转盘内拖动光标，便可自由移动对象。其效果就向光标抓住环绕对象的球体，并围绕目标点进行拖动一样。用此方法可以水平、垂直或对角拖动。

2）转动：将鼠标指针移到转盘外部，鼠标指针的形状变为圆形箭头，如图 7-16b 所示，单击并在转盘的外部拖动鼠标指针，这将使视图围绕通过转盘中心的垂直于屏幕的轴旋转，表示观察点绕着对象的中心点旋转，这种操作称为“转动”。

3）水平转动：当鼠标指针在转盘左右两边的小圆上移动时，鼠标指针的形状变为水平椭圆，如图 7-16c 所示。从这些点开始单击并拖动鼠标指针将使视图围绕通过转盘中心的垂直轴（Y 轴）旋转。

4）垂直转动：当鼠标指针在转盘上下两边的小圆上移动时，鼠标指针的形状变为垂直椭圆，如图 7-16d 所示。从这些点开始单击并拖动光标将使视图围绕通过转盘中心的水平轴（X 轴）旋转。

对于【三维动态观察器】工具条中的任一命令，在执行过程中右击均可弹出快捷菜单，并切换到其他的命令中。

### 7.3.4 三维连续观察（3DCORBIT）

工具栏：【动态观察】工具栏中的【连续动态观察】按钮。

菜单栏：【视图】|【动态观察】|【连续动态观察】。

命令行：3DORBIT，回车。

依据用户指定的方向反复改变视图，其效果类似于三维动画。

### 7.3.5 三维旋转（3DSWIVEL）

工具栏：【动态观察】工具栏中的【自由动态观察】按钮。

菜单栏：【视图】|【动态观察】|【自由动态观察】。

命令行：3DSWIVEL（3DS），回车。

三维旋转又称为"旋转相机"，它以反方向方式改变视图，即若将镜头转向左边，图形则向右移动。

### 7.3.6 三维调整距离（3DDISTACE）

工具栏：【三维导航】工具栏中的【三维调整距离】按钮。

菜单栏：【视图】|【相机】|【调整距离】。

命令行：3DDISTANCE（3DD），回车。

利用镜头与对象之间的距离来调整视图的远近，其效果为三维缩放。

## 7.4 用户坐标系

在一个图形文件中，除了 WCS 之外，AutoCAD 还可以定义多个用户坐标系（User Coordinate System，UCS）。顾名思义，用户坐标系是由用户自行定义的一种坐标系。在 AutoCAD 的三维空间中，可以在任意位置和方向指定坐标系的原点、XOY 平面和 Z 轴，得到一个新的用户坐标系。

### 7.4.1 UCS 图标的显示

**1. 命令调用**

工具栏：【UCS II】工具栏中的【命名 UCS】按钮。

菜单栏：【视图】|【显示】|【UCS 图标】|【开】或【关】或【特性】，如图 7-17 所示。

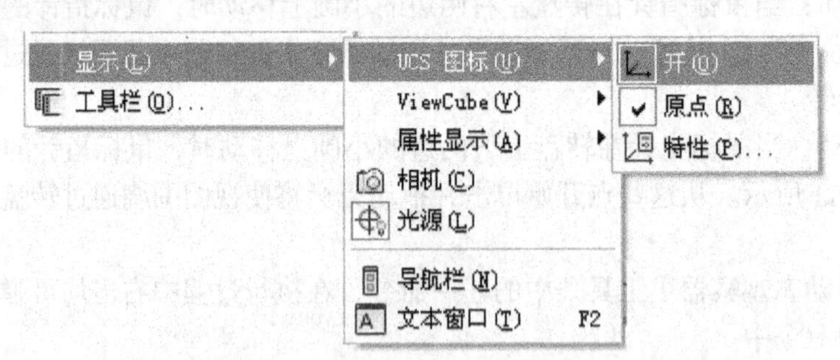


图 7-17 UCS 图标的【显示】控制菜单

命令行：UCSICON，回车。AutoCAD 提示：

输入选项[开（ON）/关（OFF）/全部（A）/非原点（N）/原点（OR）/特性（P）]<开>:（选择一项）

**2. 选项说明**

1）开/关：控制 UCS 图标显示或不显示，默认值为开。

2）全部：改变所有视口中的UCS图标的显示状况，否则只对当前视口起作用。

3）非原点：UCS图标位于视口的左下角，与UCS原点位置无关。

4）原点：将UCS图标显示在当前的UCS原点处。

5）特性：显示【UCS图标】对话框，如图7-18所示。从中可以设置UCS图标的样式、大小和颜色。

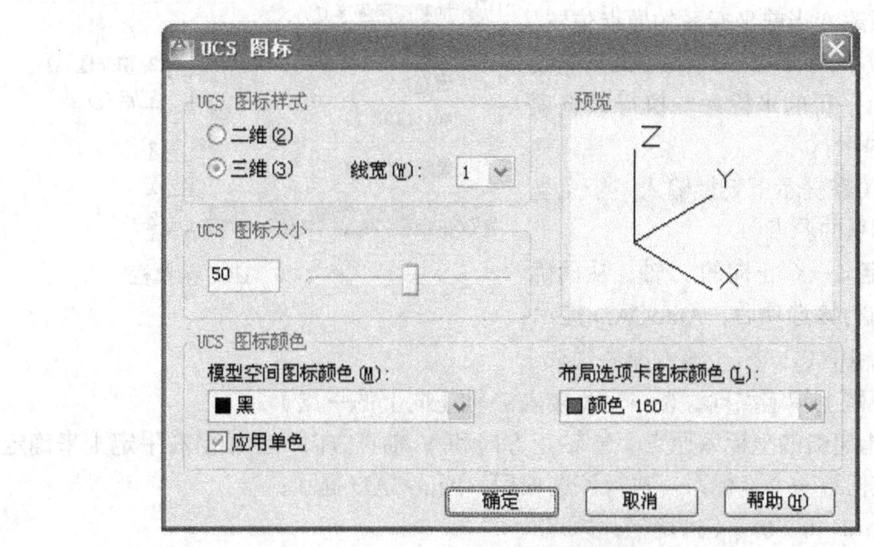


图7-18 【UCS图标】对话框

## 7.4.2 UCS图标

### 1. 命令调用

工具栏：【UCS】工具栏中的命令按钮如图7-19所示。

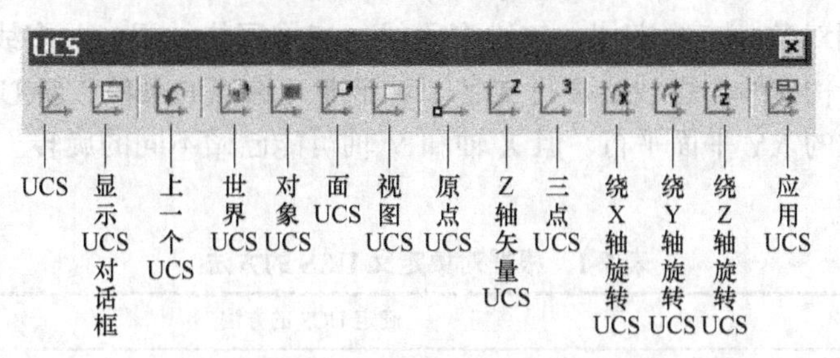


图7-19 【UCS】工具栏

菜单栏：【工具】|【正交UCS】（或【新建UCS】，或【命名UCS】，或【移动UCS】），如图7-20所示。

命令行：UCS，回车。AutoCAD提示：

输入选项[新建（N）/移动（M）/正交（G）/上一个（P）/恢复（R）/保存（S）/删除（D）/应用（A）/?/世界（W）]<世界>:

### 2. 选项说明

（1）新建

输入“N”时，AutoCAD提示：

指定新 UCS 的原点或［Z 轴（ZA）/三点（3）/对象（OB）/面（F）/视图（V）/X/Y/Z］<0，0，0>:

输入原点或输入选项字母 ZA、3、OB、F、V、X、Y、Z 中之一，具体含义如下：

1）原点：只改变当前坐标系的原点位置，X、Y、Z 轴的方向均不变，用该方式只能设定与原作图平面平行的坐标系。执行该选项后，AutoCAD 提示：

<0，0，0>:（在提示下直接输入一个点坐标，表示新坐标系的原点）

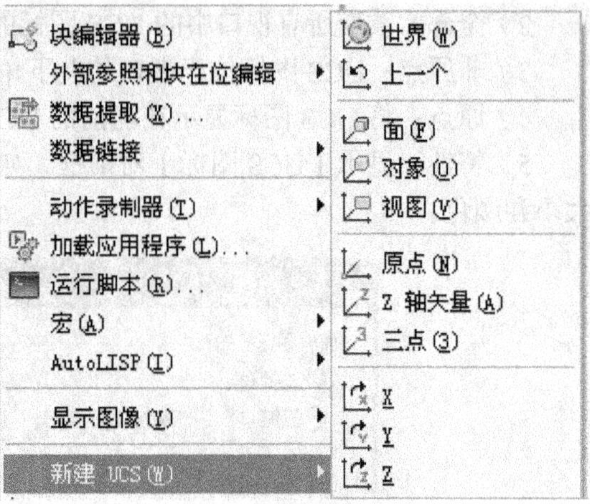

2）Z 轴：定义一个正向的 Z 轴，从而确定新的 UCS。执行该选项后，AutoCAD 提示：

块编辑器(B)
外部参照和块在位编辑
数据提取(X)...
数据链接
动作录制器(T)
加载应用程序(L)...
运行脚本(R)...
宏(A)
AutoLISP(I)
显示图像(Y)
新建 UCS(W)
世界(W)
上一个
面(F)
对象(O)
视图(V)
原点(N)
Z 轴矢量(A)
三点(3)
X
Y
Z

图 7-20　UCS 菜单栏

指定新原点<0，0，0>:（输入原点坐标）

在正 Z 轴范围上指定点<0，0，1>:（输入 Z 轴正向上的一点）

3）三点：指定新的坐标系原点、X 轴正方向和 Y 轴正方向，Z 轴由右手定则来确定。用该选项可设定任意一个坐标系。执行该选项后，AutoCAD 提示：

指定新原点<0，0，0>:（指定坐标原点）

在正 X 轴范围上指定点<1.00.0，0.0.00，0.0000>:（X 轴正向指定一点）

在 UCS XY 平面的正 Y 轴范围上指定点<0.00.0，1.0000，0.0000>:（Y 轴正方向指定一点）

4）对象：基于所选择的对象来确定新的坐标系，新的坐标系与所选对象具有相同的拉伸方向（即 Z 轴方向）。执行该选项后，AutoCAD 提示：

选择对齐 UCS 的对象：选择一个图形对象

不能使用下列对象：三维实体、三维多段线、三维网格、视口、多线、面域、样条曲线、椭圆、射线、构造线、引线、多行文字。对于非三维面的对象，新 UCS 的 XY 平面与绘制该对象时有效的 XY 平面平行，但 X 轴和 Y 轴可能已做不同的旋转。新 UCS 的定义见表 7-1。

**表 7-1　根据对象定义 UCS 的方法**

| 对　　象 | 确定 UCS 的方法 |
|---|---|
| 圆弧 | 弧的圆心为坐标原点，X 轴通过靠近选择点的弧的端点 |
| 圆 | 圆的圆心为新的坐标系原点，X 轴通过选择点 |
| 尺寸 | 尺寸文本的中点为新的坐标系原点，X 轴的方向平行于标注尺寸时坐标系的 X 轴 |
| 线 | 靠近选择点的线的端点为新的坐标系原点。AutoCAD 选择新的 X 轴使得该线位于新的坐标系的 XZ 平面内（即线的第二个端点的 Y 坐标为 0） |
| 点 | 该点为新的坐标系的原点 |
| 二维多段线 | 多段线的起点为新的坐标系的原点，X 轴方向为从多段线的起点向第二点延伸的方向 |
| 二维填充 | 填充体的第一点为坐标系的原点，X 轴为前两点的连线方向 |
| 宽线（trace） | 宽线的起点为坐标系原点，X 轴位于它的中心线上 |

（续）

| 对　　象 | 确定 UCS 的方法 |
| --- | --- |
| 三维面 | 第一点为坐标系原点，X 轴为第一点到第二点的连线方向，第一点到第四点连线为 Y 轴正向方向，Z 轴遵从右手定则 |
| 形、文字、块参照、属性定义 | 物体的插入点（the insertion point）为坐标系的原点，旋转方向为 X 轴。该物体在新的坐标系的旋转角度为 0 |

5）面：选择实体对象中的任意面定义 UCS，被选中的面将亮显。执行该选项后，AutoCAD 提示：

选择实体对象的面：

输入选项[下一个（N）/ X 轴反向（X）/ Y 轴反向（Y）]<接受>：

下一个　将 UCS 定位于临近的面或上一个选定的面。执行该选项后，AutoCAD 提示：

X 轴反向：将 UCS 绕 X 轴旋转 180°

Y 轴反向：将 UCS 绕 Y 轴旋转 180°

接受：如果回车，则接受设置，否则将重复出现提示直到接受新位置为止

6）视图：以当前视图平面为新建坐标系的 XY 平面，原点保持不变。

7）X/Y/Z：确定当前的 UCS 绕 X、Y、Z 轴中某轴旋转一定的角度，从而形成一个新的 UCS。

如选择 X，AutoCAD 将提示：

指定绕 X 轴的旋转角度<90>：

（2）移动

通过平移原点或修改当前 UCS 的 Z 轴深度来重新定义 UCS。执行该选项后，AutoCAD 提示：

指定新原点或[Z 向深度（Z）]<0，0，0>：（指定一点或输入"z"）

1）新原点　修改 UCS 的原点位置。

2）Z 向深度　指定 UCS 的原点沿 Z 轴移动的距离。执行该选项后，AutoCAD 提示：

指定 Z 向深度<0>：（输入一个距离或回车）

（3）正交

指定选择系统提供的 6 个 UCS 的一个。执行该选项后，AutoCAD 提示：

输入选项[俯视（T）/ 仰视（B）/ 主视（F）/ 后视（BA）/ 左视（L）/ 右视（R）]<当前正交视图>：（输入一个选项或回车）

（4）上一个

恢复前一个 UCS。

AutoCAD 保存了在模型空间和图样空间分别创建的最新的 10 个 UCS。通过该选项可以逐次回退到其中的任一个。

（5）保存

给当前的 UCS 命名。执行该选项后，AutoCAD 提示：

输入保存当前 UCS 的名称或[?]：（输入一个 UCS 名称或"？"）

1）名称：以给定的名字保存当前 UCS。

2）？：列出当前已定义的 UCS 的名称。执行该选项后，AutoCAD 提示：

输入要列出的 UCS 名称<*>:（输入一个 UCS 的名称列表或回车列表显示所有 UCS）

（6）恢复

恢复已命名保存的 UCS 成为当前 UCS。执行该选项后，AutoCAD 提示：

输入要恢复的 UCS 名称或[?]:（输入一个 UCS 名称或"？"）

1）名称：指定一个已命名的 UCS。

2）？：列表显示当前定义的 UCS 的名称。

（7）删除

从已保存的 UCS 列表中删除指定的 UCS。执行该选项后，AutoCAD 提示：

输入要删除的 UCS 名<无>:（输入一个 UCS 的名称列表或回车）

若删除的 UCS 为当前 UCS，AutoCAD 将重命名当前 UCS 为"未命名"。

（8）应用

将当前 UCS 设置应用到指定的视口或所有活动视口。执行该选项后，AutoCAD 提示：

拾取要应用当前 UCS 的视口或[所有（A）]<当前视口>:（单击视口内部指定一个视口、输入 a 或回车

- 视口：将当前 UCS 设置应用到指定的视口并结束视口命令。
- 所有：将当前 UCS 设置应用到所有活动视口。

（9）?

列出已定义的 UCS 名称并给出每个坐标系相对于当前坐标系的原点和 X、Y、Z 轴坐标值。执行该选项后，AutoCAD 提示：

输入要列出的 UCS 名称<*>:（输入一个 UCS 的名称列表）

（10）世界

从当前 UCS 回到 WCS 是所有 UCS 的基准，是绝对的，不可以被重新定义。

## 思考与练习

习题 7.1 视图与 UCS 有什么关系？

习题 7.2 视图与视口的区别是什么？

# 第8讲　三维实体造型与渲染

**【导读】**

三维实体是三维图形中最重要的部分，它具有实体的特征，即其内部是实心的。用户可以对三维实体进行打孔、切割、挖槽、倒角以及进行布尔运算等操作，从而形成具有实际意义的物体。使用渲染程序可以创建最具真实效果的渲染图像。

在 AutoCAD 中可以按尺寸精确绘制三维实体，并可方便地编辑和动态观察三维实体。

应知

※ 面域的创建
※ 创建实体
※ 实体的布尔运算
※ 实体的消隐、着色
※ 实体的渲染

☆ 掌握面域创建命令功能和操作
☆ 利用系统提供的命令直接创建长方体、球体、锥体等基本三维实体
☆ 熟练掌握建模工具的命令功能和操作
☆ 熟练掌握实体显示样式的命令功能和操作

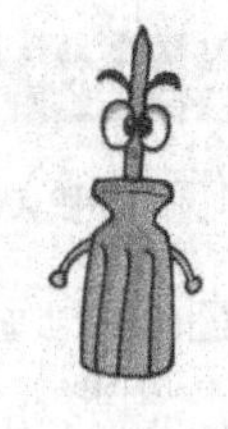

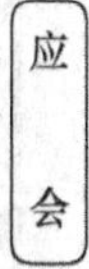

## 8.1 面域

面域是指其内部可以含有孔、岛的具有边界的平面，也可以理解为面域是没有厚度的实心体。用前面讲到的 3DFACE 这样的命令所绘出的平面均不属于面域，因为在这些平面上不能开孔。即使用户用 CIRCLE 等命令在这些平面上绘一些图，也仅仅表示在指定平面上所绘的图形，并不意味着对平面挖出孔或岛。

AutoCAD 可以把有一些对象围成的封闭区域建立成面域，该封闭区域可以是圆、椭圆、三维平面、封闭的二维多段线以及封闭的样条曲线，也可以有弧、直线、二维多段线、椭圆弧、样条曲线等形成的首尾端相连的封闭区域。

### 8.1.1 边界命令

利用边界命令可以将封闭区域自动生成面域。

菜单栏:【绘图】|【边界】。

命令行：BOUNDARY，回车。

弹出【边界创建】对话框，如图 8-1 所示。按图中设置，这时只要在某一个封闭区域中任意拾取一点，系统就自动检测封闭区域的范围并将这个范围自动生成一个面域。如图 8-2 所示，如果拾取点是 A，那么图中阴影部分即自动生成面域。

图 8-1 【边界创建】对话框

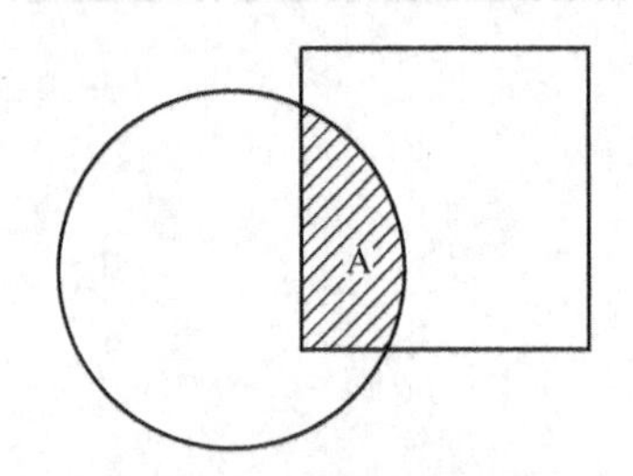


图 8-2 边界创建面域

### 8.1.2 面域命令

直接用 REGION 命令生成面域。

**1. 命令调用**

工具栏:【绘图】工具栏中的【面域】按钮。

菜单栏:【绘图】|【面域】。

命令行：REGION，回车。AutoCAD 提示：

选择对象:（选择用于生成面域的对象）

**2. 绘图实例**

如图 8-3 所示创建面域。

选择【绘图】|【面域】命令，AutoCAD 提示：

选择对象：（框选图 8-3 全部对象）

选择对象：指定对角点：找到 6 个

选择对象：（回车）

已提取 2 个环

已创建 2 个面域

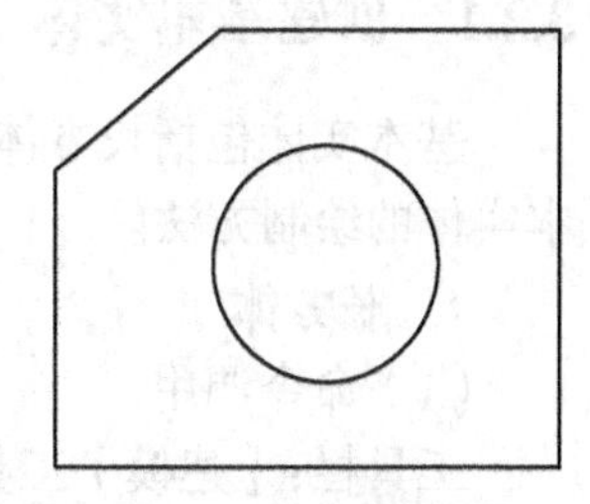

图 8-3 面域的创建

# 8.2 创建实体

三维实体造型的方法通常有三种：

1）利用菜单栏【绘图】|【建模】下的基本实体命令，如图 8-4 所示。

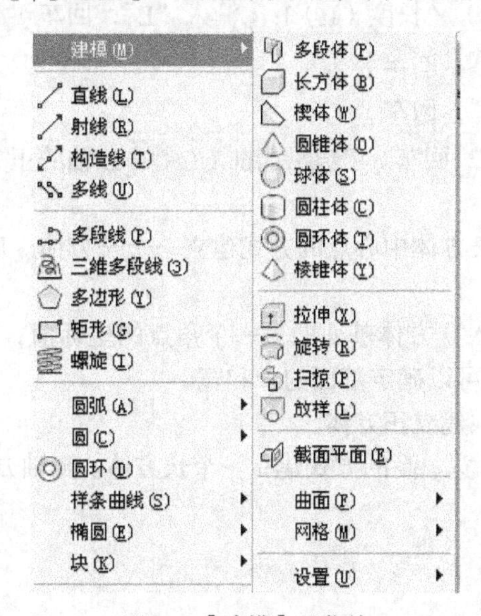


图 8-4 【建模】子菜单

利用【建模】工具栏的按钮，如图 8-5 所示。通过绘制基本建模的命令，输入基本尺寸自动生成实体。

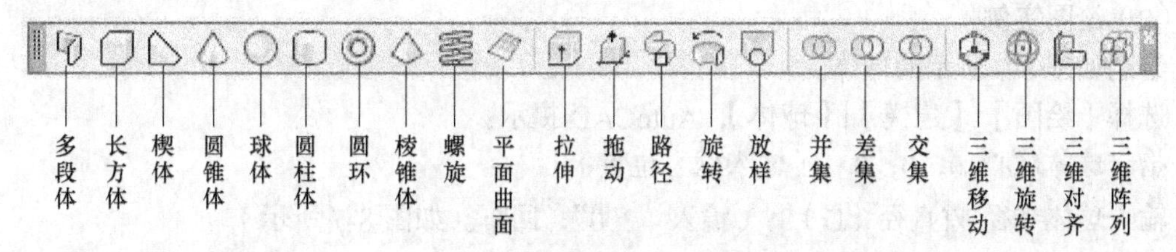


图 8-5 【建模】工具栏

2）由二维的平面图形沿指定的路径拉伸而成，或者将二维图形绕回转轴旋转而成。

3）将 1）和 2）所创建的实体进行并、交、差运算从而得到更加复杂的形体。

### 8.2.1 创建基本实体

基本实体包括长方体、球体、圆柱体、圆锥体、楔形体、圆环体。下面分别介绍这些基本实体的绘制方法。

**1. 长方体**

（1）命令调用

工具栏:【建模】工具栏中的【长方体】按钮。

菜单栏:【绘图】|【建模】|【长方体】。

命令栏：BOX，回车。

（2）绘图实例

绘制如图 8-6 所示的长方体。

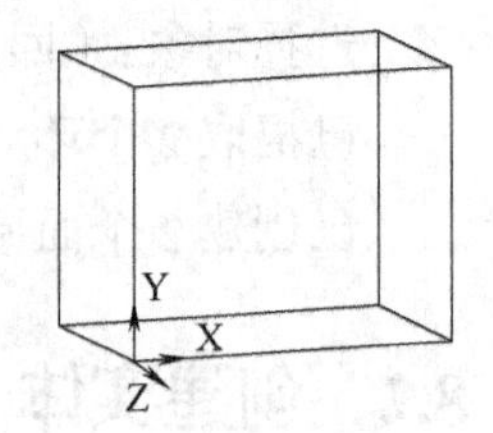


图 8-6 长方体

选择【绘图】|【建模】|【长方体】命令，AutoCAD 提示：

指定长方体的角点或[中心点（CE）]<0，0，0>:（直接输入长方体基面矩形的一个角点）

指定角点或[立方体（C）/长度（L）]:（输入“L”，回车）

指定长度:（输入“500”，回车）

指定宽度:（输入“400”，回车）

指定高度:（输入“300”，回车。正值沿当前 UCS 的 Z 轴的正方向，负值沿 Z 轴负方向）

（3）选项说明

1）中心点：通过指定长方体中心点的方式建立一个长方体。底面位于当前 UCS 的 XY 平面上。

2）指定角点：如果输入立方体基面的另一个角点的坐标值，那么这两个角点连线就是立方体基面的对角线，由此可以确定基面的长和宽。

3）立方体：使用该选项建立正方体。

4）长度：通过指定长、宽、高的方式建立一个长方体。X 轴方向为长度，Y 轴方向为宽度，Z 轴方向为高度。

**2. 球体**

（1）命令调用

工具栏:【建模】工具栏中的【球体】按钮。

菜单栏:【绘图】|【建模】|【球体】。

命令栏：SPHERE，回车。

（2）绘图实例

绘制如图 8-7 所示的球体。

选择【绘图】|【建模】|【球体】，AutoCAD 提示：

指定球体球心<0，0，0>:（输入球心位置）

输入球体半径或[直径（D）]:（输入“300”，回车。如图 8-7 所示）

**3. 圆柱体**

（1）命令调用

工具栏:【建模】工具栏中的【圆柱体】按钮。

菜单栏：【绘图】|【建模】|【圆柱体】。

命令栏：CYLINDER，回车。

（2）绘图实例

绘制如图 8-8 所示的圆柱体。

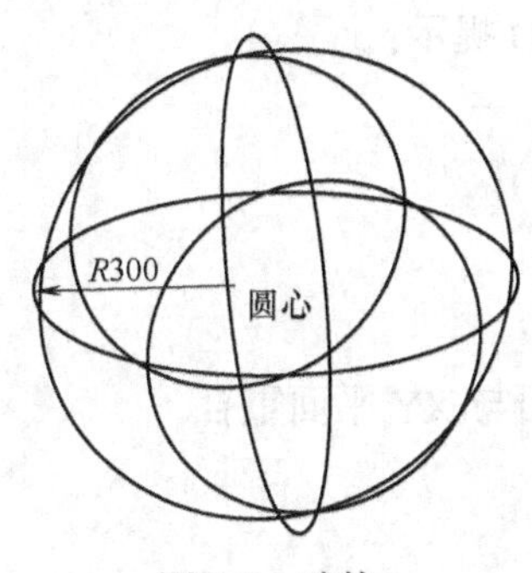


图 8-7　球体

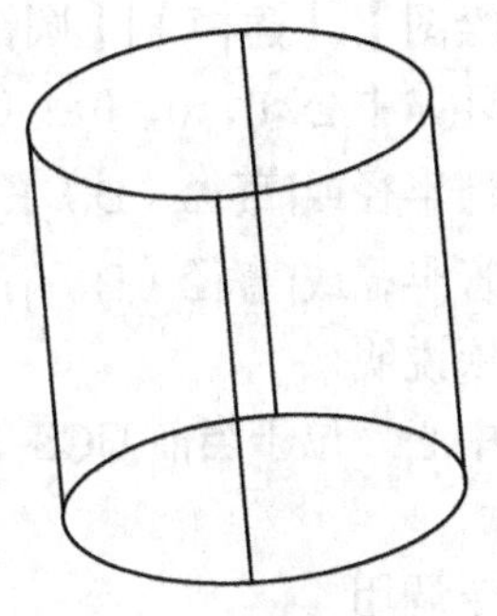

图 8-8　圆柱体

选择【绘图】|【建模】|【圆柱体】命令，AutoCAD 提示：

指定圆柱的底面的中心点或[椭圆（CE）]<0，0，0>:（确定圆柱体端面的圆心点）

指定圆柱体底面的半径或[直径（D）]:（输入“300”，回车。端面圆的半径）

指定圆柱体高度或[另一个圆心（C）]:（输入“400”，回车）

（3）选项说明

1）指定圆柱的底面的中心点　指定圆柱体端面的圆心点，也是圆柱体轴心的一个端点。底面位于当前 UCS 的 XY 平面上。

2）椭圆　输入“CE”，表示建立一个椭圆柱体。

**4. 圆锥体**

（1）命令调用

工具栏：【建模】工具栏中的【圆锥体】按钮。

菜单栏：【绘图】|【建模】|【圆锥体】。

命令栏：CONE，回车。

（2）绘图实例

绘制如图 8-9 所示的圆锥体。

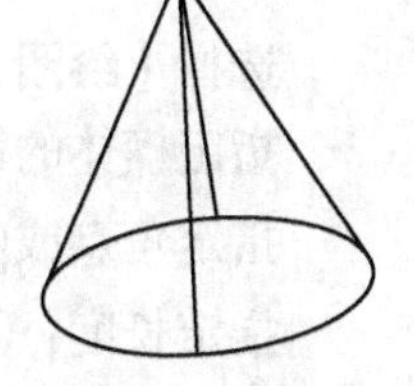

图 8-9　圆锥体

选择【绘图】|【建模】|【圆锥体】命令，AutoCAD 提示：

指定圆锥体底面的中心点或[椭圆（E）]<0，0，0>:（输入圆形基面圆心点）

指定圆锥体底面的半径或[直径（D）]:（输入“300”，回车）

指定圆锥体高度或[顶点（A）]:（输入“500”，回车。圆锥体的高度，正值沿 Z 轴正方向负值则相反）

（3）选项说明

椭圆　定义一个基面为椭圆的实心圆锥体、底面位于当前 UCS 的 XY 平面上。

**5. 圆环**

（1）命令调用

工具栏：【建模】工具栏中的【圆环】按钮。

菜单栏：【绘图】|【建模】|【圆环】。

命令栏：TORUS，回车。

（2）绘图实例

绘制如图 8-10 所示的圆环体。

选择【绘图】|【建模】|【圆锥体】命令，AutoCAD 提示：

指定圆环体中心<0，0，0>:（输入圆环的中心点）

指定圆环半径或[直径（D）]:（输入“600”，回车）

指定圆管半径或[直径（D）]:（输入“30”，回车）

（3）选项说明

圆环体中心　位于当前 UCS 的 XY 平面上且对称面与 XY 平面重合。

**6. 楔体**

（1）命令调用

工具栏：【建模】工具栏中的【楔体】按钮。

菜单栏：【绘图】|【建模】|【楔体】。

命令栏：WEDGE，回车。

（2）绘图实例

绘制如图 8-11 所示的楔体。

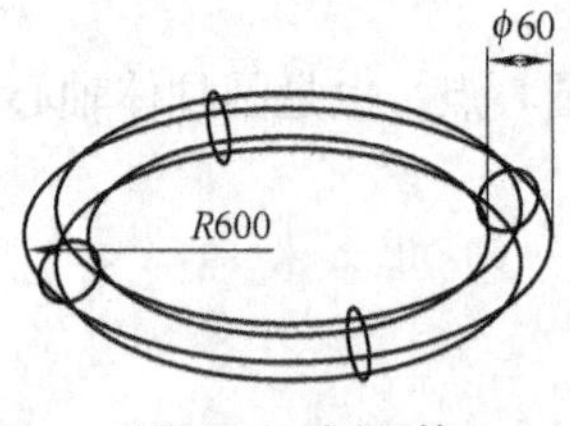

图 8-10　圆环体

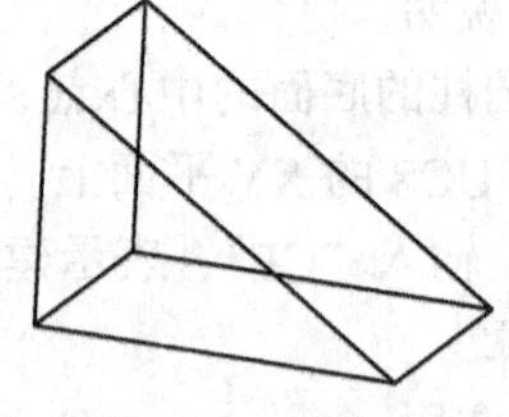
图 8-11　楔体

选择【绘图】|【建模】|【楔体】命令，AutoCAD 提示：

指定楔体的第一个角点或[中心点（CE）]<0，0，0>:（输入楔体底面角点）

指定角点或[立方体（C）/长度（L）]:（输入“L”）

指定长度:（输入“500”，回车）

指定宽度:（输入“400”，回车）

指定高度:（输入“300”，回车。正值沿当前 UCS 的 Z 轴的正方向，负值沿 Z 轴负方向）

（3）选项说明

1）指定楔体的第一个角点：该默认项用于定义楔体基面的一个对角点，底面位于 UCS 的 XY 平面上，与底面垂直的四边形通过第一个顶点且平行于 UCS 的 Y 轴。

2）中心点：通过指定中心点的方式建立一个楔体。

### 8.2.2　绘制拉伸实体

运用拉伸的方法建立实体，该方法首先要画一个平面图，这个平面图必须是一条封闭的线，或者是面域，或者是 3DFACE 平面，而不能直接用 LINE 生成的二维封闭图形。运用该方法可以生成任意截面的且可以带锥度的台状体。

**1. 命令调用**

工具栏:【建模】工具栏中的【拉伸】按钮。

菜单栏:【绘图】|【建模】|【拉伸】。

命令栏：EXTRUDE，回车。

**2. 绘图实例**

拉伸如图 8-12 所示的三维对象，操作步骤如下：

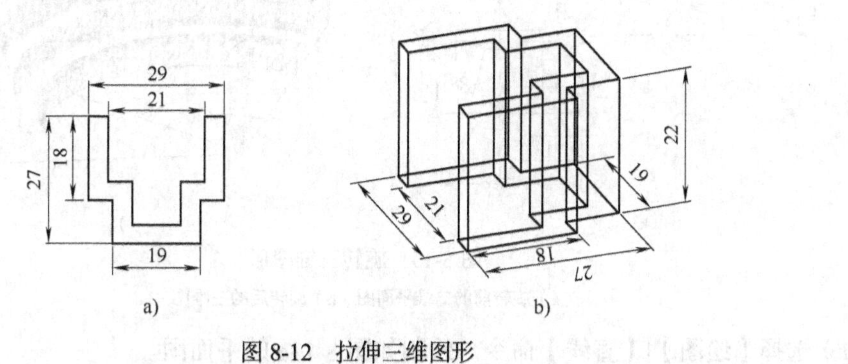


图 8-12　拉伸三维图形

a）拉伸前的二维平面图　b）拉伸后的三维图

1）选择【绘图】|【直线】命令，绘制如图 8-12a 的线段。

2）构造面域。选择【绘图】|【面域】命令，AutoCAD 提示：

选择对象:（框选图 8-12a 的对象，回车结束）

3）拉伸实体。选择【绘图】|【建模】|【拉伸】命令，AutoCAD 提示：

选择对象:（选择图 8-12a 的对象，右击）

指定拉伸高度或[拉伸路径（P）]:（输入“22”，回车）

指定拉伸的倾斜角度<0>:（输入“0”，回车，如图 8-12b 所示）

**3. 选项说明**

1）指定拉伸高度：对于该默认选项，给定一个长度值后，系统将以此为高度拉伸所选择的物体，拉伸方向将沿当前物体坐标系统的 Z 轴方向。

2）指定拉伸的倾斜角度：输入拉伸锥度角，锥度必须是介于−90° ~ 90°之间的角度值。正值将使拉伸后的顶面小于基面，负值则相反。系统默认设置为 0，即平行于物体坐标系的 Z 轴进行拉伸。

3）路径：该选项用于指定拉伸的路径。可以作为路径的物体：直线、圆、圆弧线、椭圆、椭圆弧线、多段线、样条线。截面将沿路径并垂直于路径上每点的切线方向生成一个拉伸实体。

## 8.2.3　旋转建立实心体

旋转建立实心体的方法可以生成一个旋转的实心体，该方法要求先画出一个二维图，同样该二维图也不能直接由 LINE 生成的图形。

**1. 命令调用**

工具栏:【建模】工具栏中的【旋转】按钮。

菜单栏:【绘图】|【建模】|【旋转】。

命令栏：REVOLVE，回车。

**2. 绘图实例**

旋转如图 8-13 所示的三维对象，操作步骤如下：

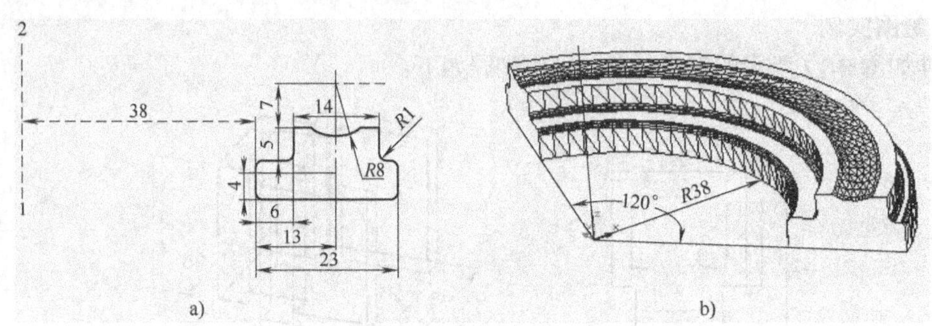


图 8-13 旋转三维图形

a）旋转前的二维平面图 b）旋转后的三维图

1）选择【绘图】|【直线】命令，绘制如图 8-13a 的平面图。

2）构造面域。选择【绘图】|【面域】命令，AutoCAD 提示：

选择对象:（框选图 8-13a 的对象，回车结束）

3）旋转实体：选择【绘图】|【建模】|【旋转】命令，AutoCAD 提示：

选择对象:（选择图 8-13a，右击）

定义轴依照[对象（O）/X 轴（X）/Y 轴（Y）]:（捕获 1 点）

指定轴端点:（捕捉 2 点）

指定旋转角度<360>:（输入“120”，回车，如图 8-13b 所示）

**3. 选项说明**

1）对象：指定一个当前图形中的物体作为旋转轴线。可以选择的物体有直线和多段线段。

2）X 轴：使用当前 UCS 的 X 轴为旋转轴。

3）Y 轴：使用当前 UCS 的 Y 轴为旋转轴。

## 8.3 实体的布尔运算

AutoCAD 提供了三种布尔运算操作，它们分别是：

1）并集运算（Union）;

2）差集运算（Subtract）;

3）交集运算（Intersect）。

### 8.3.1 并集运算

并集运算是将两个或两个以上的三维实体合并为一个实体。

**1. 命令调用**

工具栏:【实体编辑】工具栏中的【并集】按钮。

菜单栏:【修改】|【实体编辑】|【并集】。

命令栏：UNION，回车。

**2. 绘图实例**

并集如图 8-14 所示的三维对象，操作步骤如下：

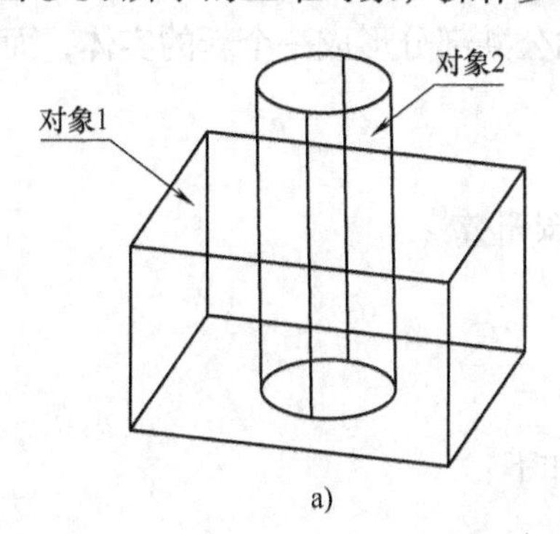


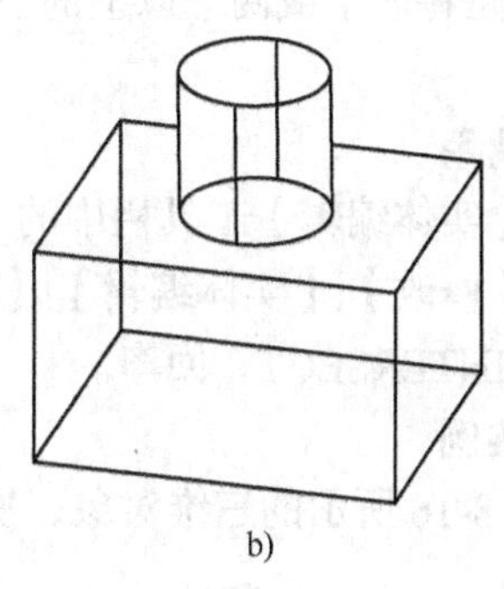


图 8-14 并集操作

a）并集之前 b）并集之后

选择【修改】|【实体编辑】|【并集】命令，AutoCAD 提示：

选择对象：（拾取对象 1）

选择对象：（拾取对象 2，回车，如图 8-14b 所示）

## 8.3.2 差集运算

差集运算是从一个（或多个）实体减去另一个（或多个）实体，成为一个新实体。

**1. 命令调用**

工具栏：【实体编辑】工具栏中的【差集】按钮。

菜单栏：【修改】|【实体编辑】|【差集】。

命令栏：SUBTRACT，回车。

**2. 绘图实例**

差集如图 8-15 所示的三维对象，操作步骤如下。

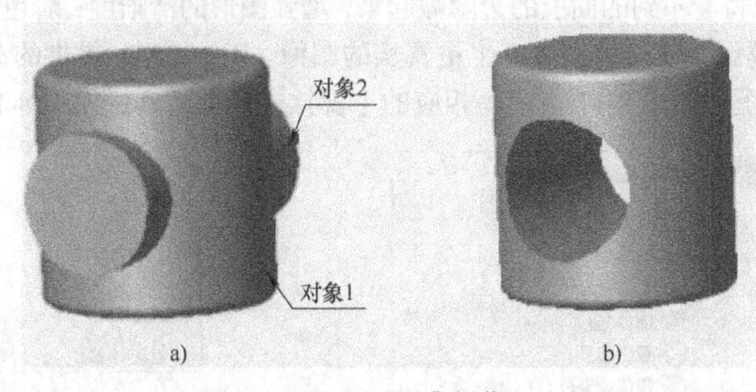


图 8-15 差集操作

a）差集之前 b）差集之后

选择【修改】|【实体编辑】|【差集】命令，AutoCAD 提示：

选择对象：（拾取对象 1，按鼠标右键或回车）

选择要减去实体或面域

选择对象：（拾取对象 2，按鼠标右键或回车，如图 8-15b 所示）

### 8.3.3 交集运算

交集运算是将两个或两个以上的三维实体的公共部分形成一个新的实体，而非公共部分将被删除。

**1. 命令调用**

工具栏：【实体编辑】工具栏中的【交集】按钮。

菜单栏：【修改】|【实体编辑】|【交集】。

命令栏：INTERSECT，回车。

**2. 绘图实例**

交集如图 8-16 所示的三维对象，操作步骤如下：

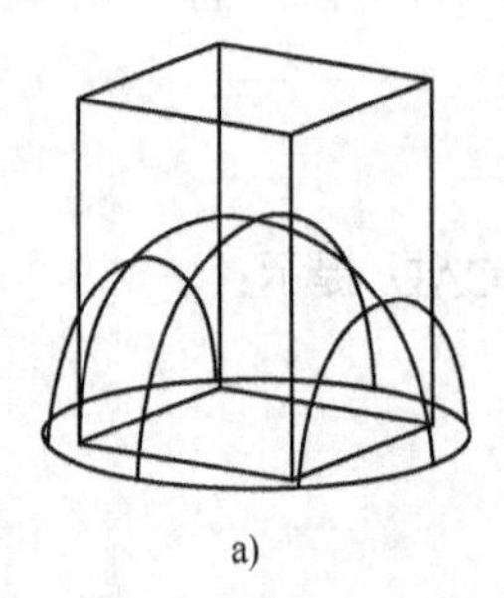
a)

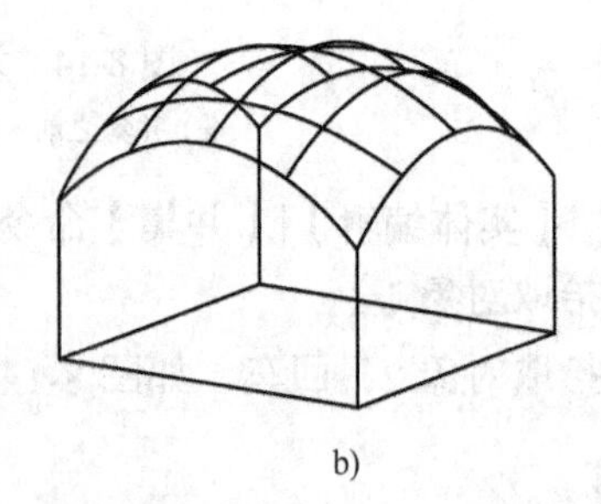
b)

图 8-16 交集操作
a）交集之前 b）交集之后

选择【修改】|【实体编辑】|【交集】命令，AutoCAD 提示：

选择对象：（拾取要交集的实体，按鼠标右键或回车，如图 8-16b 所示）

## 8.4 实体的消隐、着色

消隐命令则可以将看不到的面上的边隐藏起来，增强图形的清晰度；着色命令则提供更多的显示模式来表示模型，使三维实体产生更真实的图像。AutoCAD 提供的命令在【视图】|【视觉样式】子菜单下，如图 8-17 所示。相应的【视觉样式】工具栏如图 8-18 所示。

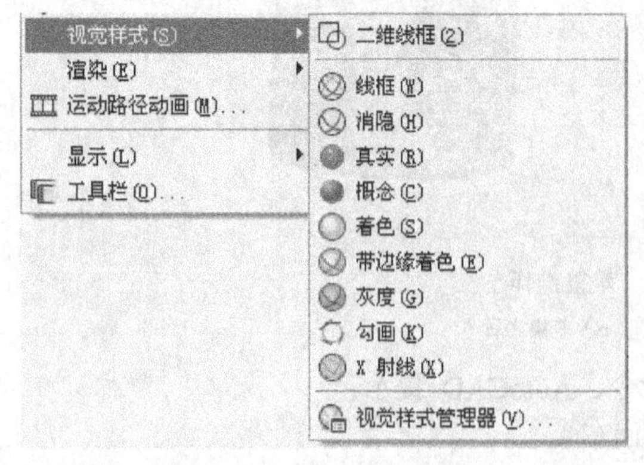


图 8-17 【着色】子菜单

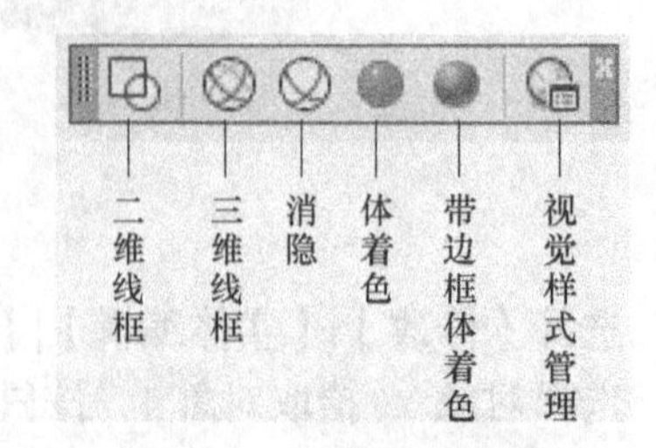


图 8-18 【着色】工具栏

### 8.4.1 实体的消隐

**1. 命令调用**

工具栏:【渲染】工具栏中的【消隐】按钮。

菜单栏:【视图】|【消隐】。

命令栏：HIDE，回车。

**2. 绘图实例**

并集如图 8-19 所示的三维对象，操作步骤如下：

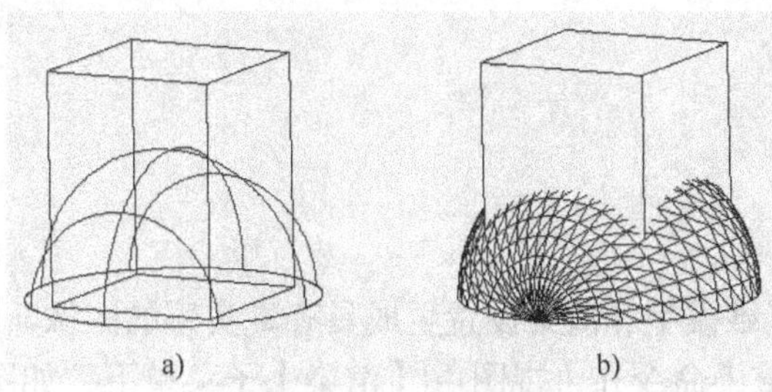

图 8-19　消隐操作

a）消隐之前　b）消隐之后

选择【视图】|【消隐】命令，AutoCAD 提示：

选择对象:（选择要消隐的对象，回车，如图 8-19b 所示）

### 8.4.2 实体的着色

**1. 命令调用**

工具栏:【视觉样式】工具栏中的【体着色】按钮：

菜单栏:【视图】|【视觉样式】|【平面着色】等子菜单。

命令栏：SHADEMODE，回车。AutoCAD 提示：

输入选项[二维线框（2D）/三维线框（3D）/消隐（H）/平面着色（F）/体着色（G）/带边框平面着色（L）/带边框体着色（O）]<当前选项>:（选择一项）

**2. 绘图实例**

着色如图 8-20 所示的三维对象，操作步骤如下：

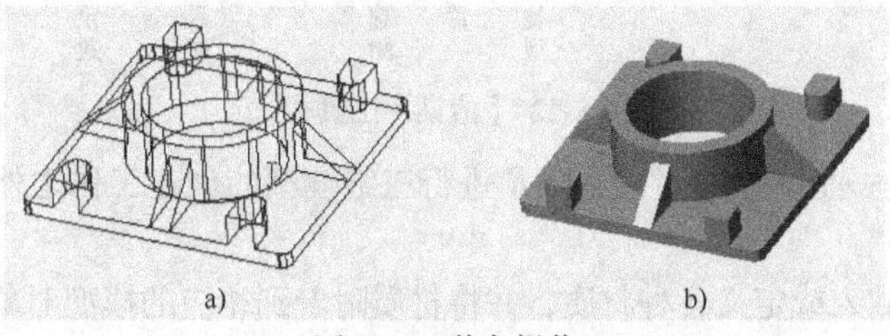

图 8-20　着色操作

a）着色之前　b）着色之后

选择【视觉样式】工具栏中的体着色按钮。

结果如图 8-20 所示。

**3．选项说明**

1）二维线框：所有的三维实体均以线框模型表示，且 UCS 图标以单色细线显示，即没有着色。所以此选项是实现着色模型还原成非着色模型的途径。

2）三维线框：所有的三维实体均以线框模型表示。

3）消隐：显示消隐图形，与 HIDE 命令基本相同。

4）体着色：着色的实体表面光滑且逼真。

5）带边框体着色：带边框体着色。将“体着色”和“线框”选项结合使用。着色的实体表面光滑且带边框显示。

## 8.5　实体的渲染

### 8.5.1　渲染概述

渲染的目的是根据三维模型和渲染设置生成具有真实感的图像，以表现三维模型的应用效果。AutoCAD 提供的渲染命令在【视图】|【渲染】子菜单下，如图 8-21 所示。

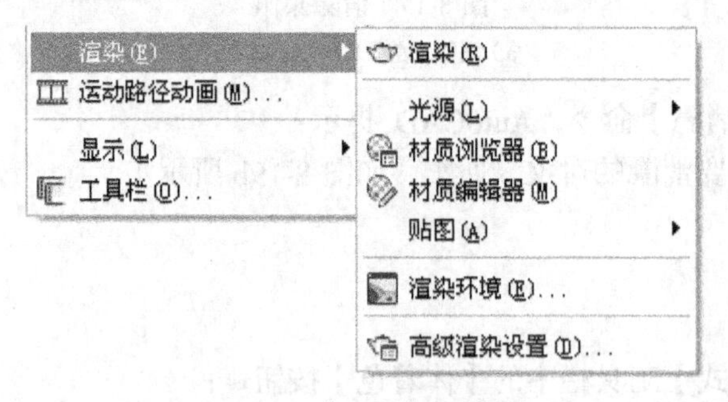


图 8-21　【渲染】子菜单

工具栏也包含了大多数渲染命令，如图 8-22 所示。

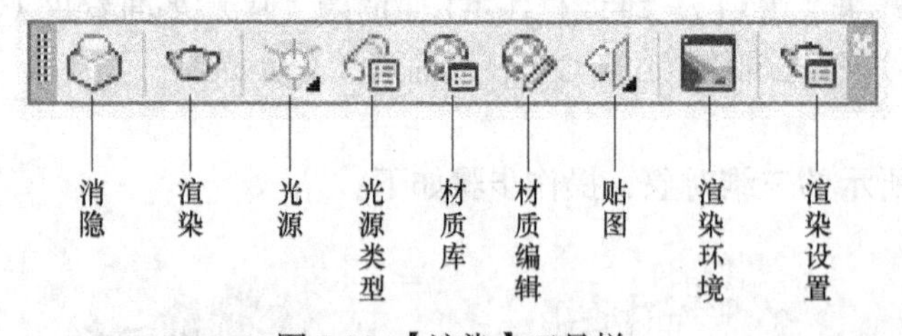


图 8-22　【渲染】工具栏

创建渲染图像是一个复杂的过程，除了进行三维模型的创建工作之外，通常还需要进行以下各种操作：

1）为三维模型载入或定义各种材质，并将材质附着到相应的模型对象上。材质可以表现模型的颜色、纹理、材料、质地等特性，并可以模拟粗糙度、透明度、凹凸度等特殊显示效果。

2）在三维场景中添加光源。光源为三维模型提供了照明条件，并可以根据光源生成阴影，增加渲染图像的真实感。此外，光源与材质组合使用，还可以创建多种特殊效果。

3）在材质和光源的基础上，还可以根据需要在图形中构建场景、添加配景，并可以设置背景、雾效等特殊渲染效果。

4）最后进行渲染设置，然后调用渲染程序创建渲染图像，较满意后再采用【照片级光线跟踪渲染】进行渲染。

## 8.5.2 创建光源

AutoCAD 提供了多种类型的光源，包括环境光、点光源、平行光和聚光灯等。在 AutoCAD 中可以创建任意数量的点光源、平行光和聚光灯，并可以对这些光源以及环境光进行设置和管理。

**1. 命令调用**

工具栏：【渲染】工具栏中的【光源】按钮。

菜单栏：【视图】|【渲染】|【光源】。如图 8-23 所示。

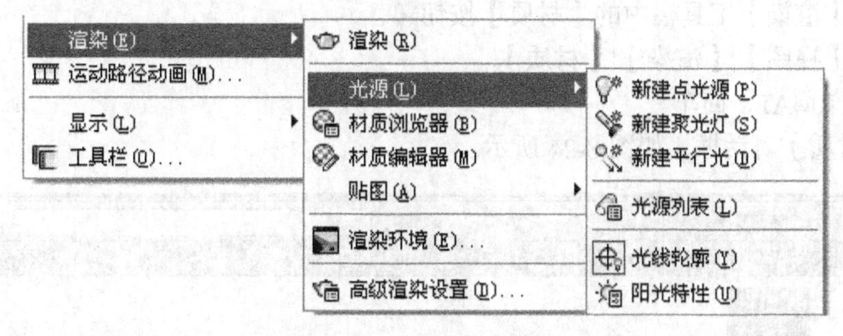


图 8-23 【光源】对话框

命令栏：LIGHT，回车。

**2. 选项说明**

（1）【光源】选项组

1）【点光源】 点光源从一点出发向所有方向发射光线，类似于灯泡所发出的光线。点光源的位置决定了光线与模型各个表面的夹角，因此可以在不同位置指定多个点光源，提供不同的光照效果。此外，点光源的强度可以随着距离的增加而进行衰减，并且可以使用不同的衰减方式，从而可以更加逼真地模拟实际的光照效果。

2）【平行光】 平行光源是沿着同一方向发射的平行光线，因此平行光也没有固定的位置，而是沿着指定的方向无限延伸。平行光源在 AutoCAD 的整个三维空间中都具有同样的强度，也就是说，对于每个被平行光照射的表面，其光线强度都与光源处相同。平行光的另一个重要特点是可以照亮所有的对象，即使是在光线方向上彼此遮挡的对象也都将被照亮。

3）【聚光灯】 聚光灯从一点出发，沿指定的方向和范围发射具有方向性的圆锥形光束。

（2）【环境光】设置选项组

1）【强度】 环境光的强度取值范围为 0 ~ 1。其中设置为 0 时将关闭环境光，而设置为 1 时可以达到最大亮度。用户可以在编辑框中直接输入强度值，也可以使用滑动条来设置强度。

2）【颜色】 可以使用多种方式设置环境光的颜色，左下角的颜色样本显示当前最新的颜色设置。

① 使用编辑框或滑动条分别指定光源颜色中红、绿、蓝三个颜色分量的取值，取值范

围均为 0 ~ 1。AutoCAD 将这三个颜色分量叠加后得到环境光的颜色。

② 单击【选择自定义颜色】按钮，可以调用 Windows 系统的【颜色】对话框，从而设置环境光的颜色。

③ 单击【从索引选择】按钮，弹出【选择颜色】对话框，从 AutoCAD 的颜色索引表中选择环境光的颜色。

### 8.5.3 材质

AutoCAD 可为物体指定材质，使物体更具真实感。在 AutoCAD 中，可以通过调整颜色、投射率和反射率来模拟各种材质。用户可以自己创建材质，也可以利用材质库中的各种材质，将其赋予某一实体或某些实体。

**1. 命令调用**

工具栏：【渲染】工具栏中的【材质】按钮。

菜单栏：【视图】|【渲染】|【材质】。

命令栏：RMAT，回车。

弹出【材质】对话框，如图 8-24 所示。

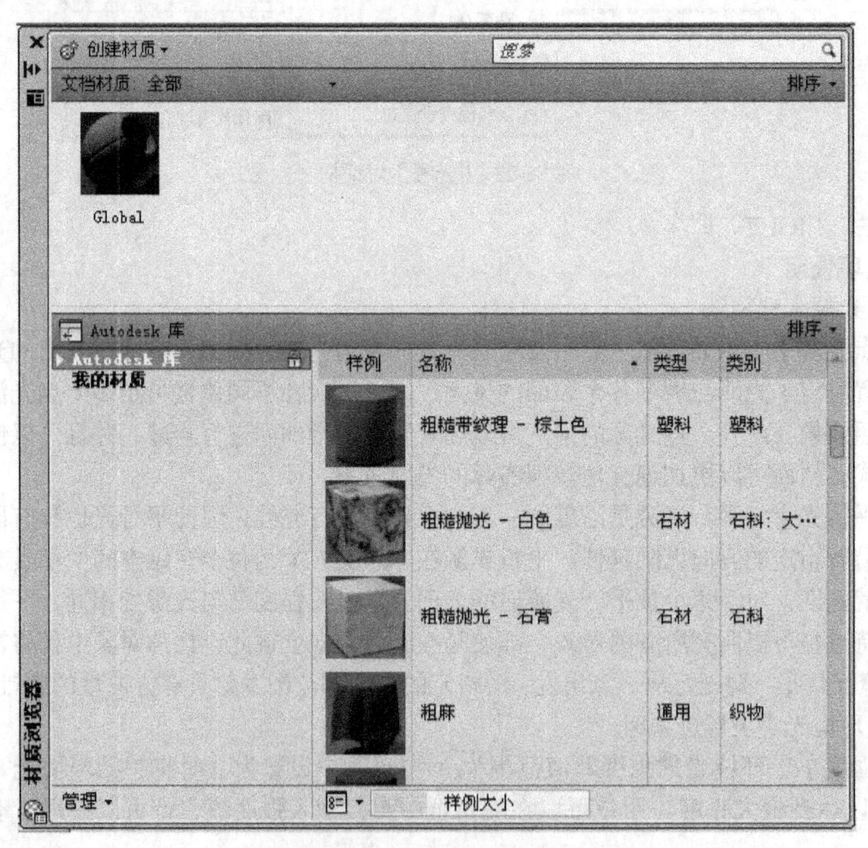


图 8-24 【材质】对话框

**2. 实例**

设置如图 8-25 所示的三维对象的材质，具体步骤如下：

1）单击【渲染】工具栏的【材质】按钮。打开【材质】对话框，如图 8-24 所示。

2）单击对话框中的【材质库】按钮，打开【材质库】对话框，选择材质。

在【材质库】对话框的材质列表框中选取所需要的材质，并单击【预览】按钮，对所选材质进行预览。当对所选材质满意时，单击【输入】按钮，将该材质添加到当前图形文件中，并显示于对话框左边的【当前图形】栏中。单击【确定】按钮，返回【材质】对话框。

3）单击【材质】对话框中的【附着】按钮，AutoCAD 提示：

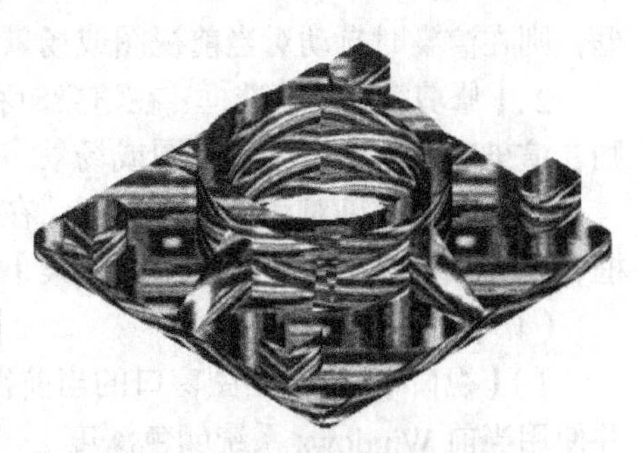

图 8-25　设置材质后的渲染效果

选择要附着该材质的对象：（选择要附着该材质的实体，回车返回【材质】对话框）

4）单击【材质】对话框中的【确定】按钮完成材质设置。

5）单击【渲染】工具栏中的【渲染】按钮，弹出【渲染】对话框，在【渲染】对话框的【渲染类型】下拉列表框中选择【照片级真实感渲染】，然后单击【渲染】按钮观察渲染结果，如图 8-25 所示。

## 8.5.4　渲染

**1．命令调用**

工具栏：【渲染】工具栏中的【渲染】按钮。

菜单栏：【视图】|【渲染】。

命令栏：RPREF，回车。

**2．选项说明**

（1）【渲染类型】下拉列表框

1）【一般渲染】：AutoCAD 将使用基本的渲染选项，在渲染中既不显示材质和阴影，也不使用用户创建的光源，渲染程序自动使用一个虚拟的平行光源。该渲染类型创建的图像最粗糙，渲染速度最快，一般用于显示简单的三维效果。

2）【照片级真实感渲染】：将在渲染中显示位图材质和透明材质，并能够产生体积阴影和贴图阴影。

3）【照片级光线跟踪渲染】：将在渲染中根据光线跟踪产生反射、折射和更加精确的阴影。该渲染类型创建的图像最精细，但花费的时间最长，一般用于创建最终的渲染效果图。

（2）【渲染选项】选项组

1）【平滑着色】复选框：可以在渲染时对多面体表面外观上的粗糙边做平滑处理。

2）【应用材质】复选框：可以在渲染时应用模型上已附着的材质；取消选中该复选框，则在渲染时所有对象都使用“全局”材质。

3）【阴影】复选框：可以在渲染时计算并生成阴影。该复选框在进行一般渲染时无效。

4）【渲染高速缓存】复选框：可以将渲染信息写入缓存文件。如果再次进行渲染时图形和视图都没有发生变化，AutoCAD 将使用缓存文件中的渲染信息，而不必重新计算，从而提高渲染速度。

（3）【渲染过程】选项组

1）【查询选择集】复选框：在渲染时将要求用户指定需要渲染的对象；取消选中该复选

框，则在渲染时自动对当前视图或场景中的所有对象进行渲染。

2）【修剪窗口】复选框：在渲染时将要求用户指定需要渲染的区域；取消选中该复选框，则在渲染时自动渲染整个视图或场景。该复选框只有在渲染目标为“视口”时才有效。

3）【跳过渲染对话框】复选框：在执行渲染命令时直接开始渲染操作；取消选中该复选框，则在执行渲染命令时显示【渲染】对话框，以便用户在渲染操作之前进行渲染设置。

（4）【目标】下拉列表框

1）【视口】：将在绘图窗口的当前视口中生成渲染图像；该图像的尺寸与当前视口相同，并使用当前 Windows 系统颜色深度。

2）【渲染窗口】：将在 AutoCAD 的渲染窗口中生成渲染图像。渲染图像的尺寸和颜色深度根据渲染窗口中的设置而定。

3）【渲染到文件】：可以直接在指定格式的图像文件中生成渲染图像。此时，单击【其他选项】按钮，在弹出的对话框中可以对图像文件的格式进行设置。

（5）【子样例】下拉列表框

可以指定用于渲染像素的比例。AutoCAD 可以通过仅渲染一部分像素缩短渲染时间，但这将影响渲染的质量。选择“1:1”项时将对全部像素进行渲染，因此产生的渲染图像效果最好，但渲染速度最慢；而选择“8:1”项时渲染速度最快，但渲染效果也最差。

（6）【背景】按钮

对渲染背景进行设置。

（7）【雾化/深度设置】按钮

可以对雾化进行设置。

## 思考与练习

习题 8.1　比较各种类型光源有何异同。

习题 8.2　光源与材质的相互作用是什么？

习题 8.3　渲染时对模型边界如何处理？

习题 8.4　绘制如图 8-26 所示图形。

习题 8.5　绘制如图 8-27 所示图形。

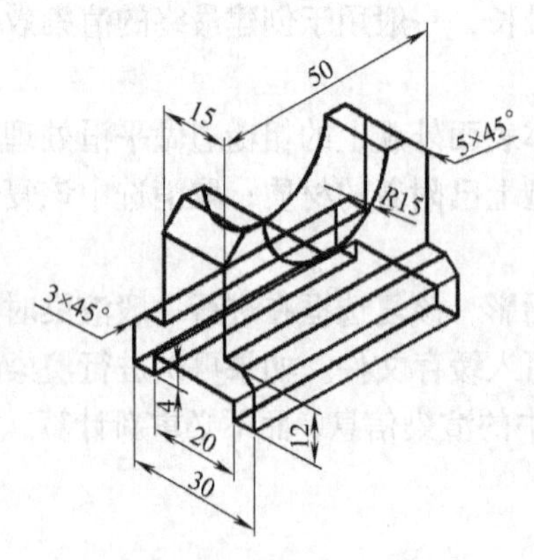


图 8-26　习题 8.4

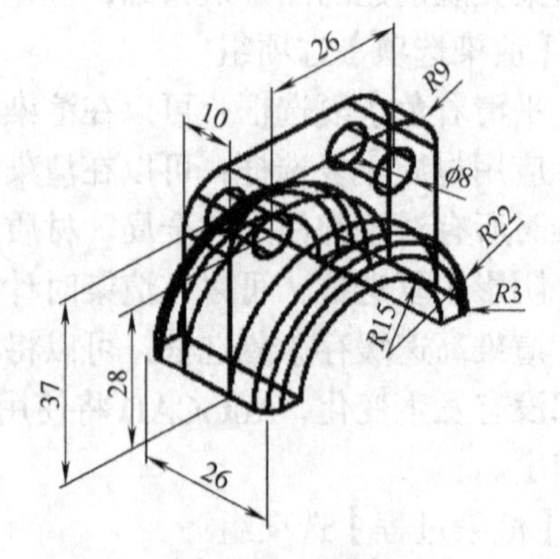


图 8-27　习题 8.5

习题 8.6　绘制如图 8-28 所示图形。

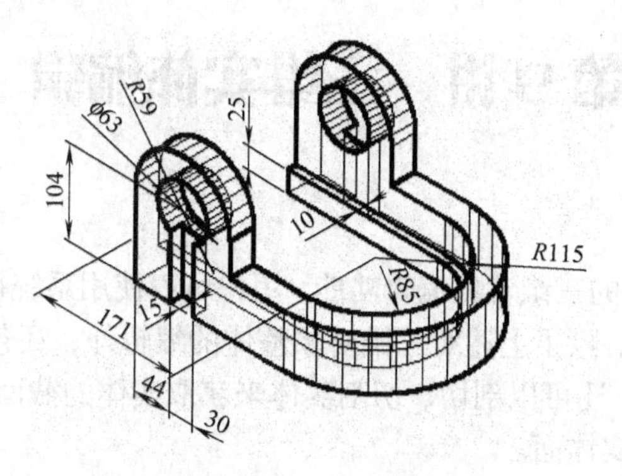


图 8-28　习题 8.6

# 第9讲　三维实体编辑

【导读】

AutoCAD提供了强大的三维对象编辑功能，用户可以使用系统提供的相关命令旋转、阵列、镜像及对齐三维对象。除了上述对三维对象整体的编辑外，还包括对三维实体对象本身的编辑，如倒角、圆角等，还可以剖切、切割实体来获取实体的截面，利用拉伸面、移动面、偏移面、抽壳等命令编辑实体面。

应知

※三维阵列（3DARRAY）
※三维镜像（3DMIRROR）
※三维旋转（3DROTATE）
※对齐（ALIGN）
※倒角（CHAMFER）
※圆角（FILLET）
※实体面编辑

☆熟练掌握三维操作工具命令的功能和操作
☆熟练掌握三维编辑工具命令的功能和操作
☆熟练运用剖切和切割命令绘制剖视图和断面图
☆根据图形要求，多种工具命令的相互配合使用，提高绘图效率

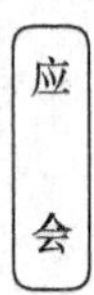

应会

## 9.1 三维阵列（3DARRAY）

三维阵列用于将所选对象沿 *X*、*Y*、*Z* 轴三个方向形成矩形阵列，或在三维空间中绕某根轴线旋转形成环形阵列。

**1. 命令调用**

菜单栏：【修改】|【三维操作】|【三维阵列】，如图 9-1 所示。

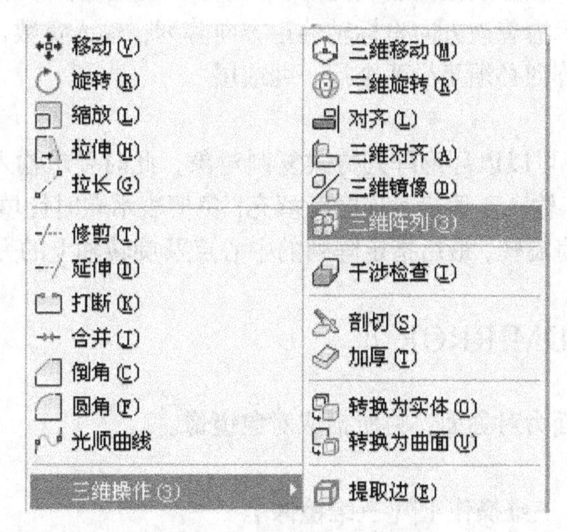


图 9-1 【三维操作】子菜单

命令行：ARRAY，回车。

**2. 绘图实例**

阵列如图 9-2 所示的三维对象，操作步骤如下。

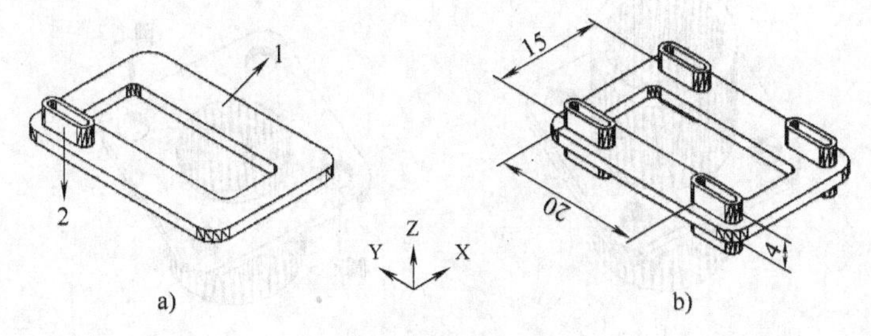


图 9-2 阵列三维对象

a）阵列前 b）阵列后

选择【修改】|【三维操作】|【三维阵列】命令，AutoCAD 提示：

选择对象：（选择图 9-2a 中的三维对象 2，结束选择回车）

输入阵列类型［矩形(R)/环形(P)］<矩形>：（直接回车，或输入“r”后回车）

输入行数（---）<1>：（输入“2”后回车，若直接回车将选择默认行数 1）

输入列数（|||）<1>：（输入“2”后回车，若直接回车将选择默认列数 1）

输入层数（…）<1>：（输入“2”后回车，若直接回车将选择默认层数 1）

输入行间距（---）:（输入“-20”，行间距也就是 Y 的坐标值）

输入列间距（|||）:（输入“15”，列间距也就是 X 的坐标值）

输入层间距（…）:（输入“-4”，层间距也就是 Z 的坐标值）

阵列结果如图 9-4b 所示。

**3. 选项说明**

（1）矩形

矩形阵列的行、列、层分别指沿着当前 UCS 的 *Y*、*X*、*Z* 轴的方向阵列对象，输入某方向的间距值为正数，表示沿着该方向坐标轴的正方向阵列；输入负数，表示沿着该方向坐标轴的反方向阵列。一个阵列必须至少两个行、列或层。

（2）环形阵列

输入“P”后回车，可以以环形阵列方式复制对象，此时要求输入阵列中的项目数目，并且指定要填充的角度，输入正值表示逆时针填充；负值表示顺时针填充，默认角度为 360°；接着确定是否要进行自身旋转，最后指定阵列的中心点及旋转轴上的另一点，即确定旋转轴。

## 9.2 三维镜像（3DMIRROR）

三维镜像是以某平面为对称面，将所拾取对象镜像。

**1. 命令调用**

菜单栏:【修改】|【三维操作】|【三维镜像】。

命令行：MIRROR，回车。

**2. 绘图实例**

镜像图 9-3 所示的三维对象，操作步骤如下：

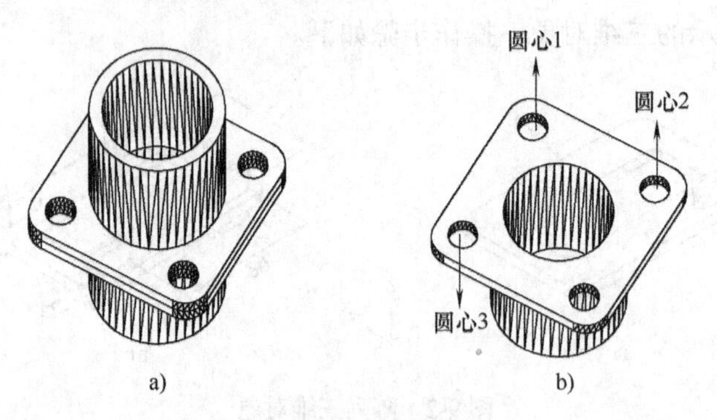


图 9-3 镜像三维对象

a）镜像前 b）镜像后

选择【修改】|【三维操作】|【三维镜像】命令，AutoCAD 提示：

选择对象:（选择图 9-3a 中的三维对象，结束按回车）

指定镜像平面（三点）的第一个点或［对象（O）/最近的（L）/Z 轴（Z）/视图（V）/XY 平面（XY）/YZ 平面（YZ）/ZX 平面（ZX）/三点（3）］<三点>:（回车，三点确定镜像平面）

在镜像平面上指定第一个点:（捕捉如图 9-3a 中的圆心 1）

在镜像平面上指定第一个点：（捕捉如图 9-3a 中的圆心 2）

在镜像平面上指定第一个点：（捕捉如图 9-3a 中的圆心 3）

是否删除源对象？［是（Y）/否（N）］<否>：（输入“N”，或直接回车）

镜像结果如图 9-3b 所示。

**3. 选项说明**

1）选择对象后，要指定镜像平面。默认情况下，用户可以指定三点确定镜像平面。

2）对象：以选择的对象所确定的平面为镜像平面，该对象可以是圆、圆弧或二维多段线线段。

3）最近的：以上次定义的镜像平面作为当前镜像平面。

4）Z 轴：根据平面上的一个点和该平面法线上的一个点确定镜像平面。

5）视图：用与当前视图平面平行的面作为镜像平面。

6）XY 平面/YZ 平面/ZX 平面：分别表示用与当前 UCS 的 XY、YZ 或 ZX 平行并且通过一个指定点的平面作为镜像面。

## 9.3 三维旋转（3DROTATE）

旋转三维对象时，使用 ROTATE 命令只能在当前 UCS 下绕指定基点旋转对象，旋转轴通过基点，并且平行于当前 UCS 的 Z 轴。使用 ROTATE3D 命令，所选定对象将以一个已存在的对象、当前视图的 Z 方向、两点或任意一个坐标轴为旋转轴旋转一个角度。

**1. 命令调用**

菜单栏：【修改】|【三维操作】|【三维旋转】。

命令行：ROTATE，回车。

**2. 绘图实例**

旋转图 9-4 所示的三维对象，操作步骤如下。

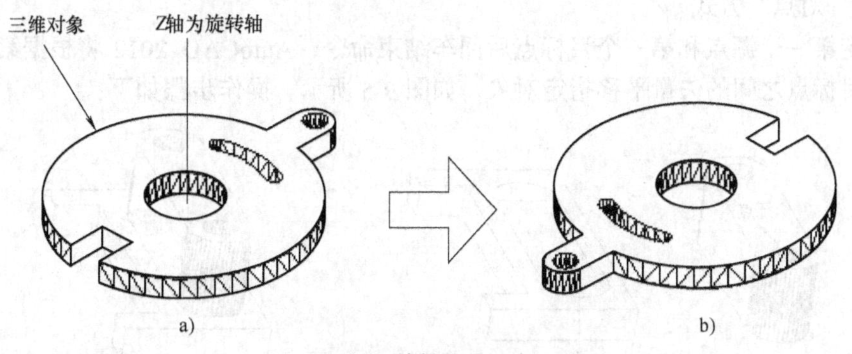


图 9-4 旋转三维对象

a）旋转前 b）旋转后

选择【修改】|【三维操作】|【三维旋转】命令，AutoCAD 提示：

选择对象：（选择图 9-4a 中的三维对象，结束选择回车）

指定轴上的第一个点或定义轴依据［对象（O）/最近的（L）/视图（V）/X 轴（X）/Y 轴（Y）/Z 轴（Z）/两点（2）］：（输入“Z”，回车）

指定 Z 轴上的点 <0，0，0>:（使用对象捕捉，捕捉中间圆孔的中心）

指定旋转角度或［参照（R）]:（输入“180”，并回车）

结果如图 9-4b 所示。

**3. 选项说明**

1）选择对象后，要指定旋转轴。默认情况下，用户可以指定任意两点作为旋转轴。

2）对象：将旋转轴与现有对象对齐，该对象可以是直线、圆、圆弧或二维多段线。

3）最近的：使用最近的旋转轴，也就是刚使用过的旋转轴。

4）视图：将旋转轴与当前通过选定点视口的观察方向对齐。

5）X 轴/Y 轴/Z 轴：将旋转轴与通过指定点的坐标轴（X、Y 或 Z）对齐。

6）两点：使用任意两个点定义旋转轴。

7）指定旋转角度或［参照（R）]：指定旋转角度。旋转角度是从当前位置起，使对象绕选定的轴旋转指定的角度。参照是指定参照角度和新角度。参照角即起点角度，新角度即端点角度。端点角度和起点角度之间的差值即为计算的旋转角度。

## 9.4 对齐（ALIGN）

对齐命令可以在三维空间中将两个对象按指定的方式对齐，AutoCAD 2012 将根据用户指定的对齐方式，自动使用平移、旋转和比例缩放等操作改变源对象的大小和位置，以便能够与目标对象对齐。

**1. 命令调用**

菜单栏：【修改】|【三维操作】|【对齐】。

命令行：ALIGN，回车。

**2. 绘图实例**

对齐命令提供了三种对齐方式，具体的方法及操作过程如下。

（1）“一对点”方式

即指定第一个源点和第一个目标点后回车结束命令，AutoCAD 2012 将根据第一个源点到第一个目标点之间的矢量平移指定对象，如图 9-5 所示。操作步骤如下：

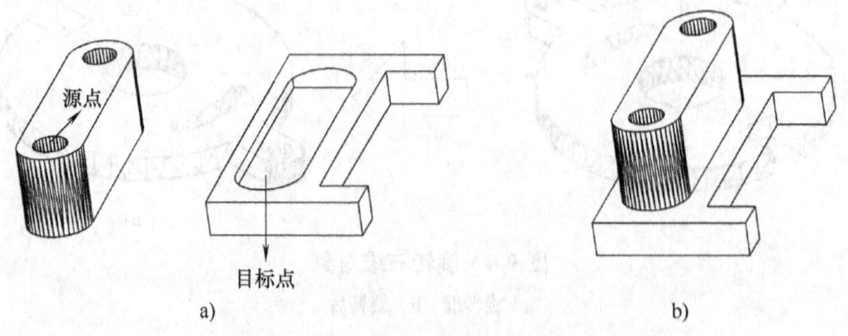


图 9-5 “一对点”对齐三维对象

a）对齐前 b）对齐后

选择【修改】|【三维操作】|【对齐】命令，AutoCAD 提示：

选择对象：（选择图 9-5a 左边的圆柱体为对象，结束选择回车）

指定第一个源点：（指定9-5a左边实体圆孔上表面的圆心为源点）

指定第一个目标点：（指定9-5a右边实体下半圆的圆心为目标点）

指定第一个源点：（回车结束选择，结果如图9-5b所示）

（2）"两对点"方式

当选择两对点时，可以在二维或三维空间移动、旋转和缩放选定的源对象，以便与目标对象对齐。

选择【修改】|【三维操作】|【对齐】，AutoCAD提示：

指定第一个源点：（捕捉源点1，如图9-6a所示）

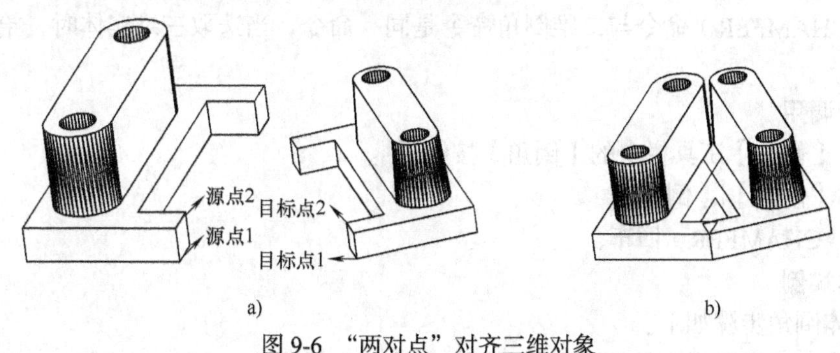


图9-6 "两对点"对齐三维对象

a）对齐前 b）对齐后

指定第一个目标点：（捕捉目标点1）

指定第二个源点：（捕捉源点2）

指定第二个目标点：（捕捉目标点2）

指定第三个源点或<继续>：（结束选择回车）

是否基于对齐点缩放对象？［是（Y）/否（N）］<否>：（输入"Y"或回车。结果如图9-6b所示）

（3）"三对点"方式

当选择三对点时，选定的源对象可在三维空间移动和旋转，使之与目标对象对齐。

选择【修改】|【三维操作】|【对齐】命令，AutoCAD提示：

指定第一个源点：（捕捉源点1，如图9-7a所示）

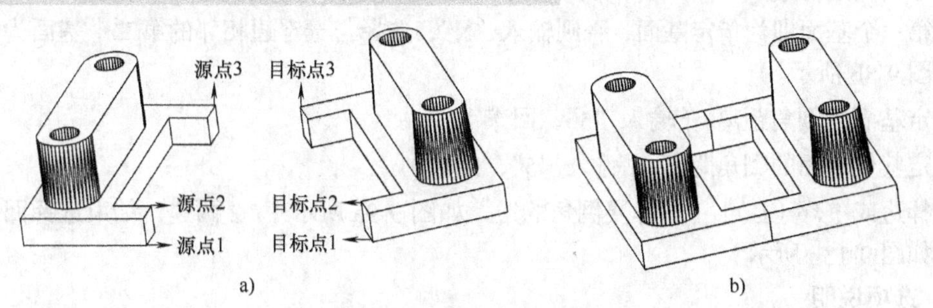


图9-7 "三对点"对齐三维对象

a）对齐前 b）对齐后

指定第一个目标点：（捕捉目标点1）

指定第二个源点：（捕捉源点 2）

指定第二个目标点：（捕捉目标点 2）

指定第三个源点或<继续>：（捕捉源点 3）

指定第三个目标点：（捕捉目标点 3，结果如图 9-7b 所示）

是否基于对齐点缩放对象？［是（Y）/否（N）］<否>：（输入“Y”或回车）

## 9.5 倒角（CHAMFER）

倒角（CHAMFER）命令与二维倒角命令是同一命令，当选取三维实体时，拾取需倒角的棱边或面。

**1. 命令调用**

工具栏：【修改】工具栏中的【倒角】按钮。

菜单栏：【修改】|【倒角】。

命令行：CHAMFER，回车。

**2. 绘图实例**

三维实体倒角步骤如下。

单击【修改】工具栏中的倒角按钮，AutoCAD 提示：

选择第一条直线或［放弃（U）/多段线（P）/距离（D）/角度（A）/修剪（T）/方式（E）/多个（M）］对象：（选择图 9-8a 所示选定的边）

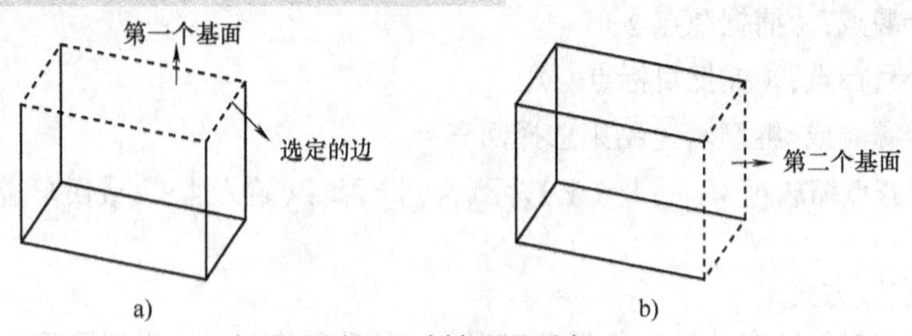


图 9-8 倒角基面选择

a）选定的边及第一个基面 b）第二个基面

输入曲面选择选项［下一个（N）/当前（OK）］<当前>：（选择基面，直接回车，图 9-8a 所示的第一个基面即为指定基面，否则输入“N”，选择与选定边相邻的第二个基面为指定基面，如图 9-8b 所示。）

指定基面的倒角距离：（输入“5”，回车）

指定其他曲面的倒角距离：（输入“5”，回车）

选择边或［环（L）］：（选择要倒角的边，如图 9-9a 所示 1、2 两边，结束选择回车，倒角结果如图 9-13b 所示）

**3. 选项说明**

1）放弃：恢复在命令中执行的上一个操作。

2）多段线：对整个二维多段线倒角。选择图 9-10a 所示二维多段线，相交多段线线段在每个多段线顶点被倒角。倒角成为多段线的新线段，如图 9-10b 所示。如果多段线包含的线段过短以致于小于倒角距离，则不能对这些线段倒角。

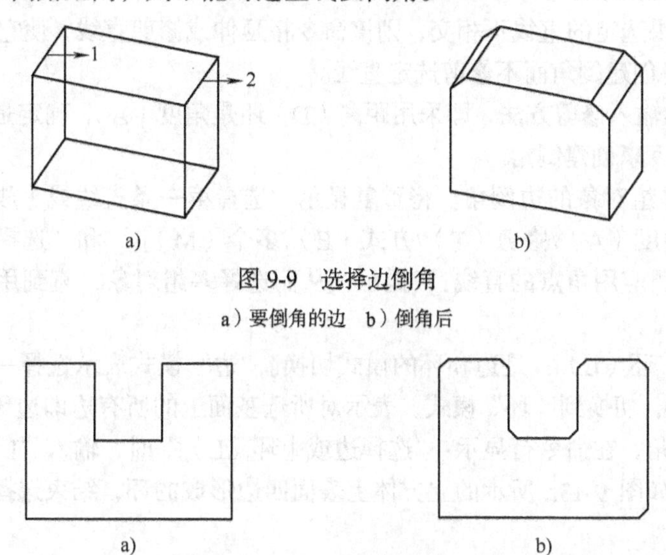


图 9-9　选择边倒角

a）要倒角的边　b）倒角后

图 9-10　多线段倒角

a）选择二维多线段　b）倒角后

3）距离：设置倒角距离。默认为上次设置的倒角距离，需要修改则输入“d”，根据命令行提示输入倒角距离。如果将两个距离都设置为零，则该命令将延伸或修剪两条直线，使它们终止于同一点。对三维实体，要求设置基面上的倒角距离和与所选各边相邻的其他曲面上的倒角距离。如图 9-11 所示，设置基面上的倒角距离 20 和所选边相邻曲面上的倒角距离 10，则倒角后如图 9-11b 所示。

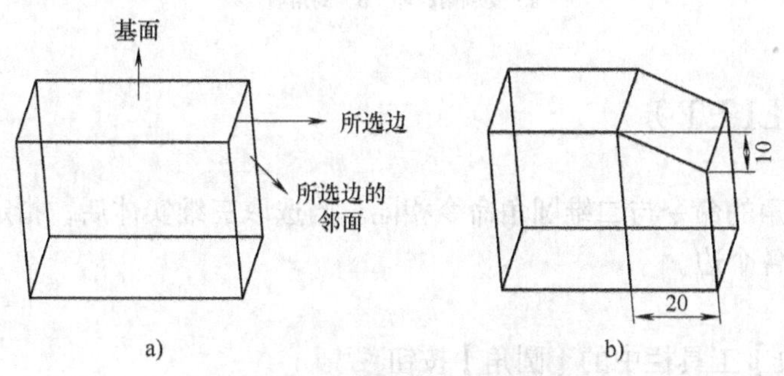


图 9-11　倒角面的选择与距离设置

a）倒角面的选择　b）倒角后

4）角度：对于二维空间，使用“角度”方式指用第一条直线的倒角距离和第一条线的角度设置倒角距离，如图 9-12 所示。

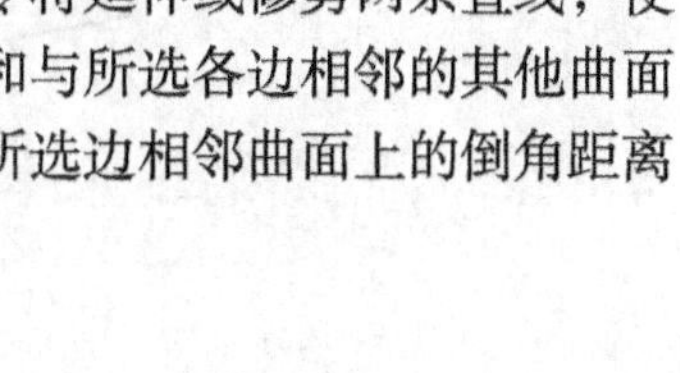

5）修剪：控制是否将选定的边修剪到倒角直线的端点。输入“T”（或“t”），则命令行提示“输入修剪模式选项［修剪（T）/不修剪（N）］<修剪>:”，此状态默认为修剪，如果不修剪，则输入“N”（或“n”）。

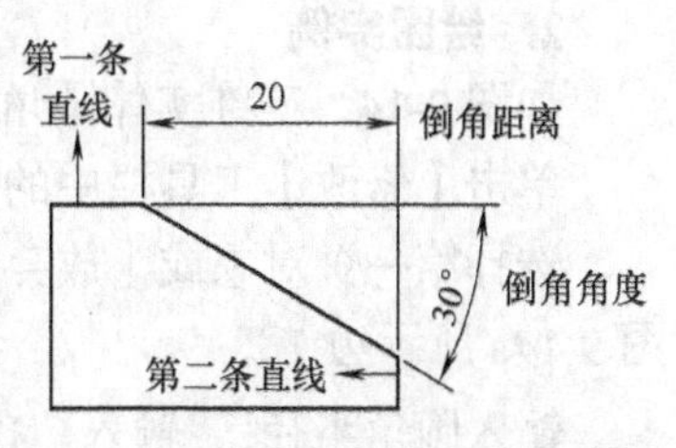


图 9-12　角度方式确定倒角距离

注意：通过在命令状态下，可以输入“TRIMMODE”，该命令可以更改 TRIMMODE 值，其值为 1，表示“修剪”，倒角命令会将相交的直线修剪到倒角直线的端点。如果选定的直线不相交，则该命令将延伸或修剪直线，使它们相交。值为 0，表示“不修剪”，将创建倒角而不修剪选定直线。

6）方式：控制输入修剪方法，即采用距离（D）还是角度（A），确定是使用两个距离还是一个距离一个角度来创建倒角。

7）多个：对多组对象的边倒角。将重复显示“选择第一条直线或［放弃（U）/多段线（P）/距离（D）/角度（A）/修剪（T）/方式（E）/多个（M）]:”和“选择第二条直线，或按住 Shift 键选择要应用角点的直线:”提示，从而选择多组对象，直到用户回车结束倒角命令。

8）选择边或［环（L）]：是边和环的模式切换。“边”模式表示选择一条边进行倒角。输入“L”（或“l”），切换到“环”模式，表示对所选基面上的所有边即边环进行倒角。如果选择以环的方式倒角，在命令行显示：“选择边或［环（L）]”时，输入“L”，单击基面上的任意一边，将选中如图 9-13a 所示的立方体上表面四边形成的环，结束选择回车，倒角结果如图 9-13b 所示。

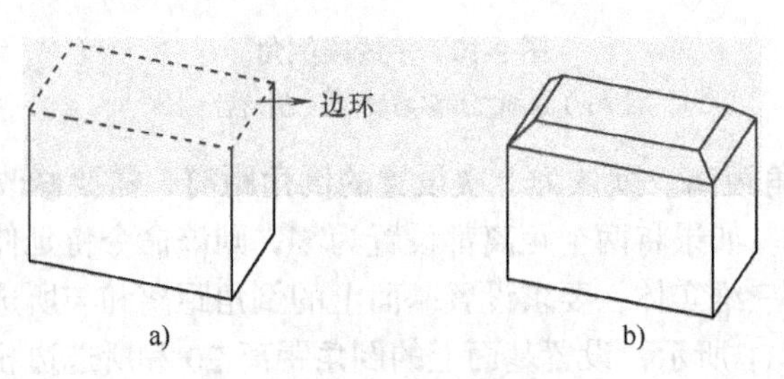


图 9-13 选择边环倒角

a）要倒角的环 b）倒角后

## 9.6 圆角（FILLET）

对三维实体圆角的命令与二维圆角命令相同。当选取三维实体后，指定圆角半径，然后选择要进行圆角的各个边。

**1. 命令调用**

工具栏：【修改】工具栏中的【圆角】按钮。

菜单栏：【修改】|【圆角】。

命令行：FILLET，回车。

**2. 绘图实例**

如图 9-14，三维实体圆角步骤如下。

单击【修改】工具栏中的【圆角】按钮，AutoCAD 提示：

选择第一个对象或［放弃（U）/多段线（P）/半径（R）/修剪（T）/多个（M）]:（选择图 9-14a 所示边 1）

输入圆角半径:（输入“10”，回车）

选择边或［链（C）/半径（R）]:（回车，结果如图 9-14b 所示）

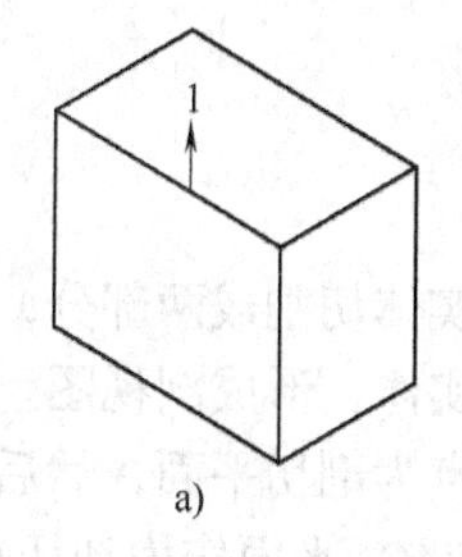


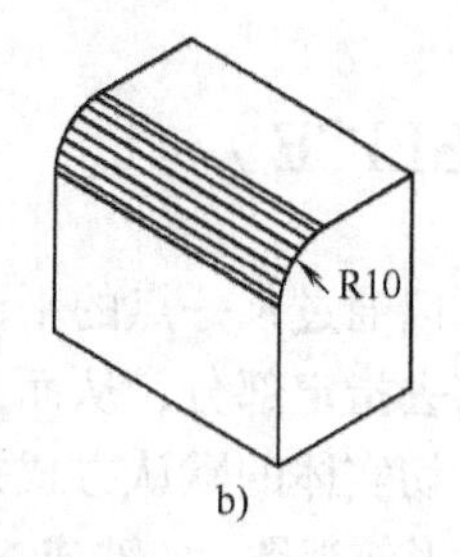


图 9-14　倒圆角

a）倒圆角的边　b）倒圆角后

**3. 选项说明**

1）放弃：恢复在命令中执行的上一个操作。

2）多段线：在二维多段线各相交线段顶点处插入圆角弧。如果一条弧线段将两条会聚于该弧线段的直线段分隔开，如图 9-15a，那么该命令在修剪模式下会删除该弧线段并将其替换为一个圆角弧，如图 9-15c 所示。不修剪模式下，将在原图的基础上圆角，如图 9-15b 所示。

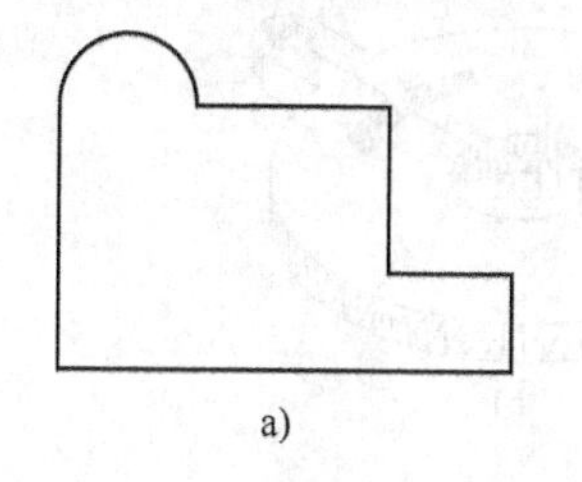


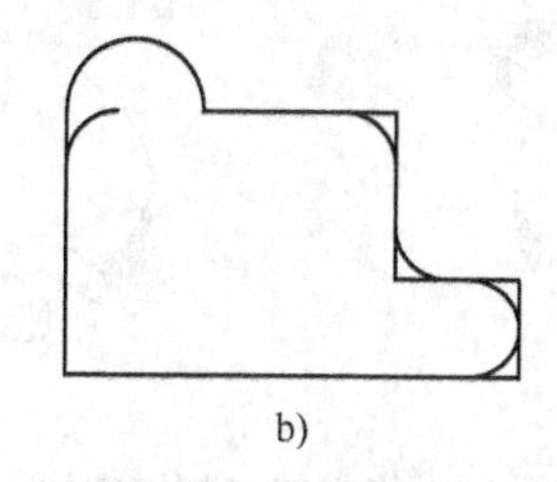


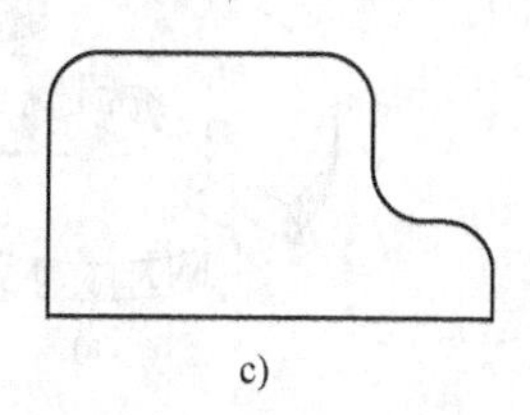


图 9-15　多线段圆角

a）多线段　b）不修剪模式倒圆角　c）修剪模式倒圆角

3）半径：定义圆角弧的半径。

4）修剪：确定是否将选定的边修剪到圆角弧的端点。输入“T”（或“t”），则命令行提示“输入修剪模式选项［修剪（T）/不修剪（N）］ <修剪>:”，此状态默认为修剪，修剪选定的边到圆角弧端点。如果不修剪选定的边，则输入“N”（或“n”），

5）多个：对多组对象的边圆角。将重复显示“选择第一个对象或［放弃（U）/多段线（P）/半径（R）/修剪（T）/多个（M）]:”和“选择第二个对象，或按住 Shift 键选择要应用角点的对象:”提示，从而选择多组对象，直到用户回车结束圆角命令。

6）选择边或［链（C）/半径（R）]: 从单边选择改为连续相切边选择（称为链选择）。选择边链或者输入“E”，选择一系列相切的边，如图 9-16 所示。

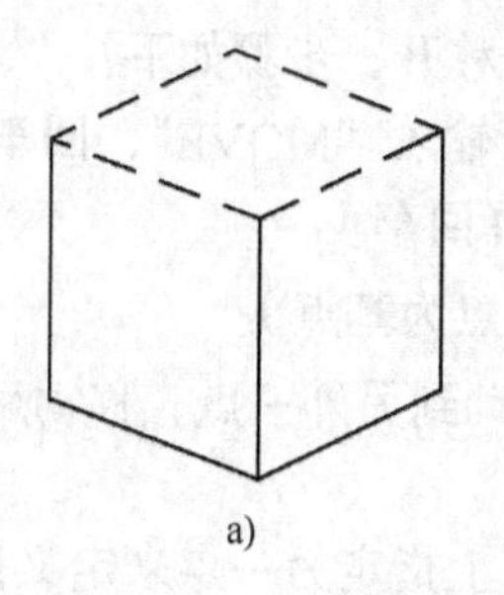


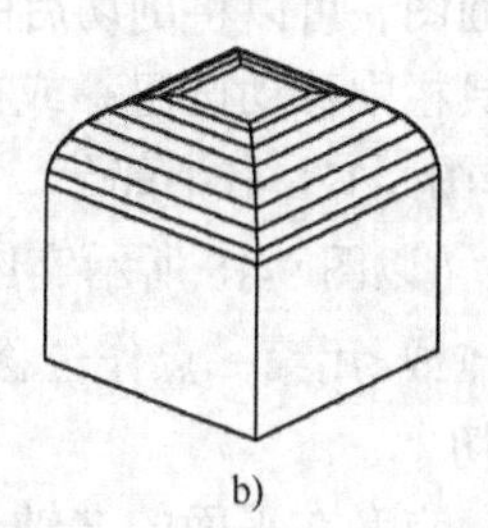


图 9-16　顶面链式圆角

a）要圆角的环　b）链式圆角

## 9.7 剖切实体（SLICE）

使用剖切命令，可以通过某一点的平面将一个实体切割成两部分，可以保留剖切实体的一半或全部。剖切后移去指定部分，从而创建新的实体，形成剖视图。剖切实体保留原实体的图层和颜色特性。剖切实体的默认方式是指定三点为剖切平面，然后选择要保留的部分。也可以通过其他对象、当前视图、Z 轴或 XY、YZ 或 ZX 平面作为剖切平面进行实体的剖切。

**1. 命令调用**

菜单栏：【修改】|【三维操作】|【剖切】。

命令行：SLICE，回车。

**2. 绘图实例**

（1）指定三点剖切

如图 9-17 所示，操作步骤如下。

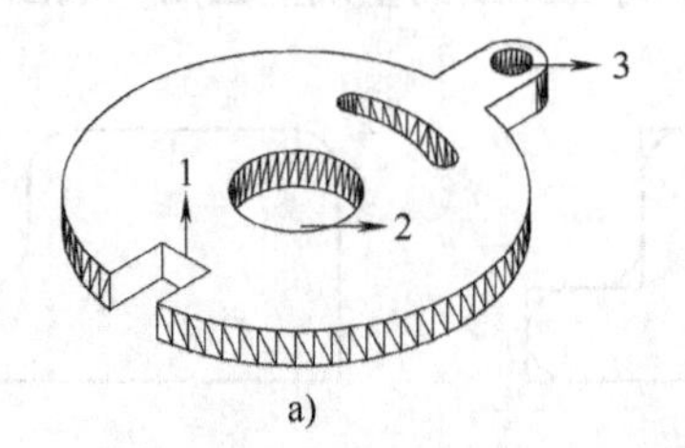

a)

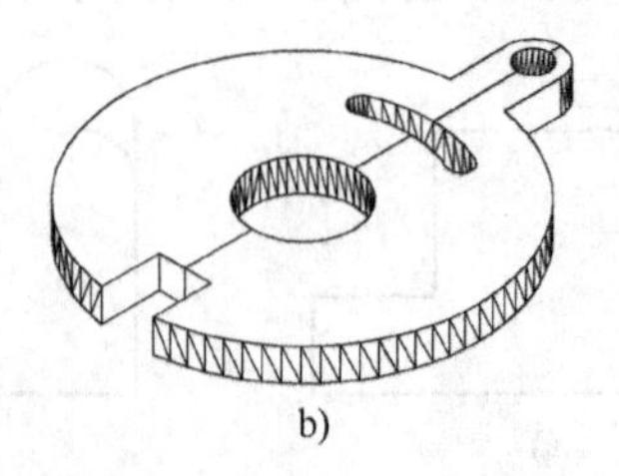
b)

图 9-17 指定三点剖切实体

a）剖切对象 b）剖切后

选择菜单栏：【修改】|【三维操作】|【剖切】，AutoCAD 提示：

选择对象：（选择图 9-17a 三维实体，结束选择回车）

指定切面上的第一点或依照［对象（O）/最近的（L）/ Z 轴（Z）/视图（V）/XY 平面（XY）/ YZ 平面（YZ）/ ZX 平面（ZX）/三点（3）］<三点>：（捕捉图 9-17a 中的 1 点，即它所在边的中点）

指定平面上的第二个点：（捕捉图 9-17a 中的 2 点，即中间圆孔下表面圆心）

指定平面上的第三个点：（捕捉图 9-17a 中的 3 点，即小圆孔的上表面圆心）

在要保留的一侧指定点或［保留两侧（B）］：（输入“B”，保留剖切实体的两侧，结果如图 9-17b 所示）

为了清楚显示剖面图，可以将剖切后的两部分移开，步骤如下：

选择【修改】工具栏中移动按钮或在命令行输入“MOVE”，回车，AutoCAD 提示：

选择对象：（选择图 9-17b 右半部分，结束选择回车）

指定基点或位移：（以图 9-18 所示实体 2 上某点为基点）

指定位移的第二点或<用第一点作位移>：（移动到另外一点，移动后如图 9-18 所示）

（2）指定 Z 轴剖切

通过平面上指定一点和在平面的 Z 轴（法向）上指定另一点来定义剖切平面。如图 9-19 所示，实体的剖切操作步骤如下。

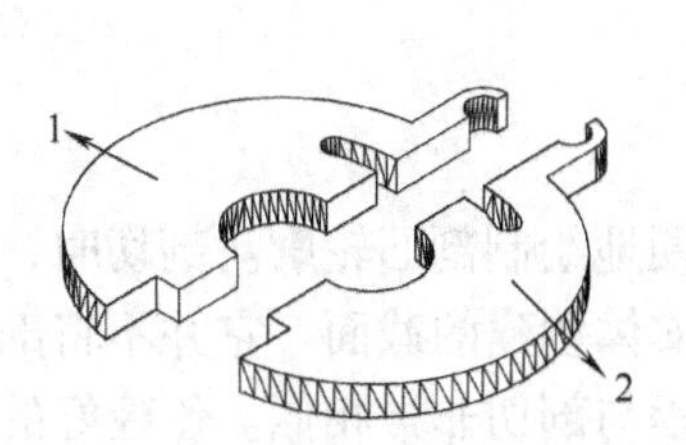


图 9-18 移动剖切实体

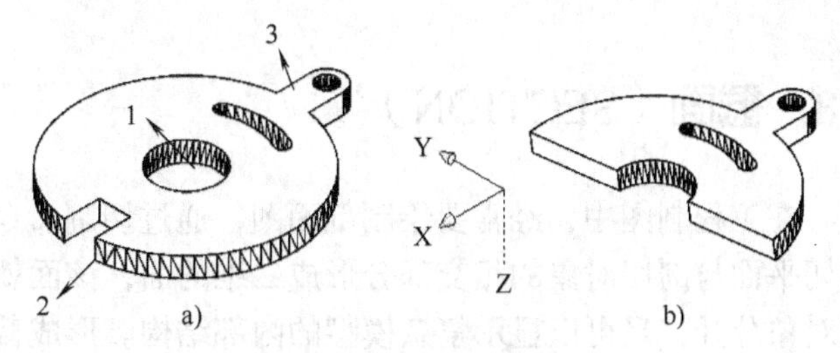


图 9-19 指定 Z 轴剖切

a）指定剖面的通过点和法线 b）剖切结果

选择菜单栏：【修改】|【三维操作】|【剖切】，AutoCAD 提示：

选择对象：（选择图 9-19a 所示的三维实体，结束后选择回车）

指定切面上的第一点或依照［对象（O）/最近的（L）/ Z 轴（Z）/视图（V）/XY 平面（XY）/YZ 平面（YZ）/ ZX 平面（ZX）/三点（3）］<三点>：（输入“Z”，按指定 Z 轴进行剖切）

指定剖面上的点：（拾取图 9-19a 中的 1 点，也就是中间圆孔上表面的圆心）

指定平面 Z 轴（法向）上的点：（拾取图 9-19a 中的 2 点，即 1 点和 2 点的连线在剖切平面的法线上）

在要保留的一侧指定点或［保留两侧（B）]：（拾取要保留的一侧可以在该侧任意指定一点，如图 9-19a 中的 3 点，剖切结果如图 9-19b 所示）

（3）指定 YZ 平面剖切

将剖切平面与当前 UCS 的 YZ 平面对齐，指定一点确定剖切平面的位置。

如图 9-20 所示三维实体的剖切的操作步骤如下：

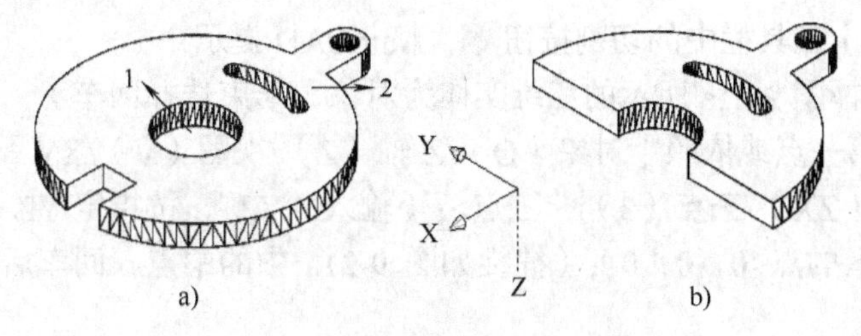


图 9-20 指定 YZ 平面剖切

a）指定 YZ 剖面的通过点 b）剖切结果

选择菜单栏：【修改】|【三维操作】|【剖切】，AutoCAD 提示：

选择对象：（选择图 9-20a 所示的三维实体，结束后按回车）

指定切面上的第一点或依照［对象（O）/最近的（L）/ Z 轴（Z）/视图（V）/XY 平面（XY）/YZ 平面（YZ）/ ZX 平面（ZX）/三点（3）］<三点>：（输入“YZ”，按指定 YZ 平面进行剖切）

指定 YZ 平面上的点<0，0，0>：（选择如图 9-20a 中 1 点，也就是中间圆孔上表面的圆心）

在要保留的一侧指定点或［保留两侧（B）]：（选择如图 9-20 中 2 点，剖切结果如图 9-20b 所示）

指定 XY 平面和 ZX 平面剖切与指定 YZ 平面剖切方法相同，这里就不赘述了。

## 9.8 截面（SECTION）

在工程制图中，经常要绘制剖面图，通过切割命令可以方便地绘制剖面轮廓。剖切时，剖切平面与剖切对象的相交部分形成二维的面，该面就是切割实体创建的截面。它并不将剖切对象分开，且可以显示复杂模型的内部结构。形成截面的过程与剖切非常相似。创建好的截面面域，可以非常方便地修改它的位置、添加填充图案、标注尺寸或在这个新对象基础上拉伸形成新的实体。

**1. 命令调用**

工具栏：【实体】工具栏中的【切割】按钮。

菜单栏：【绘图】|【实体】|【切割】。

命令行：SECTION，回车。

**2. 绘图实例**

如图 9-21 所示，实体断面图的操作步骤如下：

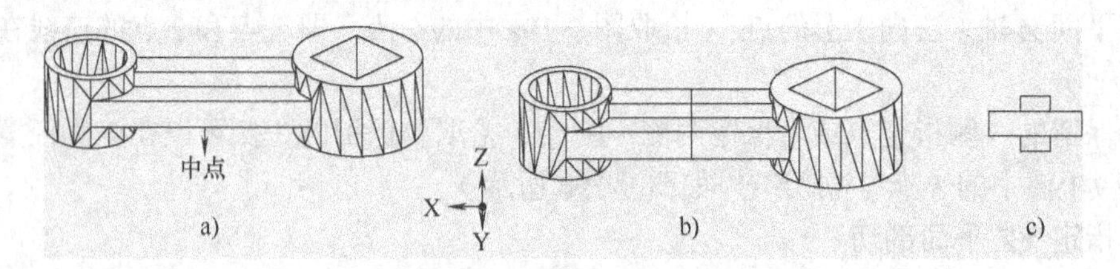


图 9-21 创建三维实体的截面

a）指定 YZ 截面的通过点 b）获得截面 c）移出并旋转后的截面

1）单击【实体】工具栏中的切割按钮，AutoCAD 提示：

选择对象：（选择图 9-21a 所示的三维实体为对象，结束选择回车）

指定截面上的第一点或依照［对象（O）/Z 轴（Z）/视图（V）/XY 平面（XY）/YZ 平面（YZ）/ZX 平面（ZX）/三点（3）］<三点>：（输入“YZ”，按指定 YZ 平面进行剖切）

指定 YZ 平面上的点<0，0，0>：（捕捉如图 9-21a 中的中点，回车后，得到如图 9-21b 所示的截面）

2）移动并旋转该截面，如图 9-21b 所示。

## 9.9 实体面编辑

### 9.9.1 拉伸实体面

拉伸实体面命令可以沿一条路径拉伸三维实体的平面，也可以将要拉伸的面沿其法线方向按指定的高度值和倾斜角进行拉伸。沿指定路径拉伸面，可以选择直线、圆、圆弧、椭圆、椭圆弧、多段线或样条曲线作为路径。路径不能和选定的面位于同一个平面，也不能有大曲率的区域。指定高度值和倾角拉伸面时，拉伸高度值为将沿正方向拉伸面（通常是向外）；高度值为负值将沿负方向拉伸面（通常是向内）。倾斜角为正值，选定的面将向内倾斜；倾斜角为负值，选定的面将向外倾斜。默认角度为 0，可以垂直于平面拉伸面。如果指定了过大的倾斜角度或拉伸高度，可能会使面在到达指定的拉伸高度之前先倾斜成一点，拉伸面操作失败。

**1．命令调用**

工具栏：【实体编辑】工具栏中的【拉伸面】按钮。

菜单栏：【修改】|【实体编辑】|【拉伸面】。

命令行：SOLIDEDIT，回车，接着输入“F”（编辑面）并回车，最后输入“E”（拉伸面）并回车。

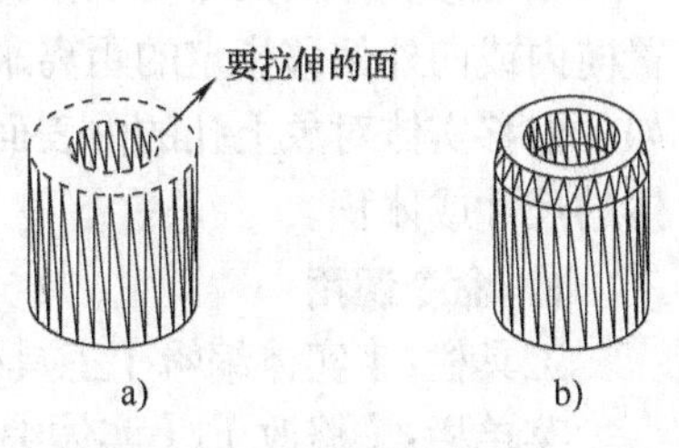


图 9-22　拉伸面

a）拉伸前　b）拉伸后

**2．绘图实例**

如图 9-22 所示，拉伸三维实体面的步骤如下：

单击【实体编辑】工具栏中的【拉伸面】按钮，AutoCAD 提示：

选择面或［放弃（U）/删除（R）]：（选择图 9-22a 所示要拉伸的面）

选择面或［放弃（U）/删除（R）/全部（ALL）]：（结束选择回车）

指定拉伸高度或 ［路径（P）]：（输入“5”，回车）

指定拉伸的倾斜角度 <0>：（输入“10”，回车，结果如图 9-22b 所示）

### 9.9.2　移动实体面

在三维实体中，用移动实体面命令可以轻松地将某个面从一个位置移到另一个位置，但不更改其方向。移动时，使用输入坐标值或对象捕捉以精确地移动选定的面。

**1．命令调用**

工具栏：【实体编辑】工具栏中的【移动面】按钮。

菜单栏：【修改】|【实体编辑】|【移动面】。

命令行：SOLIDEDIT，回车，接着输入“F”（编辑面）并回车，最后输入“M”（移动面）并回车

**2．绘图实例**

如图 9-23 所示，移动三维实体面的步骤如下。

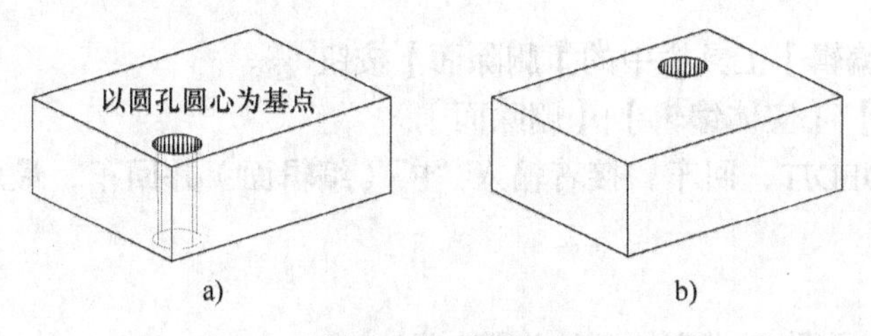


图 9-23　移动面

a）移动前　b）移动后

单击【实体编辑】工具栏中的【移动面】按钮，AutoCAD 提示：

选择面或［放弃（U）/删除（R）]：（选择图 9-23a 所示要移动的面）

选择面或［放弃（U）/删除（R）/全部（ALL）］:（结束选择回车）

指定基点或位移:（启用对象捕捉，捕捉圆孔圆心）

指定位移的第二点:（输入“@15，12，0”，回车，结果如图 9-23b 所示）

### 9.9.3 偏移实体面

用偏移实体面命令可以按指定的距离均匀地偏移三维实体上的面。通过将现有面从原位置向内或向外偏移指定的距离来创建新的面，通常沿面的法线、向曲面或面的正边偏移。例如，偏移实体对象上孔的内表面时，指定正值将增大实体的尺寸或体积，指定负值将减小实体的尺寸或体积。

**1. 命令调用**

工具栏:【实体编辑】工具栏中的【偏移面】按钮。

菜单栏:【修改】|【实体编辑】|【偏移面】。

命令行：SOLIDEDIT，回车，接着输入“F”（编辑面）并回车，最后输入“O”（偏移面）并回车。

**2. 绘图实例**

如图 9-24 所示，偏移三维实体面的步骤如下：

单击【实体编辑】工具栏中的【偏移面】按钮，AutoCAD 提示：

选择面或［放弃（U）/删除（R）］:（选择图 9-24a 所示要偏移的面）

选择面或［放弃（U）/删除（R）/全部（ALL）］:（结束选择回车）

指定偏移距离:（输入“-5”，回车，结果如图 9-24b 所示）

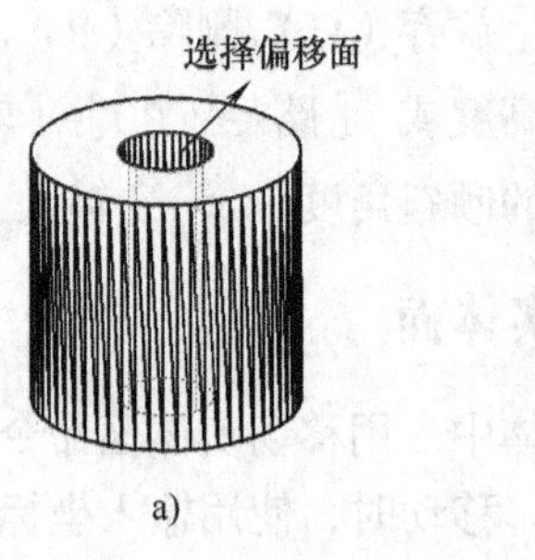


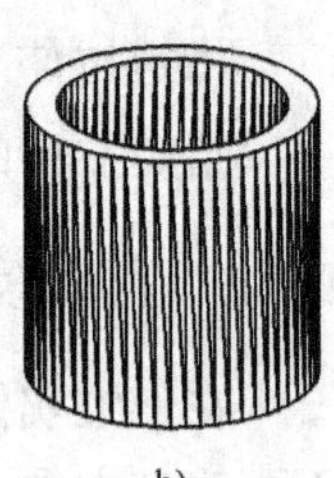


图 9-24 偏移面

a）偏移前 b）偏移后

### 9.9.4 删除实体面

删除实体面命令可以从三维实体对象上删除某个面。例如，使用 SOLIDEDIT 命令从三维实体对象上删除圆孔或圆角。

**1. 命令调用**

工具栏:【实体编辑】工具栏中的【删除面】按钮。

菜单栏:【修改】|【实体编辑】|【删除面】。

命令行：SOLIDEDIT，回车，接着输入“F”（编辑面）并回车，最后输入“D”（删除面）并回车。

**2. 绘图实例**

如图 9-25 所示，删除三维实体面的步骤如下。

单击【实体编辑】工具栏中的【删除面】按钮，AutoCAD 提示：

选择面或［放弃（U）/删除（R）］:（选择图 9-25a 所示要删除的圆角、圆孔及倒角所在的面）

选择面或［放弃（U）/删除（R）/全部（ALL）］:（结束后按回车，结果如图 9-25b 所示）

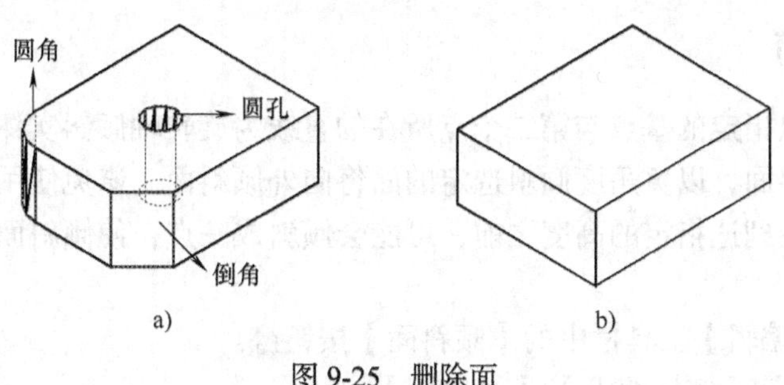


图 9-25　删除面

a）删除前　b）删除后

## 9.9.5　旋转实体面

通过指定旋转轴和旋转角度来旋转实体上选定的面。可以根据任意两点确定旋转轴，也可以指定 X 轴、Y 轴、Z 轴、视图或通过对象指定轴（将旋转轴与现有对象对齐）来定义轴点。根据当前 UCS 和 ANGDIR 系统变量设置确定旋转的方向。轴的正方向是从起点到端点，并按照右手定则进行旋转，除非在 ANGDIR 系统变量中设置为相反方向。

**1. 命令调用**

工具栏：【实体编辑】工具栏中的【旋转面】按钮。

菜单栏：【修改】|【实体编辑】|【旋转面】。

命令行：SOLIDEDIT，回车，接着输入“F”（编辑面）并回车，最后输入“R”（旋转面）并回车。

**2. 绘图实例**

如图 9-26 所示，旋转三维实体面的步骤如下：

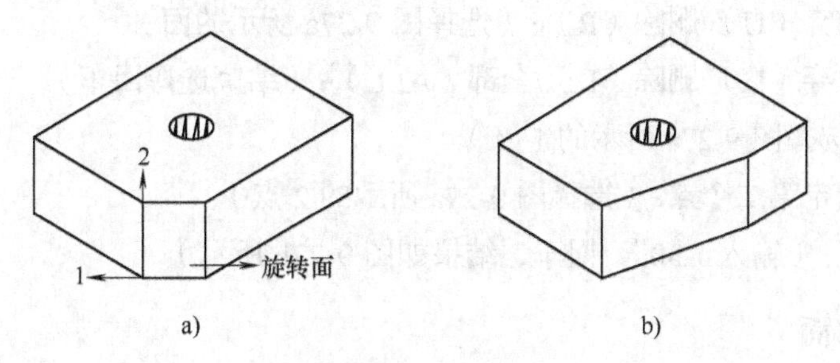


图 9-26　旋转面

a）旋转前　b）旋转后

单击【实体编辑】工具栏中的【旋转面】按钮，AutoCAD 提示：

选择面或［放弃（U）/删除（R）］:（选择图 9-26a 所示的面）

选择面或［放弃（U）/删除（R）/全部（ALL）］:（结束选择回车）

指定轴点或［经过对象的轴（A）/视图（V）/X 轴（X）/Y 轴（Y）/Z 轴（Z）］ <两点>:（选择图 9-26a 所示的 1 点）

在旋转轴上指定第二个点:（选择图 9-26a 所示的 2 点）

指定旋转角度或［参照（R）］:（输入“30”，回车，结果如图 9-26b 所示）

### 9.9.6 倾斜实体面

倾斜实体面是以指定的基点与第二个点所在的直线为旋转轴倾斜实体面。以正角度倾斜选定的面将向内倾斜面，以负角度倾斜选定的面将向外倾斜面。避免使用太大的角度，倾斜角度过大时，轮廓在到达指定的高度之前，可能会倾斜成一点，使倾斜面操作失败。

**1. 命令调用**

工具栏:【实体编辑】工具栏中的【倾斜面】按钮。

菜单栏:【修改】|【实体编辑】|【倾斜面】。

命令行: SOLIDEDIT，回车，接着输入“F”(编辑面)并回车，最后输入“T”(倾斜面)并回车。

**2. 绘图实例**

如图 9-27 所示，倾斜三维实体面的步骤如下：

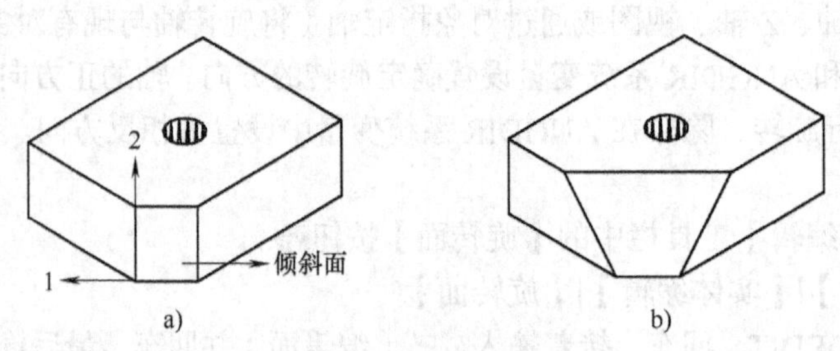


图 9-27　倾斜面

a）倾斜前　b）倾斜后

单击【实体编辑】工具栏中的【倾斜面】按钮，AutoCAD 提示：

选择面或［放弃（U）/删除（R）]:（选择图 9-27a 所示的面）

选择面或［放弃（U）/删除（R）/全部（ALL）]:（结束选择回车）

指定基点:（选择图 9-27a 所示的 1 点）

在旋转轴上指定第二个点:（选择图 9-27a 所示的 2 点）

指定倾斜角度:（输入“30”，回车，结果如图 9-27b 所示）

### 9.9.7 复制实体面

复制三维实体对象上的面。将选定面复制为面域或体。选择面后，在该面上指定一个点作为基点，再输入一个点的坐标或选定一个点，作为位移的第二个点。

**1. 命令调用**

工具栏:【实体编辑】工具栏中的【复制面】按钮。

菜单栏:【修改】|【实体编辑】|【复制面】。

命令行: SOLIDEDIT，回车，接着输入“F”(编辑面)并回车，最后输入“C”(复制面)并回车。

**2. 绘图实例**

如图 9-28 所示，复制三维实体面的步骤如下：

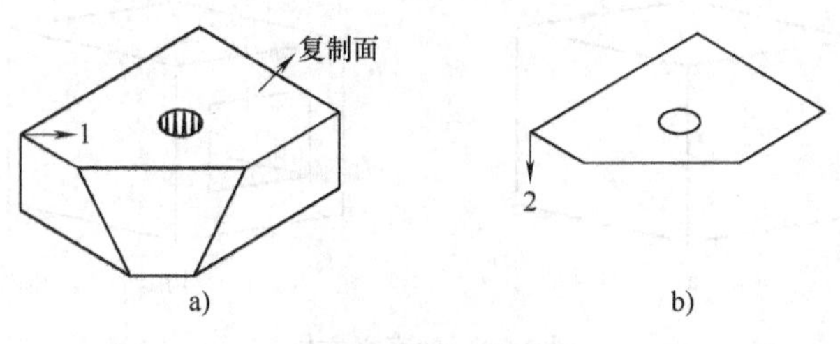


图 9-28 复制面
a）复制前 b）复制后

单击【实体编辑】工具栏中的【复制面】按钮，AutoCAD 提示：

选择面或［放弃（U）/删除（R）］:（选择图 9-28a 所示的面）

选择面或［放弃（U）/删除（R）/全部（ALL）］:（结束后按回车）

指定基点或位移:（选择图 9-28a 所示的 1 点）

指定位移的第二点:（选择图 9-28a 所示的 2 点，回车，结果如图 9-28b 所示）

### 9.9.8 着色实体面

可以修改三维实体对象上选定面的颜色。该命令选择要着色的面，结束选择面后，弹出【选择颜色】对话框，在该对话框中，可以选择颜色。该命令操作简单，就不再举例说明。

命令调用

工具栏:【实体编辑】工具栏中的【着色面】按钮。

菜单栏:【修改】|【实体编辑】|【着色面】。

命令行：SOLIDEDIT，回车，接着输入“F”（编辑面）并回车，最后输入“L”（着色面）并回车。

## 9.10 抽壳

可以从三维实体对象中创建抽壳（指定厚度的中空薄壁）。通过将现有面向原位置的内部或外部偏移来创建新的面。偏移时，将连续相切的面看做一个面。

**1. 命令调用**

工具栏:【实体编辑】工具栏中的【抽壳】按钮。

菜单栏:【修改】|【实体编辑】|【抽壳】。

命令行：SOLIDEDIT，回车，接着输入“B”（编辑三维实体）并回车，最后输入“S”（抽壳）并回车。

**2. 绘图实例**

如图 9-29 所示，抽壳三维实体面的步骤如下：

单击【实体编辑】工具栏中的【抽壳】按钮，AutoCAD 提示：

选择三维实体:（选择图 9-29a 所示要抽壳的三维实体）

删除面或［放弃（U）/添加（A）/全部（ALL）］:（选择要删除的面或回车结束选择）

输入抽壳偏移距离:（输入“2”，回车，结果如图 9-29b 所示）

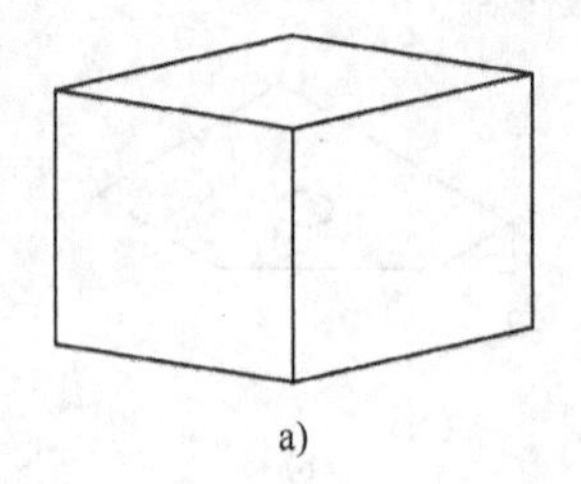

a)

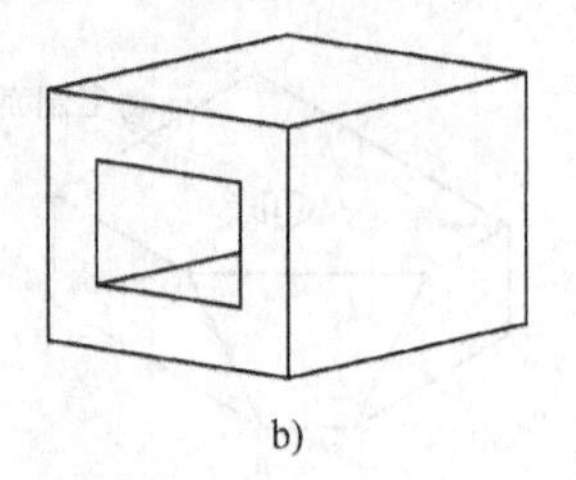

b)

图 9-29　抽壳立方体

a）抽壳立方体　b）立方体抽壳后

## 思考与练习

习题 9.1　矩形阵列的行、列、层分别沿着当前 UCS 的________、________、________轴的方向。

习题 9.2　三维镜像和三维旋转的“对象”选项中，该对象可以是________、圆弧或________。

习题 9.3　偏移实体对象上孔的内表面时，指定正值将________实体的尺寸或体积，指定负值将________实体的尺寸或体积。

习题 9.4　对齐命令可以将两个对象按指定的方式对齐，AutoCAD 将根据用户制定的对齐方式，自动使用________、旋转和________等操作改变对象的大小和位置，以便能够与其他对象对齐。

习题 9.5　利用三维阵列命令将图 9-30 左边的图形改为右边的图形。

习题 9.6　绘制如图 9-31 所示的图形。

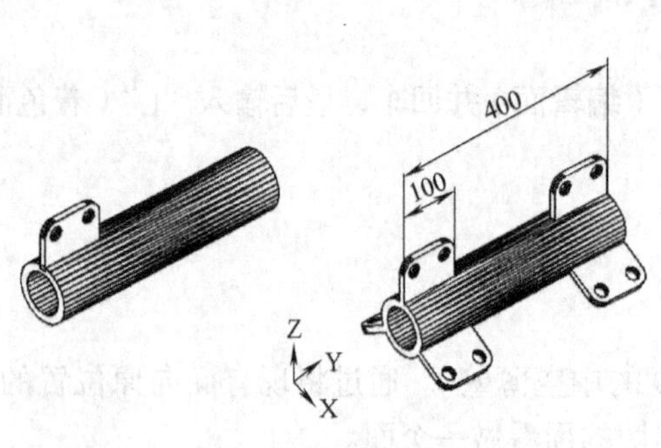


图 9-30　习题 9.5

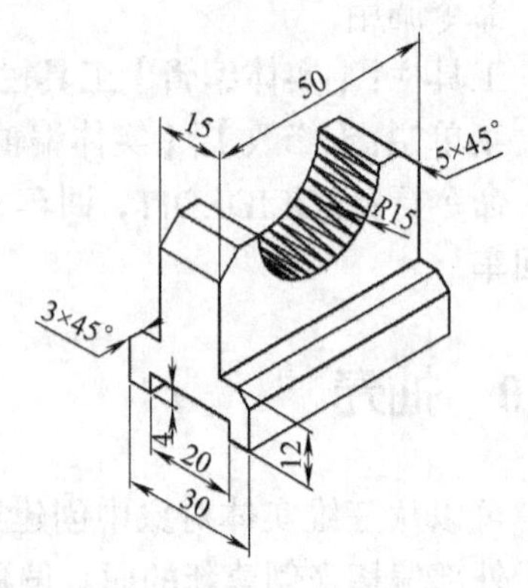


图 9-31　习题 9.6

习题 9.7　绘制如图 9-32 所示的图形。

习题 9.8　利用切割命令绘制图 9-33 右边的图形。

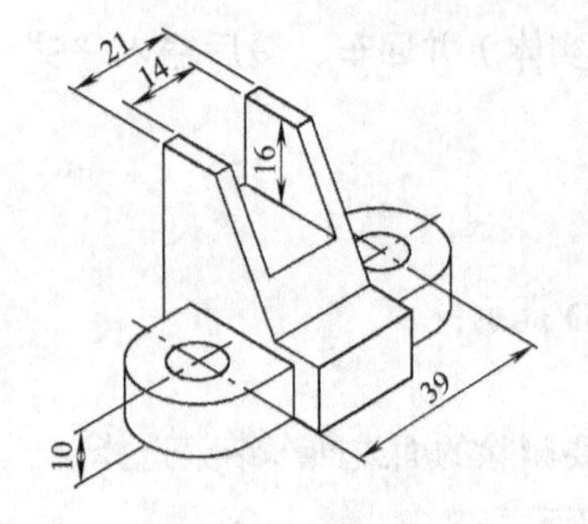


图 9-32　习题 9.7

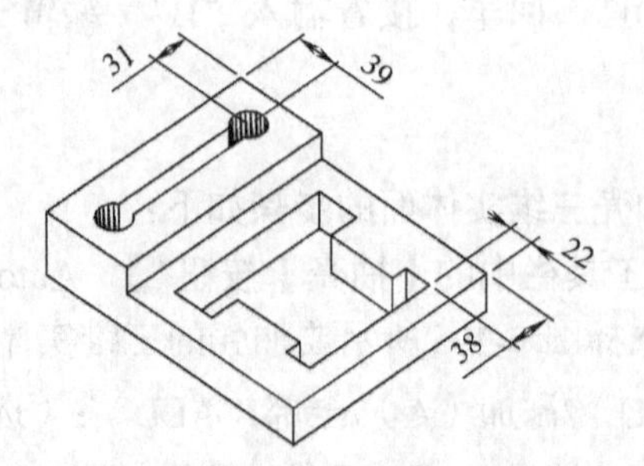


图 9-33　习题 9.8

习题 9.9　用偏移面命令将图 9-34 所示的左图改为右图。

习题 9.10　利用移动面命令将图 9-35 所示的左图改为右图。

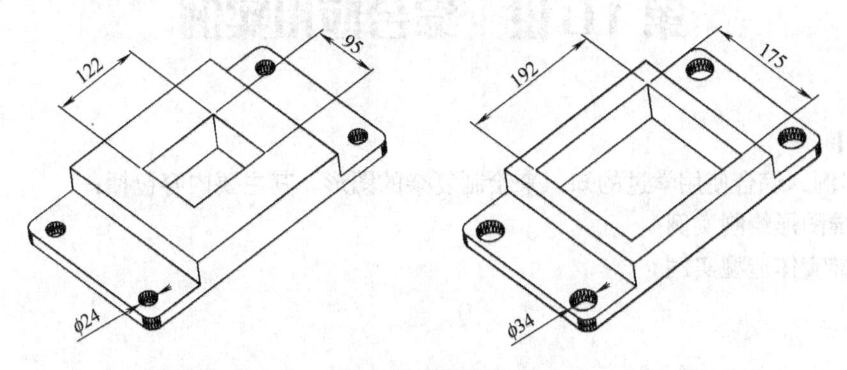


图 9-34　习题 9.9

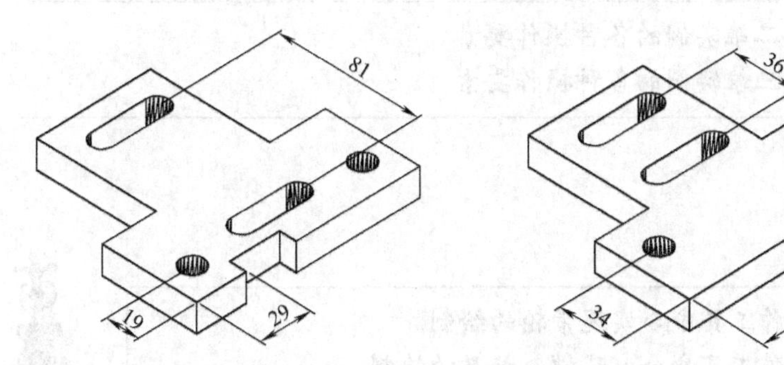


图 9-35　习题 9.10

# 第10讲　综合应用实例

【导读】

通过实例，综合使用学过的知识来绘制复杂的图形。其主要内容包括：

- 二维图形绘制实例
- 三维实体造型实例

应知

※二维实例的各种操作要素

※三维实例的各种操作要素

☆能熟练利用二维操作工具命令实现带轮的绘制

☆能熟练利用三维操作工具命令实现螺钉旋具的绘制

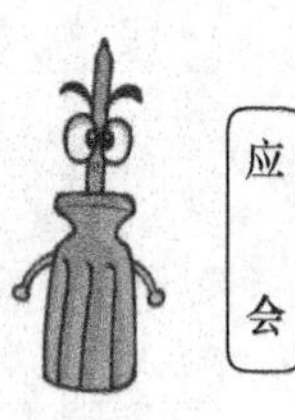

应会

# 10.1　二维图形绘制实例

本节以如图 10-1 所示的带轮为例，绘制两张二维图形，分别是带轮的端面图和轴截面图，轮的结构尺寸在下面的绘制过程中给出。绘制过程中简要演示直线、圆、移动、镜像、倒角、圆角、修剪、阵列、偏移、图案填充等常用工具的使用方法；掌握直线的定位方法、图层的设置及有关工具栏的调用。

图 10-1　带轮的三维实体图

绘图步骤如下：

（1）新建一个文档

选择【文件】|【另存为】，在打开的对话框里输入文件的名字，输入“带轮”，文件类型为默认的“*.dwg”类型。然后选择保存的路径。

（2）调出相应的工具栏

用鼠标右击出现的快捷菜单中的【对象捕捉】按钮，打开【草图设置】对话框，如图 10-2 所示。选择对话框内的相应按钮以便获得自动捕捉功能，方便二维图的绘制。

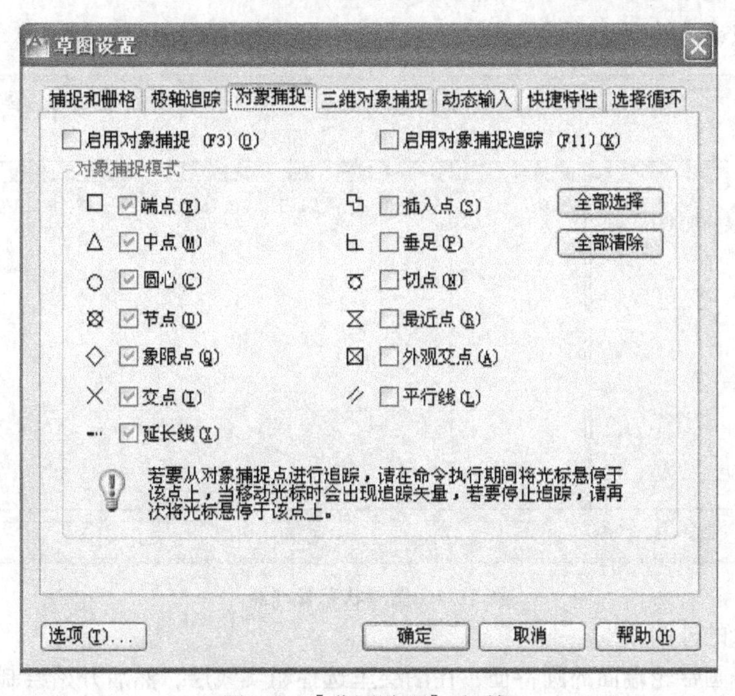


图 10-2 【草图设置】对话框

把鼠标箭头放在任意工具栏界面上单击右键，得到如图 10-3 所示的快捷菜单，选择标注、标准、对象捕捉、对象特性、绘图、图层、工作空间、修改、样式等选项，就会在绘图桌面弹出相应的工具栏。

（3）设置图层

选择【图层特性管理器】，在对话框里单击【新建】，新建若干个图层，常用的有中心线层、细实线层、标注线层、粗实线层、虚线层等，图层层数的定义根据所要画的图的复杂与否而定。

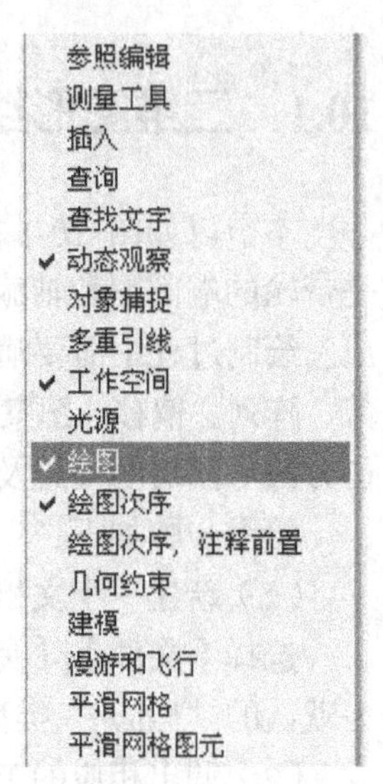


图 10-3　快捷菜单

通常单击【图层特性管理器】按钮进入图层特性管理器，建立好各个图层后，单击对话框里的图标进入图层状态管理器，在弹出的对话框里，新建一个图层状态名称，然后单击对话框里的【输出】，把设置结果保存在硬盘里，如图 10-4 所示。这样做的目的是把刚才设置的图层、颜色、线形、线宽等保存到硬盘里，以后要画别的 CAD 图时，可以把保存的结果输入进来，省去每次画新图时要进行设置图层操作。

（4）绘制端面图的中心线

在图层里选择中心线层，单击【正交】，使其处于开状态，然后开始绘制中心线。选择【绘图】|【直线】，AutoCAD 提示：

指定第一点：（在绘图平面左侧中央任意点击一点）

指定下一点或［放弃（U）]：@120<0（如图 10-5 所示）

指定下一点或［放弃（U）]：（右击或回车结束）

重复直线命令

指定第一点：（捕捉线段中点）

指定下一点或【放弃（U）】：（输入“@60<90”）

指定下一点或【放弃（U）】：（输入“@120<-90”，如图 10-6 的中心线）

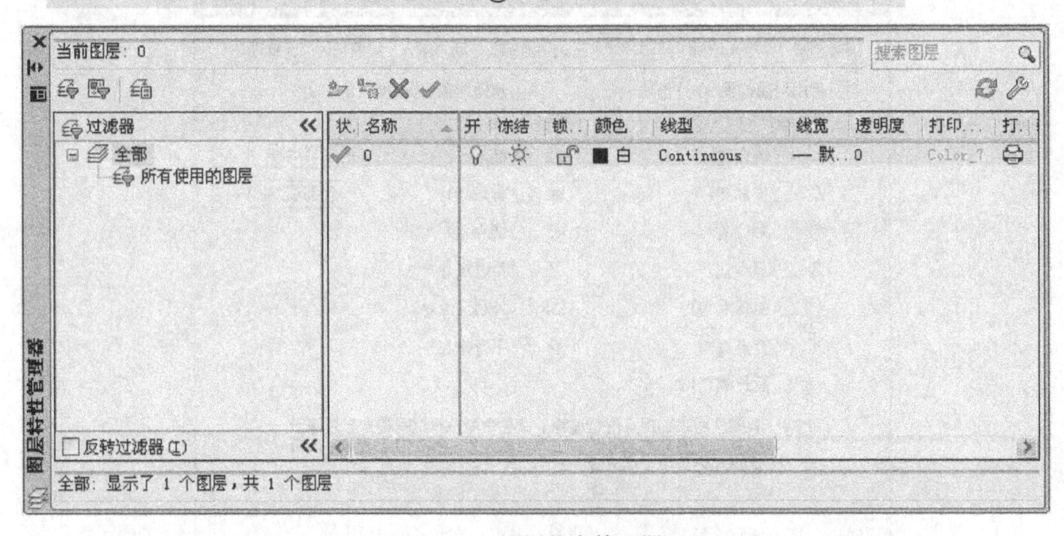


图 10-4　图层状态管理器

（5）绘制轮的外圆

使用圆命令画带轮端面的圆特征，在图层里选择粗实线层，然后开始绘制。

选择【绘图】|【圆】|【圆心、半径】或单击工具栏里的圆命令，AutoCAD 提示：

指定圆的圆心或［三点（3P）/两点（2P）/相切、相切、半径（T）]：（捕捉中心线交点）

指定圆的半径或［直径（D）] <100.0000>：（输入“50”，如图 10-6 所示）

（6）绘制均布圆孔特征

由于均布的圆的圆心都在一个半径为 25 的圆上，所以先画出该基准圆，选择图层里的中心线层，画法与前面画大端的圆一样，它们圆心重合。画好基准圆后，选择粗实线层，绘制一个圆孔半径为 8，圆心在竖直点划线与基准圆的上半部交点处。

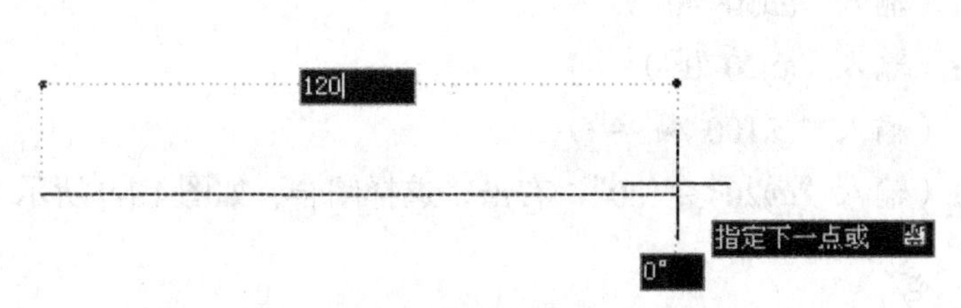


图 10-5　水平直线画法

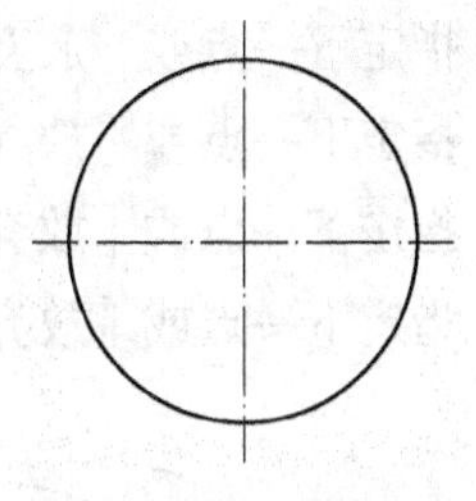

图 10-6　中心线和外圆

选择【绘图】|【圆】|【圆心、半径】或单击工具栏里的圆命令，AutoCAD 提示：

指定圆的圆心或［三点（3P）/两点（2P）/相切、相切、半径（T）]:（捕捉中心线交点）

指定圆的半径或［直径（D）] <100.0000>:（输入“25”，回车）

重复绘制圆命令

指定圆的圆心或［三点（3P）/两点（2P）/相切、相切、半径（T）]:（捕捉半径 25 的圆与竖直中心线交点）

指定圆的半径或［直径（D）] <100.0000>:（输入“8”，回车）

选择【修改】|【阵列】或单击工具栏里的阵列命令，选择【环形阵列】; 对象选择前面绘制的半径为 8 的圆；项目总数里填 6，中心点选择中心线交点处，设置完后单击【确定】，得到如图 10-7 所示的均布阵列。

（7）绘制轴孔、键槽及轮侧面凹槽的圆轮廓线

用圆命令画出侧面凹槽的圆轮，其中大圆半径为 35，小圆半径为 15；轴孔半径为 6，两端面倒角距离为 1；倒角后产生半径为 7 的圆,这里所有圆的圆心都重合于中心线交点。键槽宽为 4，与水平中心线的距离为 8。

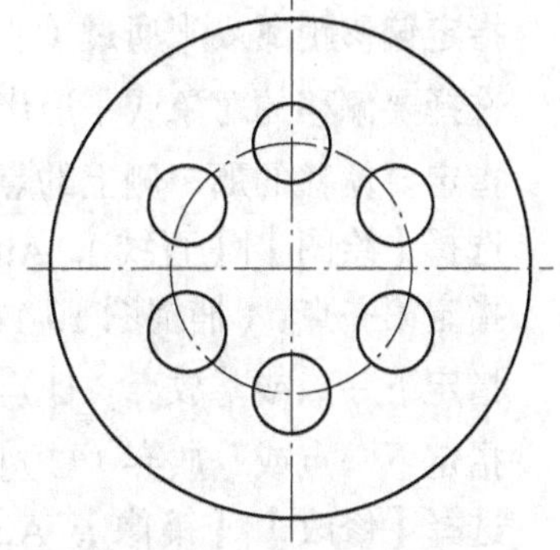

图 10-7　阵列命令的阵列图

键槽的绘制如下：

选择【绘图】|【直线】，AutoCAD 提示：

指定第一点:（捕捉中心线的交点）

指定下一点或［放弃（U）]:（输入“@8<90”）

指定下一点或［放弃（U）]:（输入“@2<0”）

指定下一点或［放弃（U）]:（输入“@8<－90”，回车结束命令）

选择【修改】|【镜像】，AutoCAD 提示：

选择对象:（拾取长度为 2 的直线）

选择对象:（拾取长度为 8 的直线，回车）

指定镜像线的第一点:（捕捉竖直中心线的上端点）

指定镜像线的第二点:（捕捉竖直中心线的下端点）

要删除源对象吗？［是（Y）/否（N）] <N>:（右击，默认不删除源对象）

选择【修改】|【修剪】，得到如图 10-8 所示的结果。

（8）轮的轴截面剖视图的凹槽特征

选择:【绘图】|【直线】，AutoCAD 提示：

指定第一点:（捕捉水平中心线的右端点）

指定下一点或［放弃（U）]:（输入“@50<90”）

指定下一点或［放弃（U）]:（输入“@20<0”）

指定下一点或［放弃（U）]:（输入“@100<－90”）

指定下一点或［放弃（U）]:（输入“@20<－180”，右击，选择闭合，如图 10-9 所示）

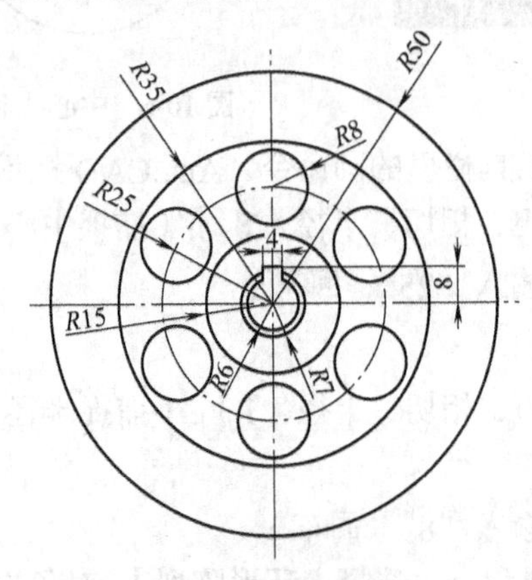

图 10-8　轮的端面视图

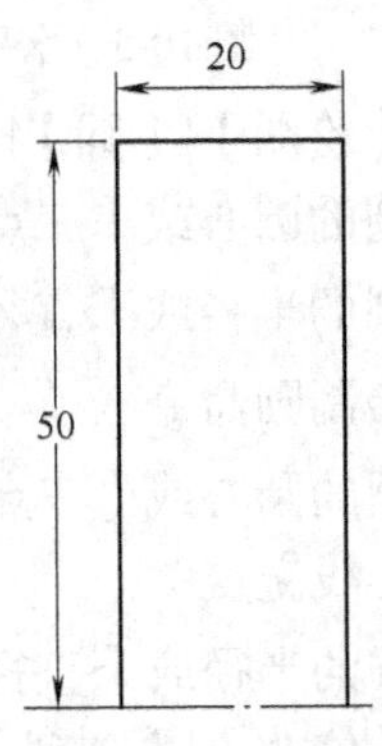

图 10-9　外围轮廓

选择【修改】|【偏移】，AutoCAD 提示：

指定偏移距离或［通过（T）/删除（E）/图层（L）］<10.0000>:（输入 10 ）

选择要偏移的对象或［退出（E）/放弃（U）］<退出>:（拾取长为 20 的线段）

指定要偏移的那一侧上的点<退出>:（单击拾取线的下侧任意一点，如图 10-10 所示）

选择【绘图】|【直线】，AutoCAD 提示：

指定第一点:（捕捉图 10-11 轮廓线左上端点）

指定下一点或［放弃（U）]: @5<0

指定下一点或［放弃（U）]:（输入“@20<-75”，回车，如图 10-12 所示）

选择【修改】|【镜像】，AutoCAD 提示：

选择对象:（拾取刚才绘制的直线）

指定镜像线的第一点:（捕捉第一条长度为 20 的直线的中点）

指定镜像线的第二点:（捕捉第二条长度为 20 的直线的中点）

要删除源对象吗？［是（Y）/否（N）］<N>:（右击确定）

选择【修改】|【修剪】，把多余的线段剪掉，得到如图 10-13 所示尺寸的凹槽特征。

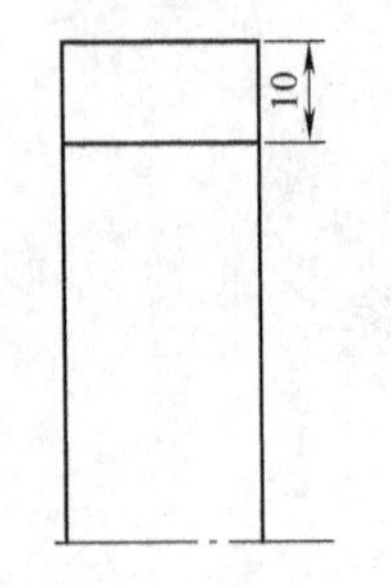

图 10-10　偏移结果

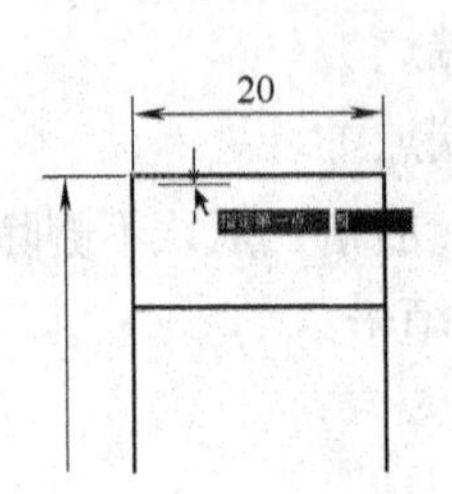

图 10-11　点的定位

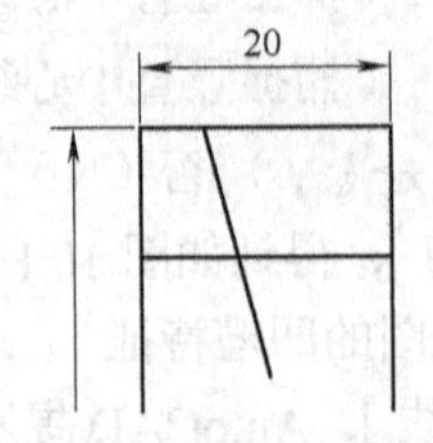

图 10-12　斜线的绘制

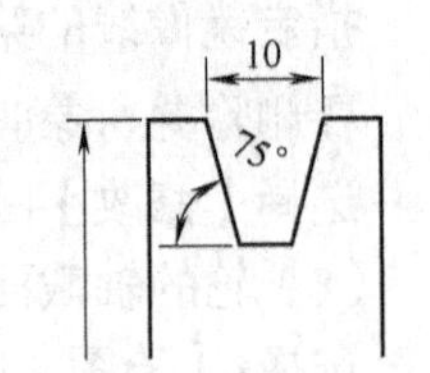

图 10-13　凹槽特征

（9）轮的轴截面剖视图的圆孔特征并圆角

用前面步骤中的直线的定位方法，通过镜像和修剪命令，可绘制如图 10-14 所示尺寸的圆孔截面线。

选择【修改】|【圆角】，AutoCAD 提示：

选择第一个对象或［放弃（U）/多段线（P）/半径（R）/修剪（T）/多个（M）］:（输入“R”）

指定圆角半径 <2.0000>:（输入“2”）

选择第一个对象或［放弃（U）/多段线（P）/半径（R）/修剪（T）/多个（M）］:（输入“M”）

选择第一个对象或［放弃（U）/多段线（P）/半径（R）/修剪（T）/多个（M）］:（拾取直线 A）

选择第二个对象或按住 Shift 键选择要应用角点的对象：（拾取直线 B）

选择第一个对象或［放弃（U）/多段线（P）/半径（R）/修剪（T）/多个（M）］:（拾取直线 C）

选择第二个对象或按住 Shift 键选择要应用角点的对象：（拾取直线 D）

同理，最终可得到直线 B 与直线 A、E 相交处的两个圆角，直线 D 与直线 C、F 相交处两个圆角，结果尺寸如图 10-15 所示。

（10）轴孔特征并倒角

选择【修改】|【倒角】，AutoCAD 提示：

选择第一条直线或［［放弃（U）/多段线（P）/距离（D）/角度（A）/修剪（T）/方式（E）/多个（M）］: d

指定第一个倒角距离<1.0000>:（输入“1”或回车默认）

指定第二个倒角距离<1.0000>:（输入“1”或回车默认）

选择第一条直线或［放弃（U）/多段线（P）/距离（D）/角度（A）/修剪（T）/方式（E）/多个（M）］: M

选择第一条直线或［放弃（U）/多段线（P）/距离（D）/角度（A）/修剪（T）/方式（E）/多个（M）］:（拾取要进行倒角的第一条直线）

选择第二条直线，或按住 Shift 键选择要应用角点的直线：（拾取要进行倒角的第二条直线）

最后可得到两个倒角特征，如图 10-16 所示尺寸的轴孔特征。

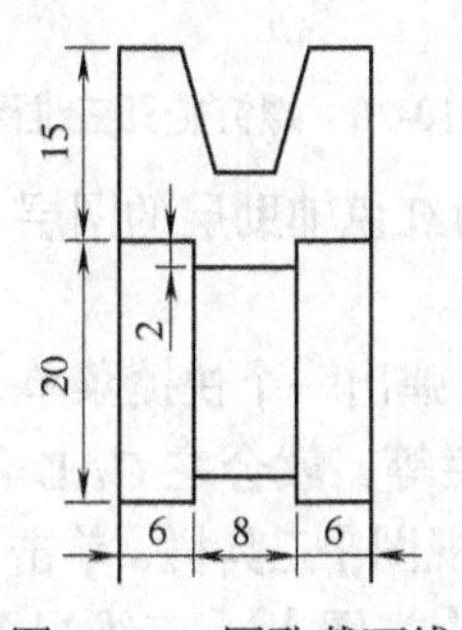


图 10-14　圆孔截面线

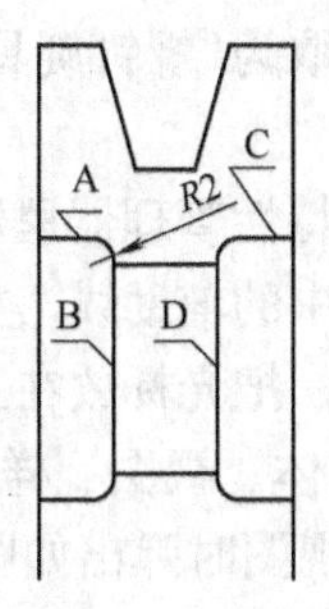


图 10-15　圆角特征

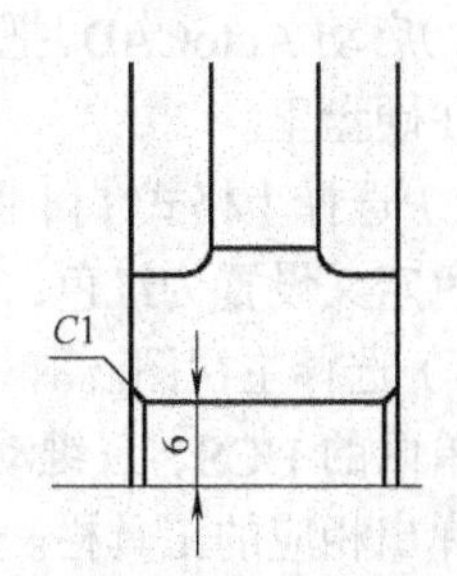


图 10-16　轴孔

（11）镜像轴截面上部分特征并图案填充

将前面绘制的轮的上部分截面特征进行镜像，对称轴为水平中心线。镜像完成后，再补充一条轴孔键槽线，尺寸如图 10-17 所示。

选择【绘图】|【图案填充】，弹出如图 10-18 所示的【图案填充和渐变色】对话框，选择 ANSI31 图案，角度和比例值默认选择为 0 和 1，这两个值亦可自行设置更改，然后单击边界栏内的【添加：拾取点】，单击轮截面上要进行图案填充的 4 个封闭区域内任意点，然后单击右键确定返回到【图案填充和渐变色】对话框，单击对话框内的【确定】后得到如图 10-19 所示的填充结果。

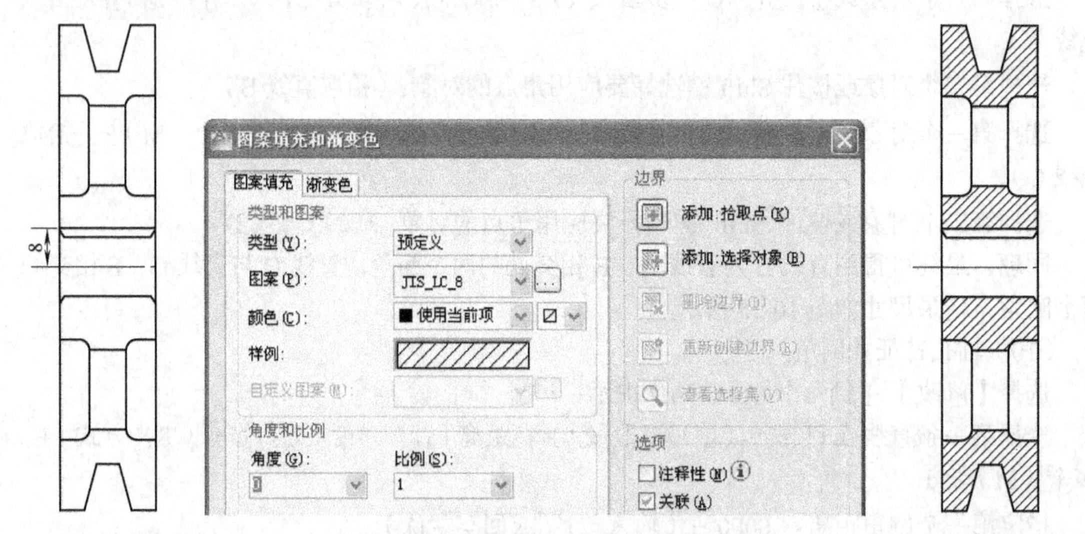


图 10-17 轴孔键槽　　图 10-18 【图案填充和渐变色】对话框　　图 10-19 轮截面剖视图

## 10.2 三维实体造型实例

本节以螺钉旋具为例，如图 10-20 所示的三维图。简要介绍的知识点有：面域的创建、拉伸、平移、旋转、镜像实体、三维旋转、三维阵列、新坐标的建立、倒角、差集、并集。绘图中要熟练掌握辅助线的绘制，这点对于三维图的绘制非常重要。

绘图步骤如下：

1）启动 AutoCAD，把新建的文件名取为“螺钉旋具.dwg”，保存在硬盘里。

图 10-20 螺钉旋具三维图

2）选择【格式】|【图层】，在图层特性管理器里添加一个名称为红色辅助层的图层，线的颜色定义设置为红色，这层用于画图中的辅助线，如图 10-21 所示。

3）选择主视图。取 0 层为当前层，把光标放在工具栏上右击，弹出一个快捷菜单，选择菜单内的 UCS、三维动态观察器、实体、视图、样式、着色工具栏等，就会在 CAD 绘图区域弹出相应的工具栏。选取菜单内的视图时弹出如图 7-7 所示的【视图】工具栏，单击【视图】工具栏里的主视后即可开始绘制二维平面图。也可以直接单击【视图】|【三维视图】|【主视】。

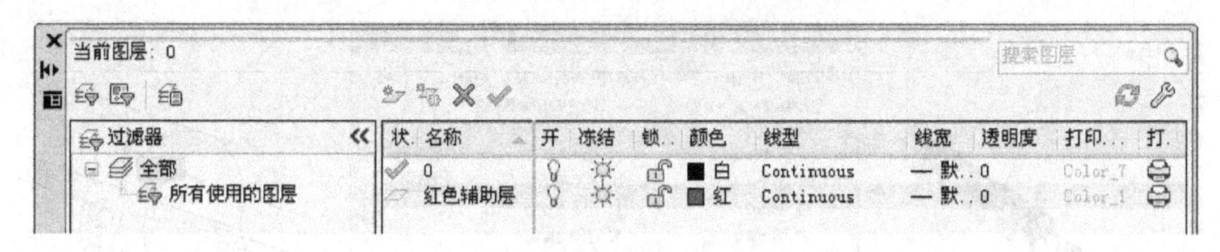


图 10-21　图层特性管理器

4）绘制螺钉旋具的截面外形的二维平面图。单击正交状态为开，然后选择【绘图】|【直线】命令，AutoCAD 提示：

指定第一点：（输入“0，0”，回车，取 XY 平面的原点为初始点）

指定下一点或［放弃（U）]：（向右拖动鼠标少许距离后，输入“165”，回车）

指定下一点或［放弃（U）]：（把鼠标往下拉动少许距离，输入“10”，回车）

指定下一点或［闭合（C）/放弃（U）]：（输入“80”，回车）

指定下一点或［闭合（C）/放弃（U）]：（输入“5”，回车）

指定下一点或［闭合（C）/放弃（U）]：（输入“65”，回车）

指定下一点或［闭合（C）/放弃（U）]：（输入“2.8”，回车）

指定下一点或［闭合（C）/放弃（U）]：（输入“20”，回车）

指定下一点或［闭合（C）/放弃（U）]：C

最后得到如图 10-22 所示的截面图线，图中中心线与 X 轴重合。

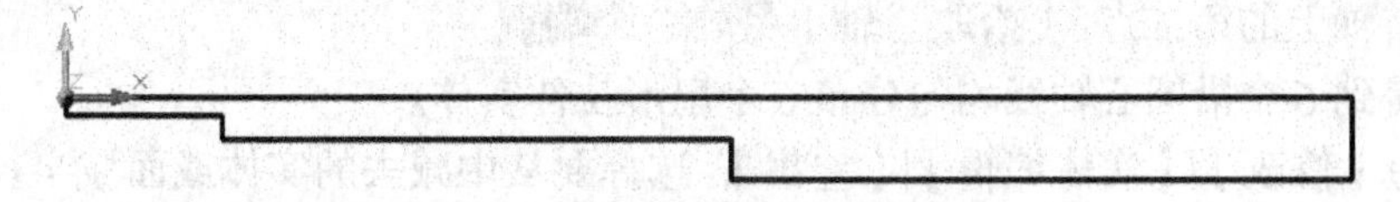


图 10-22　螺钉旋具的中心截面图

5）选择【绘图】|【边界】，得到【边界创建】对话框。在对象类型里选择为面域，然后单击【拾取点】按钮，选择绘图区中绘制的封闭区域内任意点并回车，命令行提示边界已经创建 1 个面域。

6）选择【绘图】|【实体】|【旋转】，单击刚才创建的面，面域成虚线状。回车后要求选择旋转轴，选择（0，0）、（165，0）两点的直线为旋转轴，回车，系统默认面域旋转该轴 360° 。选择桌面工具栏【着色】|【体着色】或【视图】|【着色】|【体着色】，然后选择桌面工具栏【视图】|【西南等轴测】得到如图 10-23 所示的三维图。

7）草图设置。单击【着色】对话框内的三维线框，选择红色辅助层为当前层。在状态栏的【对象捕捉】工具按钮处右击，打开草图设置，如图 10-24 所示。

8）建立新坐标系。选择【工具】|【新建 UCS】|【三点】，在半径为 10 的圆端面与半径为 5 的圆端面交界面处，取圆心为坐标新原点，利用象限点捕捉工具，使新坐标的 X 轴和 Y 轴位于两圆的交界端面上。

9）以新坐标原点为圆心，画半径为 10 的圆，并在圆上作出两条夹角为 150° 的直线，两直线的交点与圆心的距离为 8.5。两直线与圆组成一个扇形。修剪后结果如图 10-25 所示。

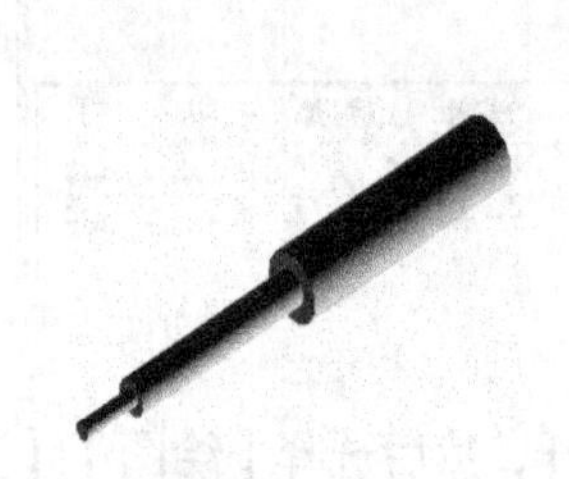

图 10-23 螺钉旋具截面三维图

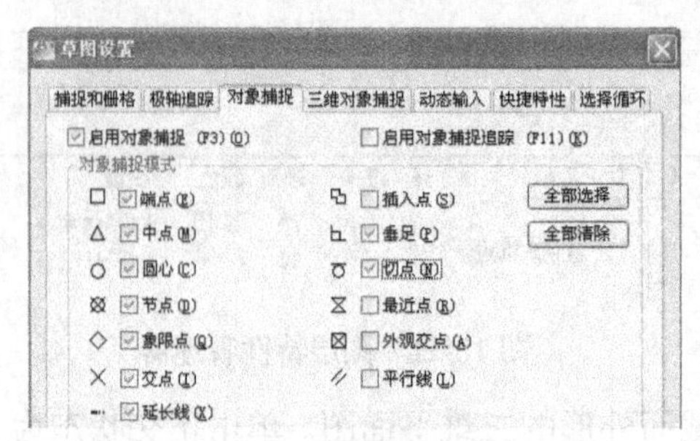


图 10-24 草图设置

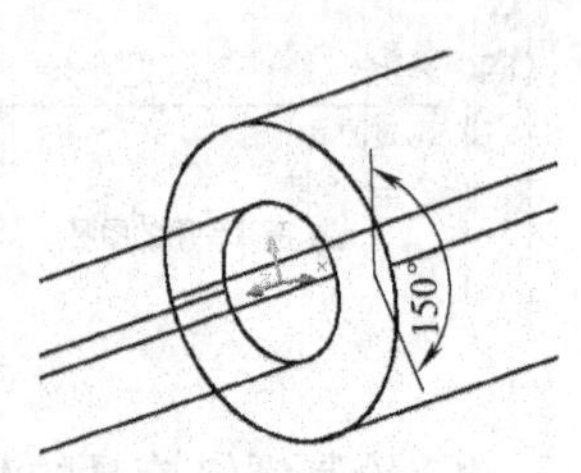


图 10-25 新坐标上的扇形

10）选择【绘图】|【边界】，得到【边界创建】对话框。在对象类型里选择为面域，然后单击【拾取点】前的图标，单击绘图区中红色的扇形内任意点并回车，创建一个面域。

11）选择【绘图】|【实体】|【拉伸】，选择拉伸对象为刚才前面定义的扇形面域，回车后输入拉伸高度为“−65”（朝着 Z 轴负方向拉伸取负值），回车默认拉伸倾斜角度为 0。

12）选择【修改】|【三维操作】|【三维阵列】，AutoCAD 提示：

选择对象：（选择前面得到的红色的扇形拉伸实体）

输入阵列类型［矩形（R）/环形（P）］<矩形>：（输入“P”，回车）

输入阵列中的项目数目：（输入“6”，回车）

指定要填充的角度（+=逆时针，−=顺时针）<360>：（回车，默认为旋转 360°）

旋转阵列对象？［是（Y）/否（N）］<Y>：（回车）

指定阵列的中心点：（拾取坐标原点）

指定旋转轴上的第二点：（拾取 Z 轴上另外一个端点）

回车后得到 6 个沿圆心轴线均匀分布 6 个扇形拉伸实体。

13）选择【修改】|【实体编辑】|【差集】，选择要从中减去的实体或面域半径为 10 的圆柱旋转体，回车后选择要减去的实体或面域为前面阵列得到的 6 个实体，回车后选择【视图】|【着色】|【体着色】，可得到如图 10-26 所示的把手凹槽三维图。

14）以第 9）步中扇形的一边为直角三角形的斜边，在新坐标平面上绘制如图 10-27 所示尺寸的直角三角形，把三角形创建为一个面域，并沿着 X 轴方向旋转 360° 得到一个实体，选择【修改】|【三维操作】|【三维阵列】命令，可得到 6 个以新坐标原点为中心，沿 Z 轴均匀分布的三角形旋转实体，如图 10-28 所示。

图 10-26 把手凹槽三维图

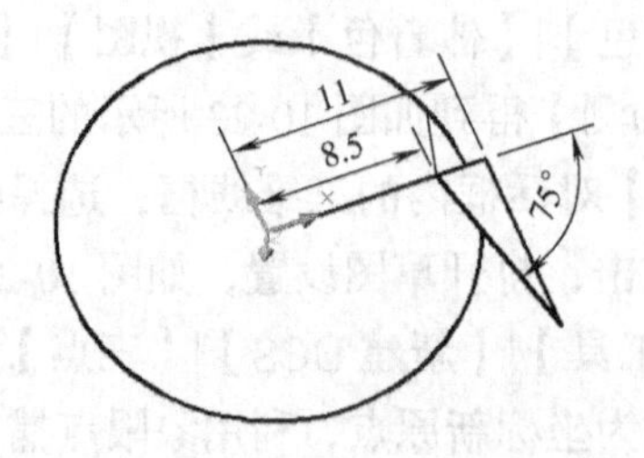


图 10-27 新坐标系上的三角形

图 10-28 旋转体均布图

15）选择【视图】|【三维视图】|【主视】，回到初始状态的原坐标，选择【修改】|【移动】，AutoCAD 提示：

选择对象:(选择三角形旋转实体)

选择对象:(回车)

指定基点或[位移(D)] <位移>:(选择旋转体的圆心为基点)

忽略倾斜、不按统一比例缩放的对象

指定第二个点或 <使用第一个点作为位移>:(输入"65",回车。在正交状态下,输入"65",表示向原坐标的X轴正方向移动距离为65)

选择【修改】|【实体编辑】|【差集】,选择要从中减去的实体或面域半径为10的圆柱体,回车后选择要减去的实体或面域为前面阵列得到的6个三角形旋转实体,回车后选择【视图】|【着色】|【体着色】,可得到如图10-29所示的实体。

16)选择【视图】|【三维视图】|【主视】,关闭0图层,取红色辅助层为当前层。在半径为10与半径为5的两圆柱交界处大端一侧,绘制如图10-30所示尺寸的两个三角形。

图10-29 把手末端凹槽三维图

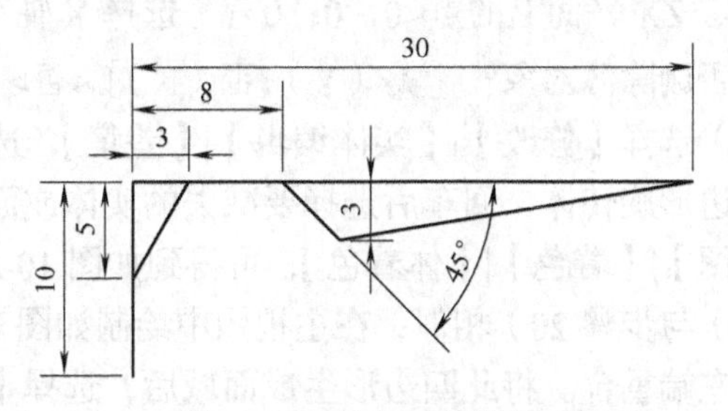


图10-30 辅助三角形尺寸图

17)选择【绘图】|【边界】,把两个三角形创建为面域。打开0图层,选择【绘图】|【建模】|【旋转】,拾取两个三角形面域为旋转对象,旋转轴为X轴,得到两个旋转实体。

18)选择【修改】|【实体编辑】|【差集】,选择要从中减去的实体或面域半径为10的圆柱旋转体,回车后选择要减去的实体或面域为前面旋转得到的三角形旋转实体,回车后选择【视图】|【着色】|【体着色】,可得到如图10-31所示的实体。

19)选择【视图】|【三维视图】|【主视】,关闭0图层,取红色辅助层为当前层。在与半径为5的两圆柱端交界的外侧,绘制如图10-32所示尺寸的多边形。把此多边形创建成面域,并沿X轴旋转成实体,如图10-33所示。

图10-31 差集结果的三维图

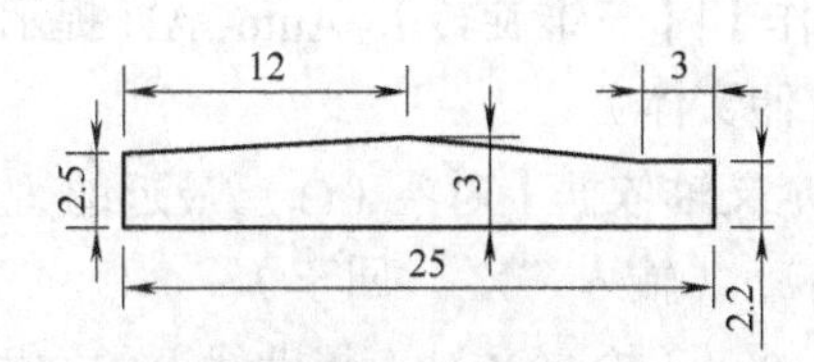


图10-32 辅助多边形尺寸图

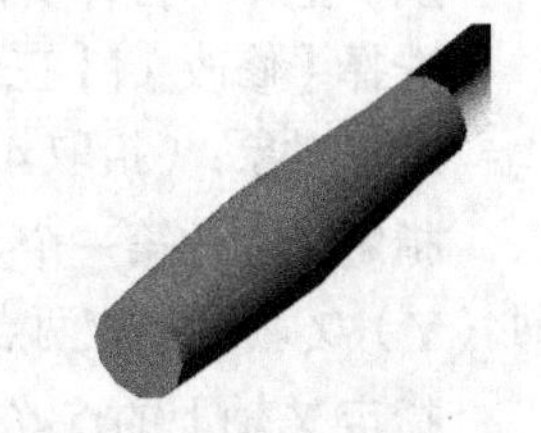

图10-33 多边形旋转的三维图

20)拾取红色的多边形旋转实体,然后单击当前层为0层,如图10-34所示,使多边形旋转实体的颜色属性与0层相同。同理把图中的辅助线颜色属性都设置成与0层相同。选择【视图】|【三维视图】|【主视】,关闭0图层,选择【视图】|【视觉样式】|【真实】。在图中的X轴下方的位置上绘制如图10-35所示尺寸的四边形,把此四边形创建成面域。

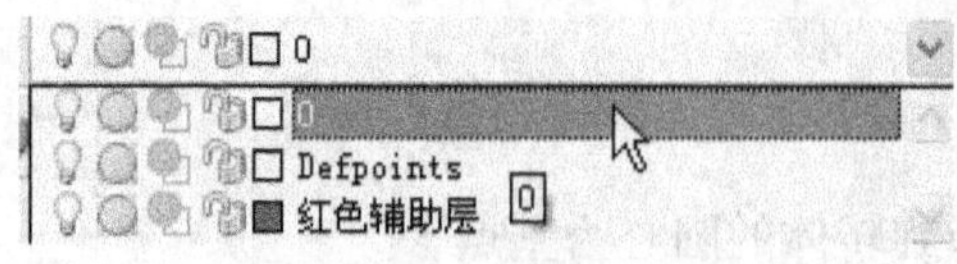


图 10-34 更改图层

图 10-35 四边形尺寸图

21）把四边形面域拉伸成实体。将此四边形面域沿着 Z 轴的正负两个方向分别拉伸 3，然后再把这两个拉伸实体进行镜像操作，得到 4 个拉伸实体。步骤如下。

选择【修改】|【三维操作】|【三维镜像】，AutoCAD 提示：

选择对象：（拾取两个拉伸实体，使实体边线都变成虚线）

选择对象：（回车）

指定镜像平面（三点）的第一个点或［对象（O）/最近的（L）/Z 轴（Z）/视图（V）/XY 平面（XY）/YZ 平面（YZ）/ZX 平面（ZX）/三点（3）］<三点>：（输入“ZX”，回车）

指定 ZX 平面上的点<0，0，0>：（选择 X 轴上的辅助线的左端点）

是否删除源对象？［是（Y）/否（N）］<否>：（输入“N”，回车）

22）选择【修改】|【实体编辑】|【差集】，选择要从中减去的实体或面域为图 10-34 所示的多边形旋转体，回车后选择要减去的实体或面域为上步得到的 4 个拉伸实体，回车后选择【视图】|【着色】|【体着色】，可得到如图 10-36 所示的实体。

23）与步骤 20）相似，在主视图中绘制如图 10-37 所示尺寸的四边形，四边形左端与螺钉旋具左端重合。将此四边形生成面域后，选择【修改】|【镜像】，以 X 轴线为对称线镜像面域并生成两个四边形面域。然后选择【绘图】|【实体】|【拉伸】，把这两个四边形面域分别沿 Z 轴的正负方向拉伸 3，得到 4 个拉伸实体。

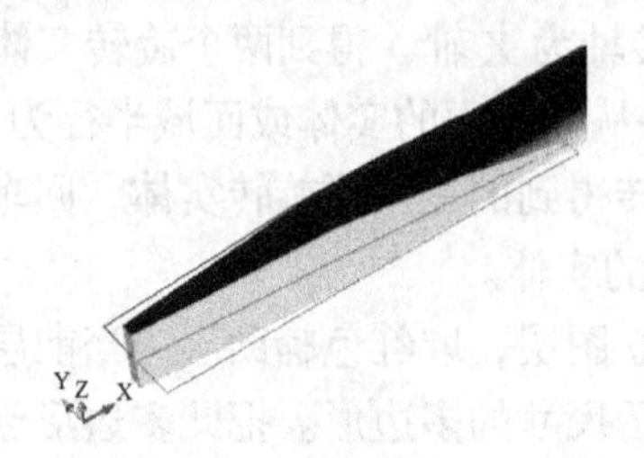

图 10-36 差集结果的三维图

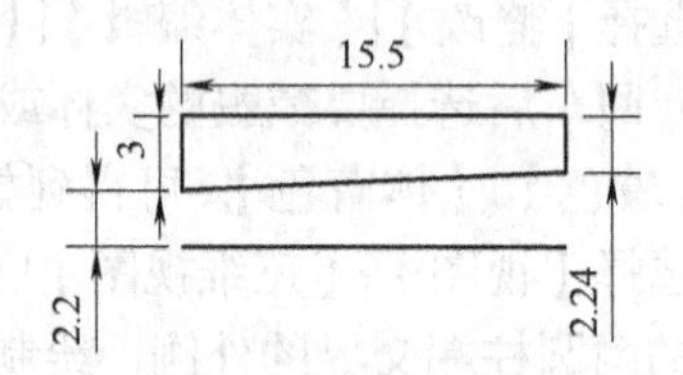


图 10-37 四边形尺寸图

24）把 4 个拉伸实体沿着 X 轴旋转 90°，操作步骤如下。

选择【修改】|【三维操作】|【三维旋转】，AutoCAD 提示：

选择对象：（拾取 4 个拉伸实体）

指定轴上的第一个点或定义轴依据［对象（O）/最近的（L）/视图（V）/X 轴（X）/Y 轴（Y）/Z 轴（Z）/两点（2）］：（输入“X”，回车）

指定 X 轴上的点<0，0，0>：（拾取 X 轴上辅助线上的左端点）

指定旋转角度或［参照（R）］：（输入“90”，回车）

25）选择【修改】|【实体编辑】|【差集】，选择要从中减去的实体或面域为图 10-38 所示的实体，回车后选择要减去的实体或面域为上步得到的 4 个拉伸实体，回车后选择【视图】|【视觉样式】|【真实】，可得到如图 10-38 所示的螺钉旋具头实体。

26）倒角。选择【修改】|【圆角】，拾取螺钉旋具端面外圆，如图 10-39 所示后系统命

令提示输入圆角半径，输入 5 后回车，再次回车默认生成圆角，如图 10-40 所示。

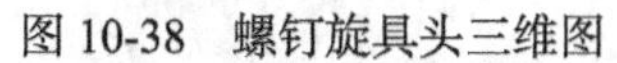

图 10-38　螺钉旋具头三维图

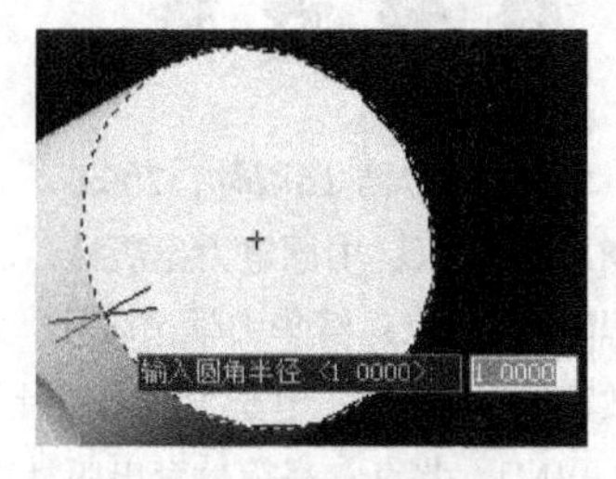


图 10-39　端面倒角操作

图 10-40　端面圆角结果

27）并集操作。选择【修改】|【实体编辑】|【并集】，分别拾取螺钉旋具头部实体结构和螺钉旋具把手尾部结构，回车确定后，两实体并为一个整体。

## 思考与练习

习题 10.1　画平面图的一般步骤是什么？圆的画法有几种？试借助圆的“相切、相切、半径”命令绘制图 10-41 的结构图，注意绘图的顺序，寻找已知条件。

习题 10.2　三维旋转、三维镜像命令与二维旋转、二维镜像命令有何区别？

习题 10.3　AutoCAD 提供了几类三维实体绘图命令？绘制三维图时，如何建立新坐标系？试绘制图 10-42 所示的三维图，尺寸自定。

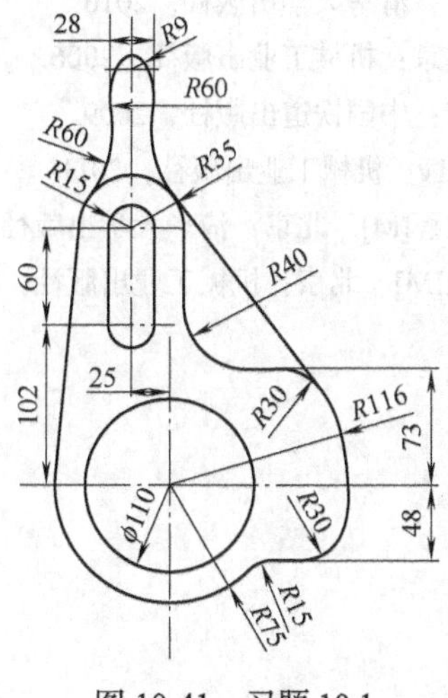


图 10-41　习题 10.1

图 10-42　习题 10.3

# 参考文献

[1] 郭纪林，等. 工程图学[M]. 北京：北京理工大学出版社，2009.
[2] 林党养，吴育钊. 机械制图与 CAD[M]. 北京：中国电力出版社，2008.
[3] 王斌. AutoCAD 2006 实用培训教程[M]. 北京：清华大学出版社，2005.
[4] 王建华. AutoCAD 2012 标准培训教程[M]. 北京：电子工业出版社，2012.
[5] 曾令宜. AutoCAD2006 工程绘图教程[M]. 北京：高等教育出版社，2006.
[6] 郑发泰，等. AutoCAD 实训教程教程[M]. 北京：北京大学出版社，2006.
[7] 张景春. AutoCAD 2012 中文版基础教程[M]. 北京：中国青年出版社，2011.
[8] 崔洪斌. AutoCAD 2012 中文版实用教程[M]. 北京：人民邮电出版社，2011.
[9] 陈志民. 中文版 AutoCAD 2012 实用教程[M]. 北京：机械工业出版社，2011.
[10] 胡仁喜. AutoCAD 2007 中文版机械设计教程[M]. 北京：化学工业出版社，2007.
[11] 张春英. AutoCAD 2007 中文版入门实例教程[M]. 北京：化学工业出版社，2007.
[12] 张东平，等. AutoCAD 2012 中文版标准教程[M]. 北京：清华大学出版社，2012.
[13] 朱泽平，王喜仓. 机械制图与 AutoCAD2000[M]. 北京：机械工业出版社，2005.
[14] 刘小伟，王萍. AutoCAD 2012 中文版多功能[M]. 北京：电子工业出版社，2011.
[15] 胡仁喜，等. AutoCAD 2012 中文版入门与提高[M]. 北京：化学工业出版社，2011.
[16] 张余，等. 中文版 AutoCAD 2008 从入门到精通[M]. 北京：清华大学出版社，2008.
[17] 杜鹏，等. 中文版 AutoCAD 2010 完全自学手册[M]. 北京：清华大学出版社，2010.
[18] 潘苏蓉，等. AutoCAD 2006 应用教程与实例详解[M]. 北京：机械工业出版社，2006.
[19] 沈大林. 中文 AutoCAD 2008 机械设计案例教程[M]. 北京：中国铁道出版社，2009.
[20] 李辉. AutoCAD 制图快捷命令一览通（2010 版）[M]. 北京：机械工业出版社，2011.
[21] 郭朝勇. AutoCAD 2006（中文版）机械绘图基础与范例教程[M]. 北京：清华大学出版社，2006.
[22] 路纯红. AutoCAD2010 中文版电气设计快速入门实例教程[M]. 北京：机械工业出版社，2009.